分子生态学与数据分析基础

王峥峰 著

科学出版社

北京

内 容 简 介

本书首先从理论上介绍了分子生态学基本研究内容和手段，并总结作者以往的研究工作，较全面地概括了分子生态学理论内涵；然后从实践角度介绍了分子生态学数据获得的方法与具体分析内容和步骤，特别是采用图解法一步一步对分子生态学用到的各种主流分析软件进行过程讲解（包括作者编写的程序），不但有各类分析提示，还提供演示数据。本书具有极强的理论性和实践操作性，对于促进我国分子生态学发展，利用分子遗传标记手段进行物种经营、保护及资源利用和环境规划具有重要的推动作用。

本书可供高等学校、研究机构从事分子生态学和相关领域研究的师生，以及农、林、牧、副、渔、医各行业利用分子遗传标记开展研究的工作人员阅读参考。

图书在版编目（CIP）数据

分子生态学与数据分析基础 / 王峥峰著. —北京：科学出版社，2016.1
ISBN 978-7-03-046478-1

Ⅰ.①分… Ⅱ.①王… Ⅲ.①分子生物学–生态学–数据处理 Ⅳ.①Q145

中国版本图书馆 CIP 数据核字(2015)第 282673 号

责任编辑：王海光　高璐佳 / 责任校对：彭珍珍
责任印制：吴兆东 / 封面设计：陈　敬

科学出版社 出版
北京东黄城根北街 16 号
邮政编码：100717
http://www.sciencep.com

北京厚诚则铭印刷科技有限公司印刷
科学出版社发行　各地新华书店经销

*

2016 年 1 月第　一　版　　开本：787×1092 1/16
2025 年 1 月第八次印刷　　印张：14 1/4
字数：326 000

定价：88.00 元
（如有印装质量问题，我社负责调换）

前 言

分子生态学是通过分子生物学（分子标记、分子遗传学、生物信息学等）手段来研究生物和环境关系的科学。目前，分子生态学的研究主要还是集中在群体遗传学方面，即应用分子标记手段开展物种种群遗传多样性、基因流等方面的研究，是群体遗传学研究的延展。但随着高通量测序技术、分子遗传学和生物信息学研究的发展，不仅大量功能基因被挖掘，而且物种整个基因组功能被完整解析，将使得通过基因、基因组（整体）表达调控以了解环境对生物的作用及个体、种群环境响应适应成为开展生态学机制研究的最主要方面，也将使得分子生态学成为了解生态系统、生物进化和进行生物资源合理利用及保护的重要利器。

近来，利用分子手段开展生态学研究的一个重要分支学科——保护遗传学（conservation genetics）也方兴未艾。但从研究内容看，分子生态学涵盖了保护遗传学研究内容，而且分子生态学研究落脚点其实也是生物资源的保护和合理利用。例如，对于"是否把物种保护在自然保护区和植物园就万事大吉了呢？"这样的问题，是保护遗传学的研究内容，也是分子生态学关心的焦点之一，包括小种群问题、基因流的问题、群落谱系生态学（phylogenetic ecology）问题等。因此分子生态学研究既具有很强的理论性，又具有丰富的实践内涵，可以说没有分子生态学参与的生态学是不完全和粗糙的。对于分子生态学和保护生态学这两方面的研究，我都曾进行过相关总结，读者可参考王峥峰等（2001，2002），王峥峰和彭少麟（2003a，2003b），王峥峰和葛学军（2009）的研究。但这些总结主要发表在学术期刊上，篇幅较短小，很多收集的资料和想法不能很好展现。而且随着分子生态学发展逐渐成熟，我觉得应该在国内出版一本介绍分子生态学的书籍。同时我在做研究期间，不断学习各种新的方法和技术，总想如能把我自己摸索学到的关于数据分析方面的心得介绍给对分子生态学感兴趣的新人，对于他们的成长和将来学科的发展将有非常大的作用。因此，我就把多年来读的文献进行总结，并面向初学者就分子生态学数据的获得和分析进行详细的介绍，形成此书。因此，本书分成两部分，第一部分介绍了分子生态学研究内容及其最基本的原理，第二部分是如何进行数据分析。

由于我主要以植物为研究对象开展分子生态的研究，因此书中介绍的主要研究案例是植物；但分子生态学研究的材料是遗传物质 DNA 或者 RNA，针对的是遗传变异、表达调控等，因此对于动物也好，植物也罢，两者并没有很大的差异，理论和方法是通用的。同时本书介绍的数据分析以微卫星体展开，对于那些用分子序列或者单核苷酸多态性（single nucleotide polymorphism，SNP）做研究的工作者来说可能觉得不适用。但不论用什么分子标记方法，最终的目的都是通过标记发现个体或种群间的遗传差异，然后在遗传差异的基础上进行各种关联性分析，因此这些标记在数据的后期处理过程中并无不同。另外，我在书中还简单介绍了 ArcGIS 软件、R 语言等内容，这些内容是对地理数据或者模型分析方法的介绍，不论采用何种分子标记都可以用。

本书的出版，要感谢科学出版社相关工作人员付出的辛勤劳动。感谢安树青老师、王伯荪老师、张宏达老师、余世效老师、彭少麟老师和叶万辉老师。感谢同事练琚愉和陈红锋。感谢其他亲人、同事对我的帮助和支持。本书得到国家自然科学基金（31170352，41371078，31100312）资助。本书是作者以往研究成果的总结，这些课题包括：International Foundation For Science（瑞典，AD/13076）、国家自然科学基金（30300055）、广东省自然科学基金（031264）、中国科学院知识创新工程重要方向项目（KSCX2-YW-Z-023）、973 项目（2007CB411606）、中国科学院生命科学领域基础前沿研究专项（KSCX2-EW-J-28），在此一并感谢！

最后，由于我开展的研究主要围绕种群遗传变异，因此理论介绍部分不涉及在分子生态学中对基因的研究。所有的理论、数据分析方法是针对我的研究内容的总结，涉及的面还是有限。抛砖引玉，期望读者更正、补充、完善。针对此书如有任何问题、批评和建议，请发电子邮件 wzf1973@21cn.com 给我，并访问我的个人网站 www.molecular-ecologist.com 查看问题解答或错误更正。非常感谢！

王峥峰
2015 年 7 月

目 录

前言

第一部分　分子生态学理论

第一章　分子生态与遗传变异 ·· 3
　第一节　遗传变异的产生 ·· 3
　第二节　分子标记的种类 ·· 5
　第三节　遗传变异的衡量 ·· 7
　第四节　遗传变异的维持、丧失 ·· 11

第二章　分子生态学研究内容 ·· 18
　第一节　个体与物种区分、鉴定（差异与多样性）······················ 18
　第二节　基因流和适应 ·· 23
　第三节　小种群 ··· 28

第二部分　分子生态数据获得与分析——以微卫星体分子标记为例

第三章　分子遗传标记的获得——微卫星体 ································ 35
　第一节　微卫星体获得：MsatCommander、inGAP、MicroFamily 和 GelQuest 软件 ······ 35
　第二节　微卫星体数据初步整理分析：GenAlEx 软件及其遗传多样性大小衡量 ······ 55

第四章　遗传变异状况 ·· 61
　第一节　Hardy-Weinberg 平衡检测：Genepop、SGoF+软件 ············ 61
　第二节　连锁不平衡检测：Genepop 软件 ································ 68
　第三节　等位基因丰富度比较：ADZE 软件 ····························· 70

第五章　遗传分化 ·· 74
　第一节　F_{ST} 分析：Genetix 软件 ·· 74
　第二节　AMOVA 分析：GenAlEx 软件 ·································· 78

第六章　分组分析 ·· 83
　第一节　Structure 软件分析及 CONVERT、Structure Harvester、CLUMPP 软件 ······ 83
　第二节　TESS 软件分析及 PAST、TESS Ad-Mixer 软件 ··············· 114

第七章　空间遗传结构分析 ··· 132
　第一节　sPCA 分析 ··· 132
　第二节　Alleles in space 和 Surfer 软件 ··· 149
　第三节　空间自相关分析：SPAGeDi 软件 ··· 159
　第四节　空间遗传结构的异向性：PASSaGE 软件和 R 程序 ···················· 166

第八章　景观遗传学分析 ·· 183
　第一节　表面距离：ArcGIS 软件 ·· 183
　第二节　加权线性距离、最小成本距离和阻抗距离：R 程序 ················· 198
　第三节　Mantel test 和 Partial Mantel test：PASSaGE 软件 ······················· 206

参考文献 ··· 214

第一部分

分子生态学理论

第一章 分子生态与遗传变异

第一节 遗传变异的产生

点突变是产生遗传变异的主要原因。另外染色体的倒置(inversion)、易位(translocation)，有性生殖的重组，序列的插入缺失等都会导致遗传变异。引起突变的内因有基因组的不稳定、基因的相互作用等；外因有环境因素如光、温、化学物质、辐射等。一般说来，自然界中每个细胞循环中每一个碱基突变率的数量级为 $10^{-10} \sim 10^{-9}$，考虑每一位点(loci, 研究的某段特定序列或基因都可以称为位点)有 $100 \sim 1000$ 个碱基，那么每一位点突变率的数量级为 $10^{-7} \sim 10^{-6}$（Baur & Schmid，1996）。

由于植物体大部分细胞是体细胞，因此大部分突变为体细胞突变，而只有生殖细胞中的突变才会遗传到后代。生殖细胞和体细胞的分化在个体发育早期就开始，与体细胞不同的是，为了避免更大的遗传负荷，生殖细胞的分裂次数远小于体细胞，仅几十到几百次。然而即使如此，对于庞大的基因组来说，如拥有 10^9bp 的基因组，在减数分裂阶段，生殖细胞也会有 100bp 可能发生了突变（$10^{-9} \times 10^9 \times 10^2$，假设生殖细胞分裂了 10^2 次）（Vida，1994）。

突变本身并不驱动种群进化。基因可能是多拷贝的，因此如果多拷贝基因中的一个或少数几个发生了突变，并不影响这一基因整体的功能。

当新的遗传变异产生，它可能对个体性状没有影响，即中性变异；也可能是有害影响，即有害变异，导致个体死亡或适应性降低；也可能是有有益影响，促进适应。判断遗传变异是中性还是有害或有益并非易事，它受环境、种群大小状况、种群遗传历史等影响（Hedrick，2004）。例如，在某个种群中，有些遗传变异可能是有利于种群抵抗病原菌的，但对生长在缺乏这种病原菌环境的另一个种群，这一遗传变异可能是有害的，因为基因是具有多效性的。

如果遗传变异是发生在同一位点上，就会有多个等位基因（allele）形成。例如，某段序列 AATACCTCCCTACAACTCATG 中第三个位置发生了点突变，由"T"变为"A"，那么这段序列就有了两个等位基因，一个是前面的，一个是 AA<u>A</u>CCTCCCTACAACTCATG。这两个等位基因，可以分别用"A"和"B"表示，也可以用"1"和"2"表示，也可以用"wa"或者"wb"表示，只要能区分两者就可以。如果原始序列在第 10 个位置再次发生突变，由"C"变为"G"，那么这段序列就有了三个等位基因，一个是原始的，一个是第三个位置由"T"变为"A"的，一个是 AATACCTCC<u>G</u>TACAACTCATG。值得注意的是，上面的例子是以这个完整序列作为等位基因判断的标准。但假如只考虑突变点，如这个序列的第三个位置，那么这个位置只有两个等位基因，一个等位基因的碱基形式是"A"，另一个等位基因的碱基形式是"T"。而对于这个序列第 10 个位置，它也是只有两个等位基因，一个等位基因的碱基形式是"C"，另一个等位基因的碱基形式是"G"。在实际的研究中我们需要弄清。

对于微卫星体序列,其序列的特点是包含了一段重复序列。如 AAATGGGAGTGCGGGAGATTGCCAGTGAGGGTATAGAGG**GAGAGAGAGAGAGAGAGAGA**GAAACAGCGAGCAAAGGCAGCAAAGAGGGACGGAGAG 这个序列就包含了重复序列单元"GA",重复了 10 次。不同于点突变,微卫星体的遗传变异主要是由它所包含的重复序列的增减而产生,例如,如果上述序列中"GA"这个重复序列单元由重复 10 次变为重复了 12 次,就得到两个等位基因,一个是$(GA)_{10}$,一个是$(GA)_{12}$。

那么微卫星体这种重复序列的增减遵循怎样的变异模式呢?目前大致有 4 种解释(Oliveira et al., 2006; Putman & Carbone, 2014)。

第一种是无限等位基因模型(infinite alleles model, IAM),即重复序列单元的增减不受限制,如对于上述"GA"单元,一次可以增加 10 个,也可能一次增加 5 个,也可能一次减少 8 个或者 6 个,没有规律。在计算中,重复单元数的多少和亲缘关系远近没有关系。例如,对于$(GA)_{10}$、$(GA)_{14}$和$(GA)_{16}$这三个重复序列,$(GA)_{14}$和$(GA)_{16}$之间的亲缘关系与$(GA)_{10}$和$(GA)_{16}$之间的亲缘关系是一样的,并不因为前两个序列"GA"重复单元只相差两个(16−14=2)碱基就比后面相差 6 个碱基的两个序列亲缘关系更大。

第二种是逐步突变模型(stepwise mutation model, SMM)。这个模型推测微卫星体重复单元是逐渐增加和减少的。这里增加和减少的重复单元可以是多个,也可以是一个。例如,对于两个等位基因,一个重复单元是$(GA)_{10}$,一个是$(GA)_{16}$,那么从 10 个"GA"重复单元变化到 16 个重复单元,可能经历了变为 11 个"GA"重复单元,即$(GA)_{11}$,增加了一个重复单元;再经历 13 个"GA"重复单元,即$(GA)_{13}$,这次增加了 2 个重复单元,最后再增加三个重复单元变为$(GA)_{16}$。当然,这只简单描述了这个模型变异过程,实际计算过程中,这一模型会考虑重复单元不断增减的过程,即在从重复单元 10 到 16 的过程中,并非一直是增加重复单元,变化过程中又会减少重复单元,之后再增加重复单元,增增减减,逐步达到 16。依据这个模型,对于两个微卫星体来说,重复单元的数目越接近,其亲缘关系也越大。如上面的例子中的三个重复序列$(GA)_{10}$、$(GA)_{14}$和$(GA)_{16}$,依据 SMM 模型,它们两两之间的亲缘关系是$(GA)_{14}$ 和$(GA)_{16}$ >$(GA)_{10}$ 和$(GA)_{14}$ >$(GA)_{10}$ 和$(GA)_{16}$。由于这种增增减减的计算过程非常复杂,在数据量稍大时运算会非常缓慢。为此在计算过程中,研究人员一般使用布朗运动模型(Brownian-motion model)取代计算(Blum et al., 2004)。

第三种是两相模型(two phase model)。这个模型和 SMM 相似,但假设重复单元的增减每次只能是一个,一次不能进行多个重复单元的增减。例如,两个重复序列,一个是$(GA)_{10}$,另一个是$(GA)_{16}$,那么从 10 个"GA"重复单元变化到 16 个重复单元,要先经历 11 个"GA"重复单元,即$(GA)_{11}$,再经历$(GA)_{12}$,再经历$(GA)_{13}$,之后依次变为 14、15 个重复单元后才能变为$(GA)_{16}$。

第四种是 K-等位基因模型(K-alleles model, KAM)。这一模型类似于 IAM,但假设所研究的微卫星体序列只能有 K 个等位基因,而 IAM 模型是可以有无限可能的等位基因。

在这 4 个变异模型中,IAM 和 SMM 模型是最常用的。对于"完美的"(perfect)微卫星体,即重复序列很单一的微卫星体,如上面的例子 **GAGAGAGAGAGAGAGAGAGA**,

选择 SMM 模型可能好些。对于不完整（imperfect）和复杂的（compound）微卫星体，其重复序列不单一，如 **GAGAGAGATTGAGAGAGAGA**（在 GA 重复序列中间增加了 TT 序列）、**GAGAGAGAGAGAGAGAGACCACCACCACCACCACCACCA**（GA 和 CCA 重复序列混合），这时选择 IAM 模型较合适。

第二节 分子标记的种类

分子标记是找到个体间遗传差异的钥匙，是开展分子生态学研究的关键。在每个物种复杂的基因组面前，我们可能并不需要所有的遗传变异来进行分子生态学的研究，选取其中一部分应该可以解决绝大多数问题。在最早期的研究中，同工酶是最广泛使用的，国外在这个方面开展的工作很多，为分子生态学的发展奠定了基础。但随着新技术的发展，这一方法逐渐退出历史舞台，目前主要是基于 DNA 多态性检测的方法进行分子生态学的研究。

针对分子标记检测方法，可以大致分为以下 4 类。

1. 随机引物为基础的分子标记

随机引物为基础的分子标记包括以下几类。

DNA 扩增指纹印迹（DNA amplification fingerprinting，DAF），使用 5～8 个碱基的单个随机引物进行 DNA 多态性扩增。见 Caetano-Anolles 等（1991）的文章。

简单重复序列间区（inter-simple sequence repeat，ISSR），使用的随机引物为微卫星体内部重复序列，如 $(GA)_n$，扩增的是重复序列之间的 DNA 片段。见 Zietkiewicz 等（1994）的文章。

随机扩增多态性 DNA（random amplified polymorphic DNA，RAPD），使用 8～10 个碱基的单个随机引物进行 DNA 多态性扩增。见 Williams 等（1990）的文章。

2. 非随机引物为基础的分子标记

非随机引物为基础的分子标记包括以下几类。

扩增片段长度多态性（amplified fragment length polymorphism，AFLP），使用限制性内切核酸酶酶切基因组 DNA，如位点的碱基序列发生变化（如突变），就导致不同个体基因组 DNA 酶切片段长度上的差异，即多态性。这一方法还需通过人工合成特定 DNA 片段连接到 DNA 酶切片段上，再用特异引物 PCR 扩增检测这种多态性。见 Vos 等（1995）的文章。

酶切扩增多态性序列（cleaved amplified polymorphic sequences，CAPS），对 PCR 扩增产物进行酶切，观测酶切片段长度多态性。见 Akopyanz 等（1992）的文章。

序列特征化扩增区域（sequence characterized amplified region，SCAR），对 RAPD 扩增产物进行克隆和测序，设计特定引物，再进行特异性扩增，比较多态性。见 Paran 和 Michelmore（1993）的文章。

简单序列重复（simple sequence repeat，SSR），即微卫星体，其序列中含如(AC)$_n$、(AG)$_n$、(AT)$_n$样的重复序列，重复序列长度为 1～5 个碱基，其多态性来源于这些重复序列的增加和减少。见 Beckmann 和 Soller（1990）的文章，以及 Akkaya 等（1992）的文章。

可变数串联重复序列（variable number tandem repeat，VNTR），多指小卫星体（minisatellite），其所含的重复序列长度长于微卫星体，为 11～60 个碱基。见 Jeffreys 等（1985）的文章。

单核苷酸多态性（single nucleotide polymorphism，SNP），是指在染色体基因组水平上单个核苷酸的变异引起的 DNA 序列多态性。

3. 杂交为基础的分子标记

限制性片段长度多态性（restriction fragment length polymorphism，RFLP），使用限制性内切核酸酶酶切基因组 DNA，如位点的碱基序列发生变化（如突变），就导致不同个体基因组 DNA 酶切片段长度上的差异，即多态性。通过用凝胶电泳分离这些片段，再用特异标记的探针和这些片段杂交检测这种多态性。见 Botstein 等（1980）的文章。随着技术的发展，这一方法也已很少被使用了。

4. 测序为基础的序列分子标记

测序为基础的序列分子标记即一段序列。如叶绿体的 *trnL-trnF* 片段，线粒体的 *COI* 片段等。

这些标记中，近年来，应用较多的是微卫星体、SNP 和序列分子标记。这三种标记间并无绝对优劣之分，可按照所需解决的问题进行有针对性的选择。如果是进行物种、种群的进化分析，可用序列分子标记；如果是进行个体鉴定（亲本分析）、亲缘关系、基因流等分析，可以采用微卫星体和 SNP。微卫星体由于其多态性更高，进行个体鉴定更好些，使用较少的标记就可以进行大量个体的区分；而采用 SNP 可以辅助寻找相关目的基因，如找到受选择作用的基因。

当然，由于物种的基因组较大，基因组不同区域进化状况不同，因此不同区域得到的分子标记在遗传变异计算结果上也会不同。Defaveri 等（2013）以三棘刺鱼（*Gasterosteus aculeatus*）为研究对象，对比了基因内部的微卫星体和 SNP、非基因内部的微卫星体和 SNP 在衡量遗传多样性（H_E）、种群间遗传分化（F_{ST}）上的差异（图1-1）。结果表明基因内部和非基因内部的微卫星体所计算的 H_E（或 F_{ST}）结果差异较大，而基因内部和非基因内部的 SNP 所计算的 H_E（或 F_{ST}）结果差异不大。微卫星体在小尺度（fine-scale）上对种群遗传结构的分析效果优于 SNP 标记（如果 SNP 标记相对较少的时候）。同时，在开展种群适应性遗传进化研究时，SNP 标记虽优于微卫星体标记，但当大规模 SNP 标记成本太高无法进行时，利用基因内部的微卫星体标记也可得到令人满意的结果。最后，他们的研究还发现，除了衡量种群间遗传分化指标，微卫星体与 SNP 所得的分析结果不太相关。因此我们在开展研究前，首先确定研究目的，有针对性地选择相关标记非常重要。

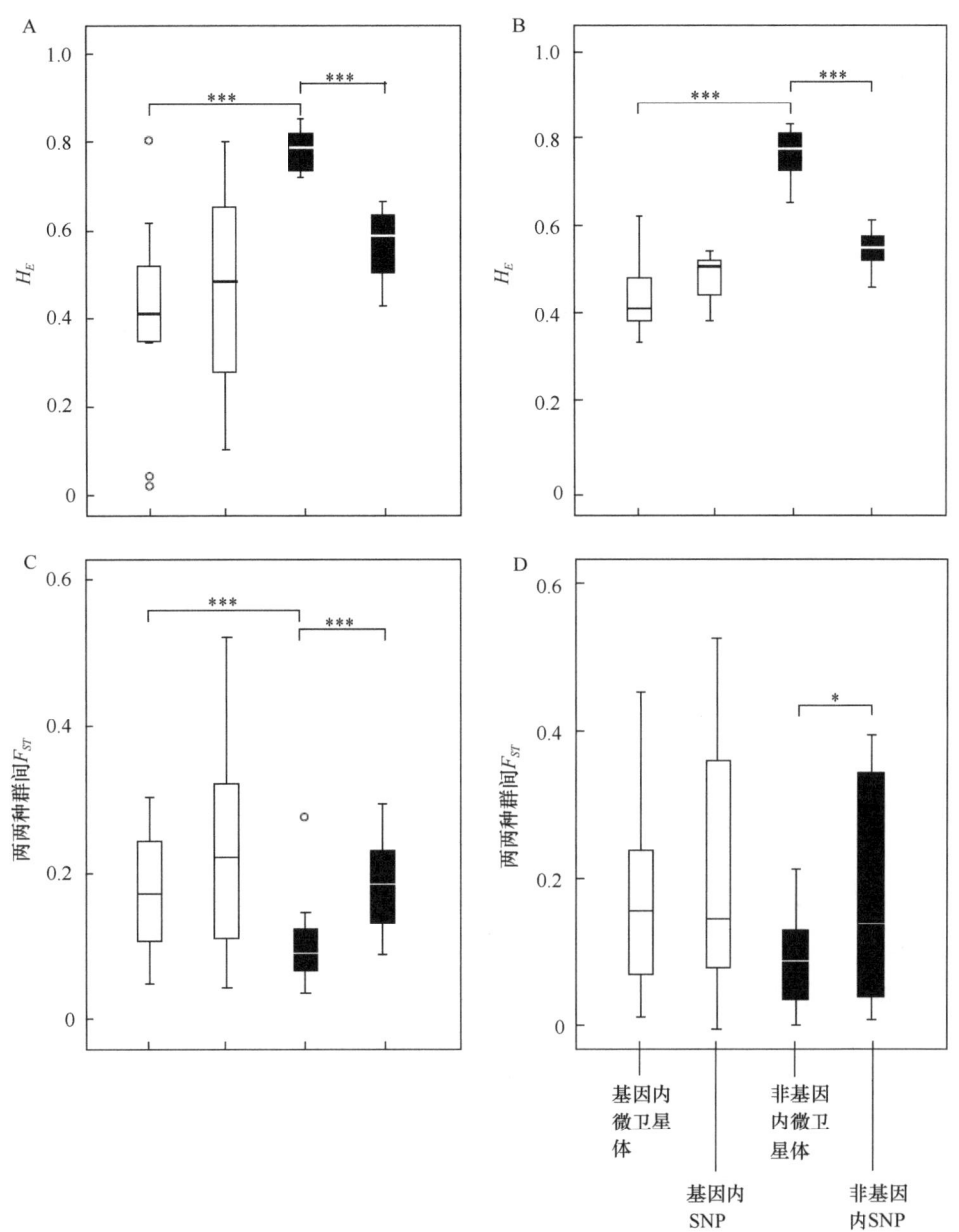

图 1-1　对比微卫星体和 SNP 遗传标记计算的遗传多样性（H_E）和种群间遗传分化（F_{ST}）结果（引自 Defaveri et al.，2013）

A、C. 对位点计算的结果；B、D. 对种群计算的结果；A、B、C 中的 4 个盒体标记见 D；*$P<0.05$，*** $P<0.001$

第三节　遗传变异的衡量

检测到个体遗传变异后，就要对这些变异在群体水平上的状况进行分析。这包括两个最基本的衡量指标：等位基因多样性和杂合度（heterozygosity）。等位基因多样性较容易理解,是指各位点所包括的等位基因数目的多少,而杂合度的度量需要先知道 Hardy-Weinberg 平衡。

1. Hardy-Weinberg 平衡

Hardy-Weinberg 平衡涉及等位基因频率(allele frequency)和基因型频率(genotype frequency),即假设某一位点有两个等位基因 A 和 a,由这两个等位基因可组成三个基因型 AA、$Aa(aA)$ 和 aa。其中 AA 和 aa 是纯合的,而 $Aa(aA)$ 是杂合的。假设等位基因 A 和 a 的频率分别是 p 和 q(这里 $p+q=1$,因为只有这两个等位基因),那么基因型 AA 的期望频率将为 p^2,$Aa(aA)$ 的期望频率为 $2pq$,aa 的期望频率为 q^2,并且 $p^2+2pq+q^2=1$。

Hardy-Weinberg 平衡理论是一种理想状态下的平衡理论,它假设:①物种为二倍体;②有性繁殖;③世代不重叠;④种群大小无限(无遗传漂变);⑤没有种群个体的迁入和迁出;⑥种群个体间随机交配;⑦无突变;⑧无自然选择。

在此状况下,如果种群各基因型的期望频率等于实际观测频率,即 Hardy-Weinberg 平衡。

举例如下:在对某种群调查后得知,种群中基因型为 AA 的个体数频率为 0.25,基因型为 $Aa(aA)$ 的个体数频率为 0.5,而基因型为 aa 的个体数频率为 0.25。假设等位基因 A 的频率为 p,等位基因 a 的频率为 q,则

$$p = p(p+q) = p^2 + 2pq/2 = 0.25 + 0.5/2 = 0.5$$

[注:$p+q=1$,所以 $p=p(p+q)$ 就是 $p\times 1$;p^2 是 AA 基因型频率。]

$$q = q(p+q) = q^2 + 2pq/2 = 0.25 + 0.5/2 = 0.5$$

由此反过来计算基因型的期望频率,即

$$AA = p^2 = 0.5^2 = 0.25$$
$$Aa = 2pq = 2\times 0.5\times 0.5 = 0.5$$
$$aa = q^2 = 0.5^2 = 0.25$$

可以看到期望基因型频率和观测基因型频率是相同的,因此种群处于 Hardy-Weinberg 平衡。

在实际中,上述理想的种群是不存在的,因此任何不符合上述假设的因素都有可能导致期望基因型频率和观测基因型频率结果的不同,使种群偏离 Hardy-Weinberg 平衡,其偏离程度可通过 χ^2 检测或其他方法检测,在后面的数据分析部分会介绍。

2. 基于 Hardy-Weinberg 平衡理论的遗传多样性度量

由上可知,对于拥有两个等位基因(A 和 a)的某一位点来说,其共有三种基因型 AA、$Aa(aA)$ 和 aa,其基因型频率分别为 p^2、$2pq$ 和 q^2。

显然，三种基因型当中，只有基因型 $Aa(aA)$ 是杂合型的，由 $p^2+2pq+q^2=1$，可得 $2pq=1-p^2-q^2$，即 $2pq=1-\sum_{i=1}^{2}x_i^2$（即用 x_i 代表 p^2 和 q^2）。进一步，如果这一位点有 k 个等位基因，上述杂合型基因型的频率将为

$$1-\sum_{i=1}^{k}x_i^2$$

式中，x_i 是第 i 个等位基因的频率。这就是通常用来衡量种群遗传多样性的主要指标，称为期望杂合度（expected heterozygosity，H_E），即基因多样性（gene diversity）。

对于 m 个位点来说，种群的期望杂合度为

$$1-\frac{1}{m}\sum_{l=1}^{m}\sum_{i=1}^{k}x_i^2$$

在本书中，为避免混淆，专用遗传多样性指代杂合度，用遗传变异代表物种（种群）整体遗传上的变异，包括等位基因多样性和杂合度等。

3. Wahlund 效应

Wahlund 效应（Wahlund effect）是指种群内由于存在非随机交配而产生小的亚种群（就像分成了一个个小组一样。组内是随机交配的，但组间没有随机交配）导致种群平均遗传多样性（杂合度）降低的现象。具体说，一个物种种群存在隔离的亚种群，如果我们分亚种群分别计算遗传多样性，然后相加取平均值，这种"平均遗传多样性"将不能代表种群实际拥有的遗传多样性。举个极端的例子来说明：一个种群有 30 个个体，每 10 个组成一个亚种群，对于某个检测到的位点（包括两个等位基因 A 和 a），三个亚种群分别检测到的基因型见表 1-1。

表 1-1　假设的三个亚种群中某个基因型频率

	AA	Aa	aa
亚种群 1	10	0	0
亚种群 2	0	10	0
亚种群 3	0	0	10

用上面介绍的等位基因频率和遗传多样性的计算方法，可以算出，亚种群 1 的遗传多样性是 0（等位基因 A 的频率是 1，a 的是 0），亚种群 2 的遗传多样性是 0.5（等位基因 A 的频率是 0.5，a 的也是 0.5），亚种群 3 的遗传多样性是 0（等位基因 A 的频率是 0，a 的是 1）。三个值相加后的平均遗传多样性值是（0+0.5+0）/3=0.5/3。把三个亚种群合在一起，不分亚种群，重新计算种群遗传多样性是 0.5（等位基因 A 的频率是 0.5，a 的也是 0.5）。可以看出三个亚种群的平均值小于整体计算的值。当然上面这个例子中各亚种群不符合随机交配状态，只为说明 Wahlund 效应导致的结果是怎样的。

Wahlund 效应在实际种群中普遍存在，因为即使是很小范围的种群，个体间完全随机交配也很难保证。Wahlund 效应导致估算的种群纯合基因型频率增加，类似近交产生

的纯合子增多的现象（近交系数变大，后面的数据分析中会讲到），但并非种群近交而产生的，个体在亚种群内还是随机交配的。

4. 连锁不平衡

假设有两个位点，各有两个等位基因，即 A、a 和 B、b，等位基因频率分别为 p_1、p_2、q_1、q_2。它们组成 9 个基因型：$AABB$、$AaBB$、$aaBB$、$AABb$、$AaBb$、$aaBb$、$AAbb$、$Aabb$ 和 $aabb$。当两个位点的等位基因出现非随机的组合（即连锁），就会导致某些基因型的频率明显大于（或小于）其他基因型频率，这时就称位点间出现了连锁不平衡（linkage disequilibrium，LD）（有时也称配子不平衡）。

连锁不平衡的度量可由下式得出：

$$D = P_{AB}P_{ab} - P_{Ab}P_{aB}$$

式中，P 为配子型频率。

如果 $D>0$，提示等位基因 A 和 B、a 和 b 有连锁的可能；如果 $D<0$，提示等位基因 A 和 b、B 和 a 有连锁的可能；如果 $D=0$，提示等位基因 A、a 和 B、b 之间随机组合，无连锁。

由于重组，连锁不平衡随世代而变化，如图 1-2 所示。

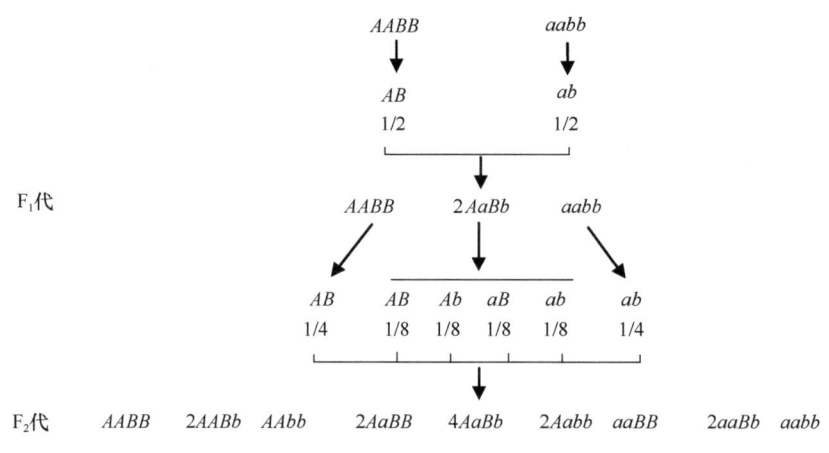

图 1-2 基因型在不同世代重组

即假设父母本的基因型分别是 $AABB$ 和 $aabb$，产生 AB 和 ab 型配子的频率分别为 1/2 和 1/2，产生 Ab 和 aB 型配子的频率都为 0，由上式得 $D=1/4$；在 F_1 代，产生的 AB、ab、Ab 和 aB 型配子的频率将分别为 3/8、3/8、1/8 和 1/8，由上式得 $D=1/8$。

由于 D 可正可负，彼此不好比较，因此我们用一个归一化比值来表示等位基因连锁不平衡状况，即 $D'=D/D_{\max}$。当 $D>0$ 时，$D_{\max}=\min(p_1q_2,p_2q_1)$；当 $D<0$，$D_{\max}=\max(-p_1q_1,p_2q_2)$。

另外一种较多被使用来衡量连锁不平衡的方法是

$$r^2 = \frac{(P_{AB}P_{ab} - P_{Ab}P_{aB})^2}{p_1p_2q_1q_2}$$

这个计算公式和上面的 D 得出的结果是不一致的（Flint-Garcia et al., 2003）。

等位基因的重组、基因流、选择和遗传漂变都会影响到连锁平衡。基因流、选择和遗传漂变导致连锁不平衡的增加；等位基因的重组会导致连锁不平衡的降低。

在此需要记住的是，连锁不平衡的位点不一定是在同一染色体上，即连锁（linkage）和连锁不平衡是不同的两个概念。连锁是两（多）个基因由于在染色体上物理位置靠近而产生的相关联系，但两（多）个不在同一染色体上的基因由于很多因素也可以产生相互关联，这就产生了连锁不平衡（Flint-Garcia et al., 2003）。

第四节　遗传变异的维持、丧失

突变等产生的遗传变异在各物种及其种群中的分布不同，受到物种地理分布状况、交配系统、种子散布等生活史特征的影响。除此，物种（种群）遗传变异还会受到以下方面的影响：随机遗传漂变、选择作用、基因流、瓶颈效应等。通常在种群内，突变和基因流导致种群遗传变异的增大，而随机遗传漂变导致遗传变异的减少；在种群间，突变、基因流和随机遗传漂变都导致遗传变异的增大。选择作用不论在种群内还是在种群间都既有可能增加也有可能减少遗传变异。瓶颈效应是影响遗传变异的一种特殊形式，发生于种群个体数量突然大量减少的情况下，它和随机遗传漂变一样都易造成稀有等位基因的大量丧失。在此，需要强调的是，稀有等位基因的保护应在遗传多样性保护之前（Holsinger et al., 1999），因为遗传多样性可以通过增加种群间的基因流而恢复，但稀有等位基因的丢失却是不可挽回的（Burgman et al., 1993）。但是 Burgman 等（1993）提出，要同时保护种群遗传多样性和等位基因是很困难的，因为等位基因最好被保护在各种群内，并减少种群间的基因流；而长期的遗传多样性最好保护在种群间，并保持各种群间大的基因流。

1. 物种生活史特征

Hamrick 和 Godt（1989）最早总结了不同生活史植物物种遗传多样性，所用数据为同工酶的结果（表 1-2）。随着分子生物学技术的广泛利用，特别是 DNA 多态性数据的应用，Nybom 和 Bartish（2000）、Nybom（2004）又对 RAPD 和微卫星体所得的结果进行了归纳（表 1-3，表 1-4）。而 Ai 等（2014）把以往各种分子标记结果转换为统一的核苷酸多态性（π）结果，对有不同生活史特征的种子植物遗传多样性又进行了更细致的比较。

从这些统计结果可以看出，交配系统是影响植物遗传变异的主要因素（Hamrick & Godt, 1989; Baur & Schmid, 1996; Hamrick & Godt, 1996; Nybom & Bartish, 2000）。远交物种通常拥有高的种群内遗传变异，低的种群间遗传变异；自交亲和物种则相反。对于木本植物来说，由于它们通常进行远交，因此比草本植物有高的遗传变异（Baur & Schmid, 1996）。虽然植物交配系统非常复杂，但 Hereford（2010）的研究发现不同交配系统和物种的本地适应（local adaptation）并不相关（图 1-3）。

植物的交配方式并非一成不变，而是受环境的影响。在不同的年份，种群开花数目的多少将影响植物中自交、远交的比例，开花数目多，远交行为多，反之则少；不同的种群密度也将导致种群自交、远交率的不同，即低密度种群拥有更高的自交比例，高密度种群拥有更高的远交比例（Boshier & Billingham，2000）。

表 1-2 不同生活史特征物种遗传变异（同工酶结果）（引自 Hamrick & Godt，1989）

生活史特征	N	A_S	H_S	A_P	H_P	G_{ST}
交配系统						
自交	78	1.69	0.12	1.31	0.07	0.51
混交						
动物为媒介	60	1.68	0.12	1.43	0.09	0.22
风为媒介	9	2.18	0.19	1.99	0.20	0.10
远交						
动物为媒介	124	1.99	0.17	1.54	0.12	0.20
风为媒介	102	2.40	0.16	1.80	0.15	0.10
地理分布						
特有	52	1.80	0.10	1.39	0.06	0.25
窄域分布	82	1.83	0.14	1.45	0.11	0.24
区域分布	180	1.94	0.15	1.55	0.12	0.22
广布	85	2.29	0.20	1.72	0.16	0.21
生活型						
一年生	146	2.07	0.16	1.48	0.11	0.36
几年生草本	119	1.70	0.12	1.40	0.10	0.23
长年生木本	110	2.19	0.18	1.79	0.15	0.08
种子传播						
重力传播	164	1.81	0.14	1.45	0.10	0.28
附着传播	52	2.96	0.20	1.68	0.14	0.26
爆破	23	1.48	0.09	1.25	0.06	0.24
摄食传播	39	1.69	0.18	1.48	0.13	0.22
风力传播	105	2.10	0.14	1.70	0.12	0.14

注：N 为统计的物种数；A_S 为物种位点平均等位基因数；H_S 为物种遗传多样性；A_P 为各种群位点平均等位基因数；H_P 为种群平均遗传多样性；G_{ST} 为 Nei 遗传分化，$G_{ST}=1-H_P/H_S$。

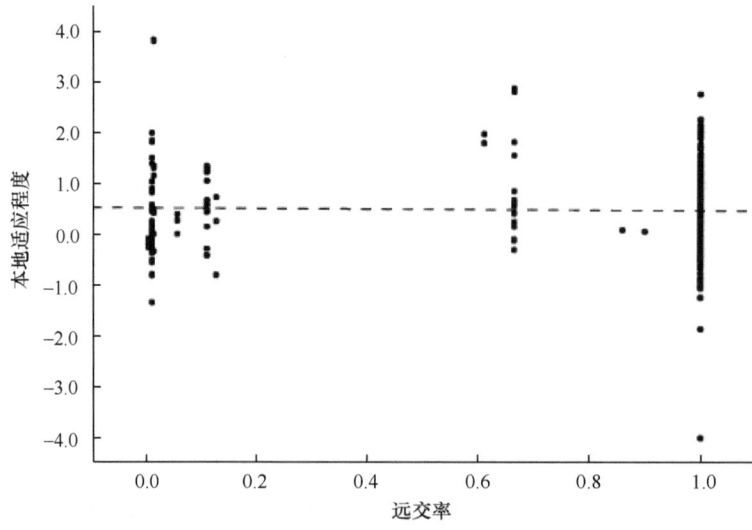

图 1-3 植物交配系统与其本地适应的关系（引自 Hereford，2010）

表 1-3　不同生活史特征物种遗传变异（RAPD 结果）（引自 Nybom，2004）

生活史特征	N	H_P	N	Φ_{ST}	N	G_{ST}
生活型						
一年生	6	0.13	10	0.62	2	0.47
几年生	17	0.20	45	0.41	18	0.32
长年生	37	0.25	60	0.25	24	0.19
地理分布						
特有	7	0.20	22	0.26	7	0.18
窄域分布	8	0.28	22	0.34	10	0.21
区域分布	25	0.21	35	0.42	15	0.28
广布	20	0.22	32	0.34	12	0.31
交配系统						
自交	10	0.12	14	0.65	6	0.59
混交	8	0.18	18	0.40	6	0.20
远交	38	0.27	73	0.27	31	0.22
种子传播						
重力传播	24	0.19	46	0.45	26	0.32
附着传播	3	0.16	5	0.46	2	0.47
摄食传播	22	0.24	32	0.27	11	0.16
风力和（或）水流传播	7	0.27	22	0.25	5	0.17
演替状态						
早期	15	0.17	38	0.37	13	0.34
中期	28	0.21	49	0.39	19	0.27
晚期	16	0.30	29	0.23	13	0.22

注：Φ_{ST} 为遗传分化系数（Excoffier et al.，1992）

表 1-4　不同生活史特征物种遗传变异（SSR 结果）（引自 Nybom，2004）

生活史特征	N	H_E	N	H_O	N	F_{ST}
生活型						
一年生	15	0.46	5	0.62	4	0.47
几年生	29	0.55	20	0.41	12	0.32
长年生	59	0.68	55	0.25	17	0.19
地理分布						
特有	7	0.42	5	0.32	5	0.26
窄域分布	16	0.56	14	0.52	6	0.23
区域分布	41	0.65	31	0.65	9	0.28
广布	31	0.62	23	0.57	13	0.25
交配系统						
自交	15	0.41	4	0.05	5	0.42
混交	15	0.60	13	0.51	5	0.26
远交	71	0.65	60	0.63	23	0.22
种子传播						
重力传播	29	0.47	14	0.50	15	0.34
附着传播	8	0.56	6	0.27	3	0.33
摄食传播	29	0.73	24	0.72	9	0.21
风力和（或）水流传播	28	0.61	26	0.54	4	0.13
演替状态						
早期	24	0.46	16	0.39	7	0.37
中期	40	0.63	30	0.60	18	0.22
晚期	4	0.70	30	0.66	6	0.17

注：H_O 为观测杂合度（observed heterozygosity）

2. 随机遗传漂变

随机遗传漂变作为一个取样效应（从大样本中随机提取出很小部分）将导致等位基因的固定、丢失，减少种群遗传多样性，但遗传多样性对于遗传漂变并不十分敏感。

随机遗传漂变造成的种群遗传多样性丧失可由下式得出：

$$H_t = H_0(1-1/2N)^t$$

式中，H_t 为 t 世代后种群残留的遗传多样性，H_0 为种群 t 世代前拥有的遗传多样性，N 为有效种群大小（假设在整个世代中不变）。

由上式可知，对于有效种群大小为 100 的种群，至少要经过 100 个世代后，其种群的遗传多样性才丧失 40%。然而遗传漂变所造成稀有等位基因的丧失却是非常迅速的（Burgman et al., 1993; Baur & Schmid, 1996），特别是小种群。

遗传漂变倾向于使不太重要的遗传变异首先丧失。但由于物种（种群）时时处于变化的环境中，什么是重要的、什么是不重要的遗传变异就不那么清晰了。此时具有杂合基因型的个体适应性更强（Amos & Balmford, 2001）。

3. 选择作用

在大的连续选择压力下，物种即使在小尺度空间上也会出现大的遗传多样性差异（Boshier & Billingham, 2000）。Owuor 等（1997）对以色列 Lower Nahal Oren, Mt. Carmel 地区一峡谷两边大麦（*Hordeum spontaneum*）种群遗传变异进行了研究（图 1-4）。这一大麦种群个体分别分布在峡谷南向坡（south-facing slope, SFS）和北向坡（north-facing slope, NFS），南向坡和北向坡相距 100（底部）~400m（上部）。两坡有着相同的大气候环境，但是 SFS 的小环境较恶劣，植被呈现非洲稀树草原（Savanna）景观特征，包括稀树林（open park forest）和物种长豆角（*Ceratonia siliqua*）、*Pistacia lentisais* 及其他草本植物；而 NSF 的环境却呈现欧洲照叶林植被（lush vegetation）类型，主要是常绿马基群落（maquis），包括 *Quercus caliprinos*、*Pistacia palaestina*。Owuor 等分别从两个坡向的不同海拔取样，采用 RAPD 方法分析了两个坡向的大麦遗传多样性。

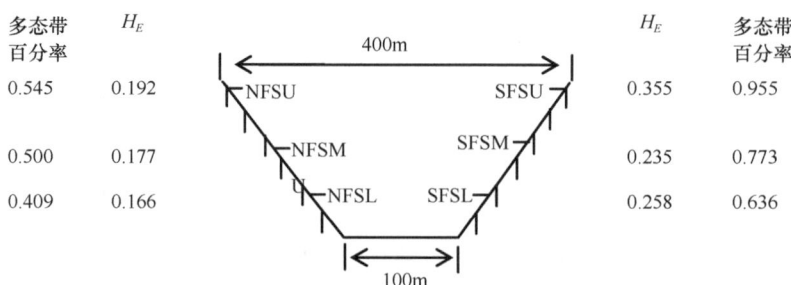

图 1-4 对以色列 Lower Nahal Oren, Mt. Carmel 地区一峡谷南向坡和北向坡大麦种群的采样示意图（引自 Owuor et al., 1997）

NFSU 和 SFSU 分别代表 NFS 上部和 SFS 上部，海拔 120m；NFSM 和 SFSM 代表 NFS 中部和 SFS 中部，海拔 90m；NFSL 和 SFSL 代表 NFS 下部和 SFS 下部，海拔 60m

结果表明，大麦个体不仅在南北坡有不同的遗传结构，就是同一坡向的不同海拔的个体也有不同的遗传结构。南向坡受太阳的辐射较多，温度高，湿度低，环境相对北向坡恶劣，因此 Owuor 等认为南向坡种群大的遗传多样性和环境条件恶劣相关。由于海拔高的地方辐射也大，因而沿海拔从下到上表现出遗传多样性的增加。由于南北坡相距较近，基因流频繁，因而两个坡向不同遗传多样性应该是强的自然选择作用结果。

在大的空间尺度上，我们通常会发现环境梯度影响所造成的遗传渐变（Baur & Schmid，1996）。Schmidt 等（2008）用图形将这种环境梯度造成的遗传变异变化表示出来（图 1-5）。从图 1-5 可以看出受选择的基因和中性变异的基因的等位基因频率在不同环境状况下的变化是不同的。受选择的基因等位基因频率会随环境变化而变化，但不受地理距离的影响，而且对交汇带（contact zone）更敏感些。

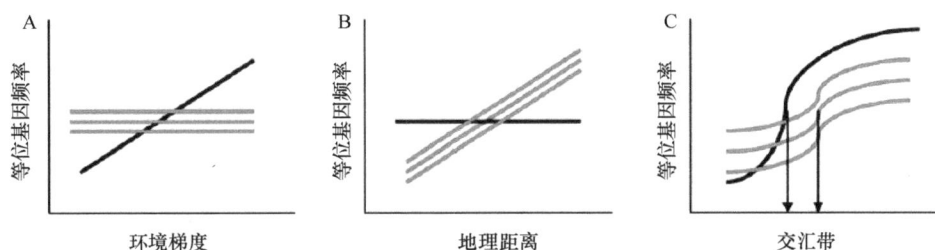

图 1-5　等位基因频率随不同环境条件的变化（引自 Schmidt et al.，2008）

图中的黑色单线是受选择的基因，而灰色的三条线是中性变异的基因。交汇带是指如草原和森林的交汇的地方，或两个不同起源的家系（谱系）等交汇的地方

但并非所有大尺度上的遗传变异都是选择作用的结果。事实上，更多情况下遗传变异受随机遗传漂变的影响更大。特别对于植物来说，它们通常通过表型可塑性（phenotypically plastic）来避免短期的适应性遗传分化（adaptive genetic differentiation）（Baur & Schmid，1996）。

选择作用可能会使得物种（种群）遗传多样性降低，因为选择作用将固定住某一性状，淘汰其他（多样）的变异性状。但有时在选择作用下，我们未必能发现选择作用和遗传变异的相关性。这是由于如果选择（如化学污染）诱导产生突变，那么种群也会表现出高的遗传变异（Keane et al.，1999），而当出现频度依赖性选择（frequence-dependent selection）时，频度依赖性选择将把具有适应优势的少数基因型保留下来，使种群内维持较高的遗传变异水平。另外生物之间的共进化（coevolution）也会造成这一现象（Baur & Schmid，1996）。

在持续的选择压力下，种群个体数量将持续下降直到选择出适应性性状（图 1-6 中 A 线）。但当选择压力非常强时，种群中即使有适应性性状的出现也会由于种群大小低于临界值而灭绝（图 1-6 中 B 线）（Stockwell et al.，2003）。

4. 基因流

基因流是指种群间或亚种群间基因物质交流。这需要带有外来基因物质的个体在新的（亚）种群内真正存活下来。对于那些带有外来基因物质，但由于种种原因无法存活

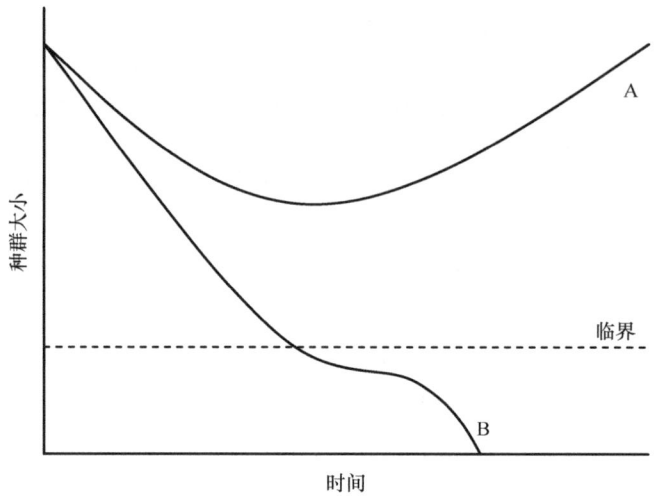

图 1-6　种群大小和选择作用（引自 Stockwell et al., 2003）

的个体,即使它们有非常远距离的迁移,也无法实现真正意义的遗传交流（Ellstrand，1992）。

基因流包括两个方面:一是大、中尺度的种群间基因交流,二是本地（local）小尺度的基因流。对于前者,我们主要通过种群间的遗传分化（如 F_{ST}、Φ_{ST} 等指标,后面数据分析部分会有介绍）大小来衡量种群之间的基因流。但要注意,大尺度下种群间的遗传分化也可能是突变、随机遗传漂变和选择作用所产生的,不一定是基因流减少的结果（Oline et al., 2000）。对于本地小尺度基因流,我们可能需要亲本分析等手段来进行衡量（Godoy & Jordano, 2001）。但如果物种有着很大的种子库,种子休眠期很长,那么确定本地基因流也非易事。另外如果物种是一年生的,那么我们可能永远也不能确定子代的亲本,因为它们已经死亡（Ouborg et al., 1999）。

基因流具有双重作用（Stockwell et al., 2003）。其好处是基因流增大种群内遗传变异,减少近交衰退影响并增加种群进化潜能;其坏处是对于我们需保护的物种来说,基因流限制了种群本地适应（local adaptation）。而对一些有害外来物种来说,它们的成功定居繁殖也可能是多次引进后,频繁的基因流致使种群拥有了环境适应性遗传变异。

植物的基因流又可分为种子流和花粉流。一般说来,被子植物的细胞质 DNA（包括线粒体和叶绿体）是母性遗传,可用于种子流的检测;裸子植物的细胞质 DNA 是父性遗传,可用于花粉流的检测（Ouborg et al., 1999）。

花粉流受传媒方式的影响。一般来说,风媒花有着比虫媒花更大的花粉流（Ellstrand，1992）。但对于虫媒花来说,如果传播的动物运动范围很大时,也可以把花粉带至很远。如果植物传粉距离有限,其所受近交衰退等的影响就会较大。

虽然多数情况下花粉流远大于种子流,但种子流是决定性的,因为种子既包含了父本遗传物质也包含了母本遗传物质,为两套。而花粉流只包含了一套父本或母本的遗传物质。Ayres 和 Ryan（1999）对特有、稀有植物 *Wyethia reticulata*（Asteraceae）的研究发现,虽然其花粉流较大（>300m）,但是其种子较重,多落于母树旁（1.5m 内）,限制了种群的基因流,因此大于 500m 就可发现不同个体间明显的遗传多样性差异。

生境状况明显影响到花粉和种子的流动。如对于风媒的花粉和种子来说，在植被密度较大的生境中，它们都受林冠影响而扩散受阻（Dyer & Sork，2001；Millerón et al.，2012）；相反较稀疏的植被状况有助于花粉和种子的远距离传播，减少了隔离种群间的遗传分化（Young et al.，1993）。

5. 瓶颈效应

种群个体数量的突然减少必然导致瓶颈效应。和随机遗传漂变影响相似，瓶颈效应只有在种群个体数量减少非常多的情况下才会导致种群遗传多样性的大量丧失（Frankel & Soulé，1981）。

由表 1-5 可知，即使种群个体残留 6~10 个，其种群也保持了>90%的遗传多样性。但与总体遗传多样性不同的是，种群的稀有等位基因在瓶颈效应中丧失较快。

表 1-5　瓶颈效应造成的遗传多样性丧失（引自 Frankel & Soulé，1981）

瓶颈效应后种群残留个体数	与瓶颈效应前相比种群残留的遗传多样性比例/%
1	50
2	75
6	91.7
10	95
20	97.5
50	99
100	99.5

和选择作用不同的是，瓶颈效应导致种群中所有基因遗传变异的丧失，而选择作用可能只影响到某些位点而非全部（Rand，1996），但受选择的遗传变异在瓶颈效应过程中丧失速度会慢些（Amos & Balmford，2001）。

在基因流很大的情况下，种群也会出现类似瓶颈效应的现象，这可能是基因流的贡献者很少造成的（Albaladejo et al.，2012）。

第二章 分子生态学研究内容

分子生态学研究包括个体、种群和物种水平三个层次。在个体和物种水平，其研究核心目的在于利用分子标记区分个体和物种，由此解决以往生态学中不易解决的一些难题，包括如个体间的（相互）识别、亲本分析、群落中的物种差异和多样性程度等。而在种群水平，分子生态学研究主要关注种群维持和种群间的交流，即"基因流和适应"及"小种群"问题，但这两个方面也是首先基于个体、物种区分。只有把每个个体的基因型差异弄清楚了，才能知道由它们组成的种群的共性特征，了解种群来源、适应状况及将来的发展。

第一节 个体与物种区分、鉴定（差异与多样性）

与形态标记或化学标记方法相比，分子标记以其丰富的多态性成为区分个体和物种的最佳选择。例如，*Haloragodendron lucasii* 是一种行无性繁殖的物种。原有的形态、外观方法较难区分其无性繁殖状况。Hogbin 等（2000）通过对其 4 个种群的同工酶和 RAPD 研究表明，这 4 个种群实际上只包含 7 个基株（genet），而且其中的两个种群只由一个基株组成。而原来的形态、外观鉴定方法却在其中的一个种群中鉴别出 40 个基株，在另一个种群中鉴别出 700 个基株。但被鉴别出有 700 个基株的种群事实上只由 3 个基株组成。这一结果对这一物种的保护具有重要意义。

1. 杂交

分子标记是开展杂交现象研究的最好手段。杂交是推动物种进化的一个重要动力，在农林业生产中发挥了重要作用（Moran et al.，2000），为物种获得优良性状提供了非常好的途径。选择具有优良性状的杂交体进行培育繁殖丰富了物种的遗传多样性（Jarvis & Hodgkin，1999）。Jarvis 和 Hodgkin（1999）列举了 25 种作物和其野生亲缘种之间的杂交和渐渗杂交的现象。并提示即使在当前各种新技术，如无融合生殖技术、终止基因（terminator gene）技术等出现的情况下，也不要忽视作物和亲缘种之间的基因流，以得到更多的优良性状。

Elias 等（2001）在圭亚那（Guyana）对木薯（*Manihot esculenta*）的研究中发现，虽然当地农民一直采用的耕作方式是无性繁殖，但是农民在无意中把品种（系）间有性繁殖个体的繁殖后代（杂交）保留下来，而并非完全保持原有的无性系。即农民事实上一直在应用品系间的杂交个体进行栽培，而并非所认为的纯系。

但杂交也会带来一定的"麻烦"。这一"麻烦"，即可能的危害，作者在以往的文章中有过详细介绍，读者可参考王峥峰和彭少麟（2003a）文章。总的说来就是杂交既可产生杂种优势，也会导致远交衰退等遗传危害。在此相似的内容不再赘述。但杂交的危害可能不仅仅是影响后代适应性的问题，也可能由资源占用而产生（Laikre et al.，2010）。例如，某一外来种所产生的花粉量非常大，排挤了本地花粉。但这些外来花粉和本地个体交配却不能形成后代，导致大量的无效传粉，产生资源占用浪费。

如果通过分子标记确定杂交现象存在，可以进一步采用分子标记手段进行杂交体或者非杂交体区分，进行有针对的经营或保护。*Eucalyptus graniticola* 是在 1987 年才被发现的物种（在澳大利亚），只有单独的一棵。野外形态观测表明它可能是由其他 *Eucalyptus* 物种杂交形成的，并非孑遗物种。通过 RAPD 方法进行研究后，Rossetto 等（1997）认为 *E. graniticola* 为 *E. drummondii* 和 *E. rudis* 杂交形成的杂交种，由于 *E. drummondii* 和 *E. rudis* 在野外很少混生在一起，因此两者形成的杂交体物种 *E. graniticola* 在自然界也非常少。

Irvingia gabonensis 和 *I. wombolu* 是非洲非常重要的经济果树，但当前以收集野生果实为主。而在用于大规模的人工种植之前，存在一个问题：如果两者种植在一起时是否会引起杂交，从而影响果实产量和品质？Lowe 等（2000）对此进行了研究。通过 RAPD 方法检测了两者遗传结构，发现并无杂交个体存在于自然界中，因此他们认为两者混植是可以的。

2. 差异个体识别

樱桃（*Prunus mahaleb*）的果实被众多动物取食，其种子也由此被动物传播开来。但各种动物具体传播空间范围很难确定。在分析各种动物取食特性的基础上（如有些动物会把樱桃叼到某个地方后吃食，在这些地方的种子就是这种动物取食后搬迁的结果；而有些动物把樱桃整个吃食，此时这些动物粪便中的种子就是这些动物取食搬迁的结果），Jordano 等（2007）又通过分子标记方法对各类被取食后动物遗留的种子进行了亲本分析，了解了各种被搬迁种子和其母树之间的距离，由此明确了各种动物具体传播的种子数量和空间范围（图 2-1）。由图 2-1 可以看出，小型鸟多是在母树旁进行取食，而哺乳动物会把果实叼到很远的地方（>1500m）进食。

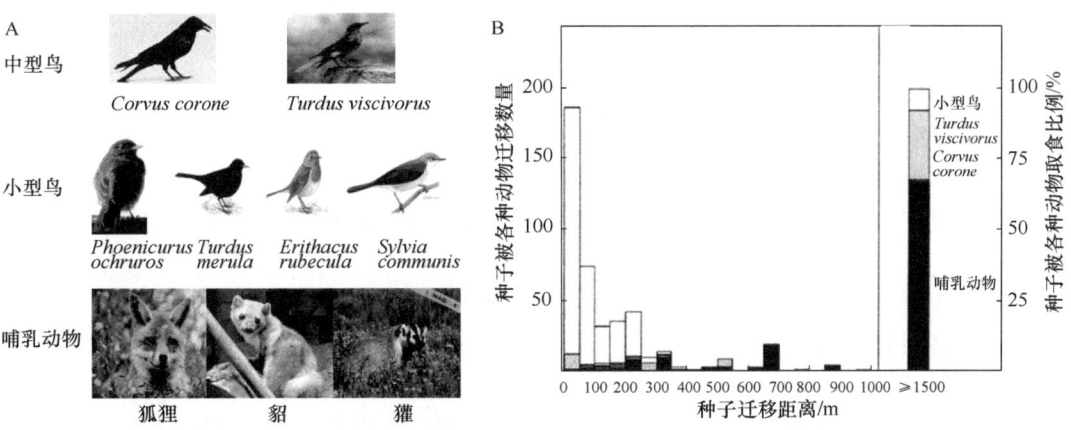

图 2-1　樱桃（*Prunus mahaleb*）的果实被不同动物迁移的比例（B 图引自 Jordano et al.，2007）

有时，外来种存在很久而会被认为是本地种了，即为隐性（cryptic）外来种。Saltonstall（2002）对分布在美国的一种芦苇（*Phragmites australis*）进行了研究，通过收集近 100 年的标本，对比现有分布，他发现某种外来的叶绿体 DNA（cpDNA）单倍型在 1910 年后逐渐由东部（图 2-2B）向西部入侵，现已扩展到了美国大部分区域（图 2-2D）。这种单倍型的芦苇具有很强的入侵性，可取代本地种，造成生态危害，但常被认为是本地种。

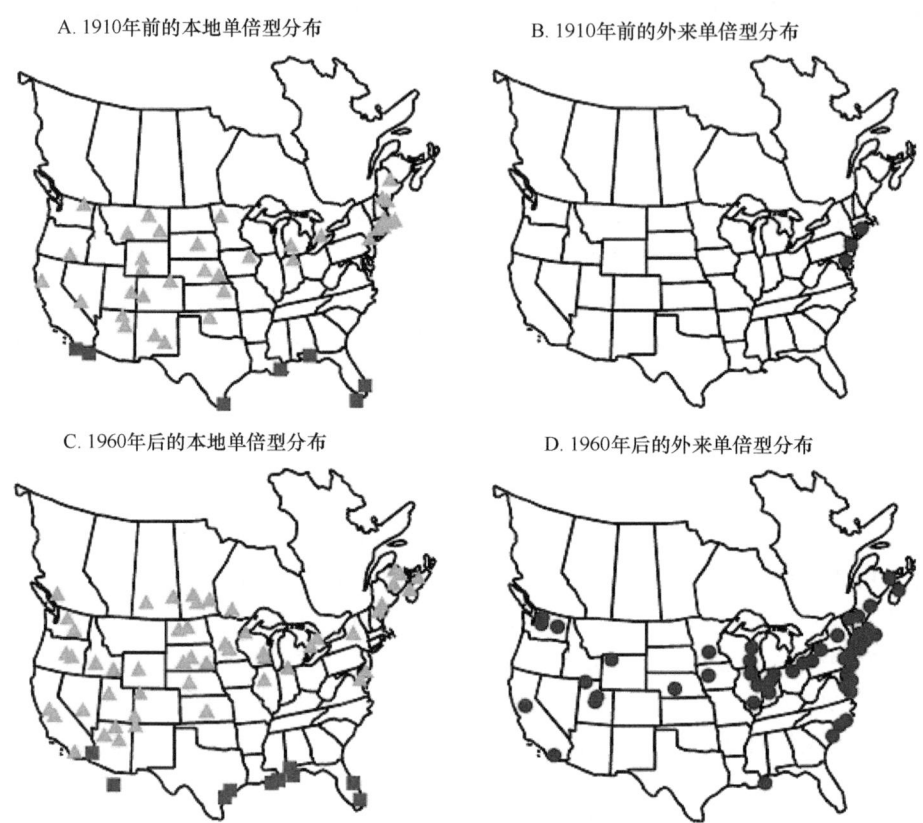

图 2-2 芦苇（*Phragmites australis*）不同时期不同 cpDNA 单倍型在美国的分布状况
（引自 Saltonstall，2002）
▲、■ 和 ● 分别代表不同 cpDNA 单倍型

3. 群落构建

这包括了两个问题，一是群落中到底有多少物种，即物种多样性；二是不同物种如何共存。

群落中到底有多少物种？这对于较大型的物种来说，较容易统计。但在实际群落中还包含了各种微小的物种，形态上也非常难区分，这就对研究群落物种多样性大小形成了挑战。利用传统的分类学进行这个研究困难较大。但从 DNA 多态性角度，利用遗传多样性开展这个研究就方便许多。目前，常用的是 DNA 条形码方法（DNA barcoding）。这一方法就是以一个或多个通用 DNA 区段作为物种区分的标准。如动物中利用线粒体的 *COI* 区段，而植物是使用叶绿体的三个区段：*rbcL*、*matK* 和 *trnH-psbA*，以及核基因的

ITS 区段联合起来进行物种的区分。当然并非使用了 DNA 条形码就可以 100%区分物种了，还存在很多问题。

对于只使用一个 *COI* 区段的动物条形码，其好处在于可以把所采集的物种全部混合成一个样品，做成一个"汤"（soup）（Yu et al., 2012），用高通量测序的方法一次全部测完。而植物的条形码需要多个条段一起使用，只能一个一个物种测后，各自拼接。如需要高通量混合测序，就需要在不同物种进行 PCR 扩增前，在通用引物上再加不同的序列标签（tag）作为区分，测完后通过标签区分不同的测序样品。

Yu 等（2012）对云南红河、西双版纳和昆明三个地区节肢动物群落多样性进行了研究。通过对比传统测序和高通量测序方法得到的多样性结果，可以看出两者的结果是高度一致的（图 2-3，主成分分析 PCA 结果），说明可以把所有采集的动物样品混合后一起进行测定，无需一个一个进行形态鉴定，很快得到群落物种的多样性信息。

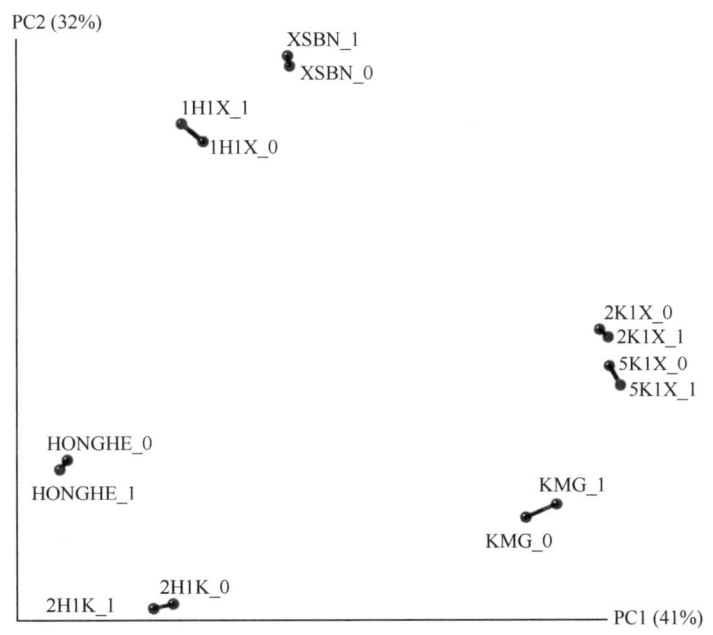

图 2-3　高通量测序和普通测序结果的比较（引自 Yu et al., 2012）
图中标记后面是"0"的表示是高通量测序的结果，"1"表示是传统测序结果

对于第二个问题——不同物种如何共存，从物种相似度的角度，以往的研究考虑物种是否是同科或者同属，以此判断物种间的相似性，然后研究这种相似性在它们共存中所起的作用大小，如竞争排斥为主，还是相依相吸引为主。显然这种判断是定性的，无法很好量化。但随着分子系统发育学的发展，可以用 DNA 序列进化信息反映物种间的相互亲缘关系，实现量化，并因此促进了群落谱系结构研究。这方面的内容可以参考我们课题组学生和作者共同写的一篇综述（牛红玉等，2011），不在此赘述。在此介绍一下通过分析亲缘关系开展的植物间邻体效应研究。

对于植物而言，由于植物固着生殖，植物之间的共存更多取决于个体与其邻体之间的相互作用。此时，物种间谱系关系（亲缘关系大小）可能起了很大的作用。即人们普遍认为谱系关系较近物种间可能对外界资源需求趋于一致而竞争更激烈，不利于它们在近距离上共存，而亲缘关系较远物种间资源需求趋异，有利于在更近距离上共存。

邻体效应研究中一个重要的假说是 Janzen-Connell 假说，它推论母树下与母树亲缘关系越近的物种其幼苗存活率越低。Liu 等（2011）在我国亚热带黑石顶常绿阔叶林研究发现，群落内藜蒴（*Castanopsis fissa*）母树对其旁幼苗的制约作用随着彼此谱系距离的减少而增大，并用幼苗移植和土壤控制实验方法证实了这一现象。

以色列的 Pithulim 山上，地中海松（*Pinus halepensis*）历史上仅存 5 株，逐渐恢复后，现有千余株。Steinitz 等（2011）对最初 5 株的一些后代个体进行了亲本分析。结果表明，虽然种子扩散主要集中在母树旁，但很少存活下来，存活的个体都远离母树（图 2-4），在一定程度上支持了 Janzen-Connell 假说。

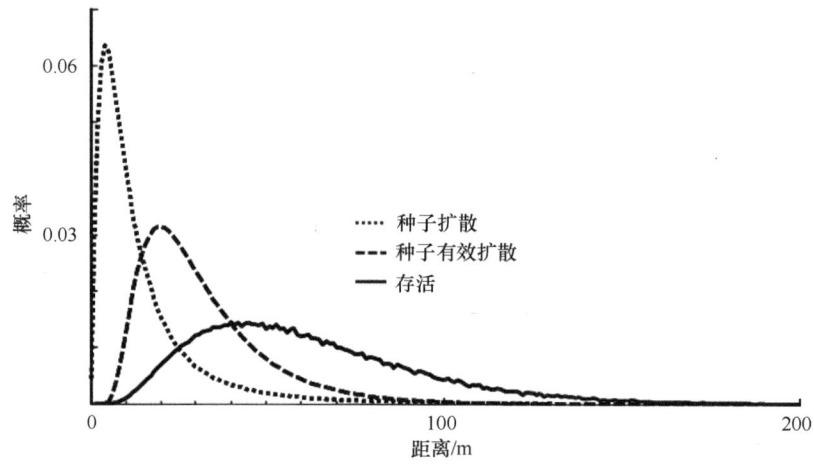

图 2-4　以色列 Pithulim 山上地中海松种子流（引自 Steinitz et al.，2011）

值得注意的问题是，在以往的研究中，人们往往忽视了种内个体遗传差异造成的个体反应差异，仅简单把这种差异归为种内差异，没有进一步加以细分，不利于全面了解由个体遗传差异导致的物种间相互作用差异效应（Schweitzer et al.，2004；Wimp et al.，2004；Fridley et al.，2007；Whitham et al.，2008；Genung et al.，2012）。

Fridley 等（2007）以落草（*Koeleria macrantha*）和石竹叶薹草（*Carex caryophyllea*）为研究对象，通过把它们相互栽培在一起探讨邻体效应。结果发现，由于个体间本身的遗传差异，即使是同一基因型个体，在不同基因型邻体旁也会表现出极大的邻体效应差异，例如，某一基因型的落草个体会比另一基因型的落草个体更明显抑制同一基因型的石竹叶薹草。而 Genung 等（2012）利用北美一枝黄花（*Solidago altissima*）和晚生一枝黄花（*Solidago gigantea*）互为邻体开展的实验表明，在地上和地下生物量方面，从目标个体角度看，即使同一基因型晚生一枝黄花，在不同基因型北美一枝黄花旁也表现出 0%~14%的反应差异；而反过来同一基因型北美一枝黄花，在不同基因型晚生一枝黄花旁表现出高达 14%~36%的差异。而从邻体角度看，当邻体是同一基因型晚生一枝黄花，不同基因型北美一枝黄花表现出 6%~21%的差异；而反过来其邻体是同一基因型北美一枝黄花，不同基因型晚生一枝黄花也表现出 12%~65%的反应差异。

第二节 基因流和适应

基因流对于种群的维持和适应具有重要意义。对于相隔较远的种群来说，它们彼此间能否联系就要依赖于基因流能否长距离流动。Lesser 和 Jackson（2013）在美国怀俄明州（Wyoming）对美国黄松（*Pinus ponderosa*）4 个彼此孤立的种群进行了研究。通过对 4 个种群中所有个体的年龄（年轮法）确定，并进行亲本分析，他们发现这 4 个种群在很久以前（约 1500 年）时，种群个体数非常少，至 1700 年后种群中个体逐渐增加。在此过程中，对多数种群中贡献最大的基因流是外来长距离传播过来的种子（美国黄松的种子是翅果，风媒）（图 2-5）。

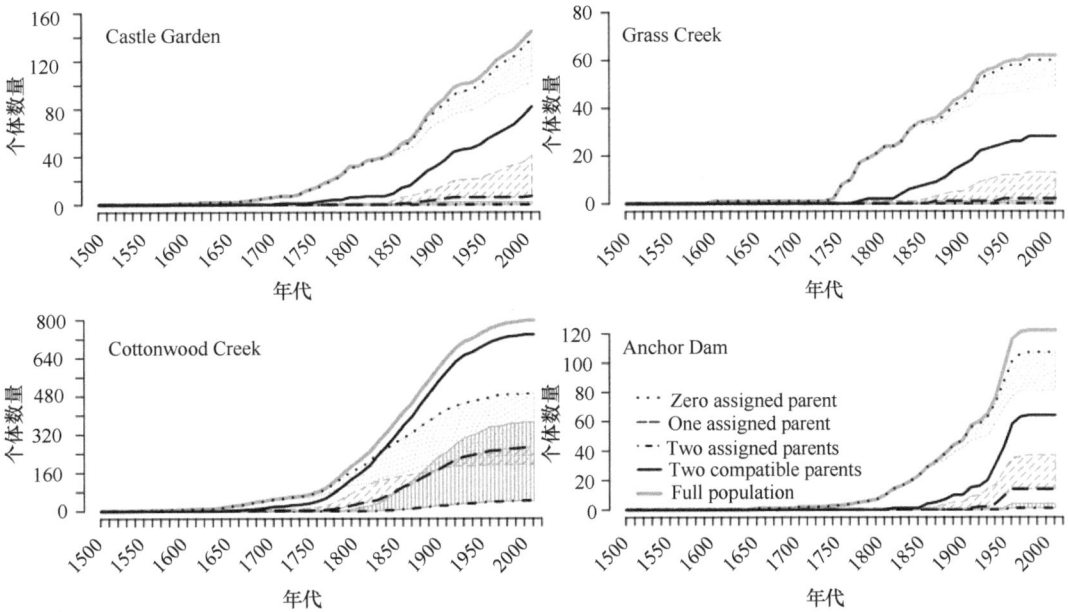

图 2-5　美国怀俄明州美国黄松 4 个种群个体数量随时间的变化（引自 Lesser & Jackson，2013）
"Zero assigned parent" 就是在种群中没有找到一个亲本的个体，指外来的种子；"One assigned parent" 是在种群中找到一个亲本的个体（或父本或母本）；"Two assigned parents" 是在种群中找到双亲的个体；"Two compatible parents" 指亲本分析中能找到匹配双亲的个体状况，这一数值没有进行阈值筛选判断，即一种初始结果；"Full population" 指种群中所有个体状况

基因流大小可以用遗传分化指数（如 F_{ST} 和 Φ_{ST} 值，请见后面的"分子生态数据获得与分析"部分）衡量，并用于种群进化历史分析。例如，对于阿尔卑斯山及其周边地区的挪威冷杉（*Picea abies*）来说，原有研究认为 Apennine 地区（图 2-6 中"Z"所示地区）是冷杉上次冰期的避难地，冰期过后这一地区种群向西扩散，形成现在这一地区种群分布格局。

针对此假说，Scotti 等（2000）采用 SCAR 方法对这一地区的 8 个种群进行了研究，并利用 AMOVA 方法（请见后面的"分子生态数据获得与分析"部分）计算的遗传分化值进行了验证。图 2-6 中每个黑点代表一个采样点。虚线把各小图中的 8 个种群分为两部分，假设分成两个遗传组。假设 1 和 2 大致是原有假设所认为的"Z"种群是避难地种群，种群在冰期过后向西扩散，因此"Z"、"VDV"、"CN"（"A"）种群应分在一个组内；而假设 3 和 4 认为"Z"种群和"V"、"T"种群的联系更紧密，因而分为一组，假设 4 把"VDV"又重新划为新的一个组。对于上述假设，Scotti 等（2000）结果见表 2-1。

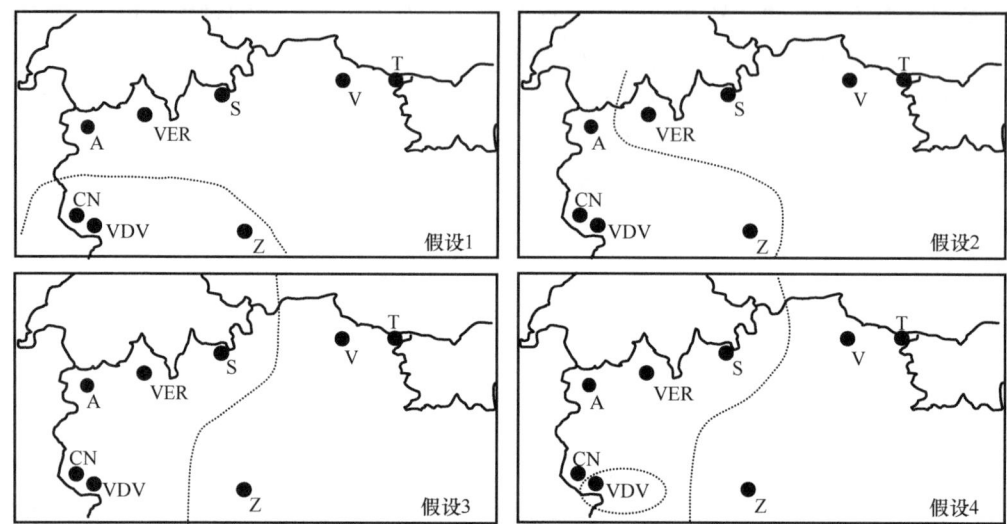

图 2-6 对阿尔卑斯山及其周边地区挪威冷杉种群不同起源假设（引自 Scotti et al., 2000）
图中英文标记为采样点

表 2-1 AMOVA 对 4 个假设的检测（引自 Scotti et al., 2000）

	假设 1		假设 2		假设 3		假设 4	
	d.f.	%var.	d.f.	%var.	d.f.	%var.	d.f.	%var.
组间	1	−1.16	1	−2.29	1	4.33**	2	1.81*
组内种群间	6	8.84	6	9.57	6	8.72	5	9.81
种群内	426	92.31	426	92.73	426	86.95	426	88.37
总和	433		433		433		433	

注：d.f.为自由度；%var.为变异百分率；**为 $P<0.05$；*为 $P<0.10$

由表 2-1 可以看出，假设 1 和 2 的组间遗传分化都不显著，而且小于零，表明虚线两边的种群遗传差异很小；而对于假设 3 和 4，组间遗传分化分别在 0.05 和 0.10 水平上差异显著，表明虚线两边的种群遗传差异显著。这说明"Z"种群和"V"、"T"种群联系紧密，它们之间的基因流应大于"Z"和"CN"、"VDV"之间的基因流。因此原有的假设可能是错误的。而"Z"种群所拥有的连锁不平衡基因并未出现在其他 7 个种群中，表明"Z"种群可能不是冰期残遗种群。经过进一步的分析后，Scotti 等（2000）认为，"CN"、"VDV"这两个地方的种群才可能是冰期残遗种群。

不同的基因流状况造成不同的空间遗传结构。有多种方法可以表现这种结构，后面的方法中会有介绍。其中一个很不错的方法是 interpolate genetic landscape shapes（IGLS）。这一方法首先计算相邻个体间的遗传距离，再用地统计学的方法把这种相邻个体间的遗传距离用图展示出来，从而判断种群或个体间基因流的状况。

Miller 和 Haig（2010）用 IGLS 方法对分布在美国俄勒冈州（Oregon）和加利福尼亚州（California）的 4 个物种进行了分析（图 2-7）。结果表明 4 个物种都表现出遗传距离向某一方向单调增加的趋势，表明物种在历史进化中沿这个方向逐渐扩张。

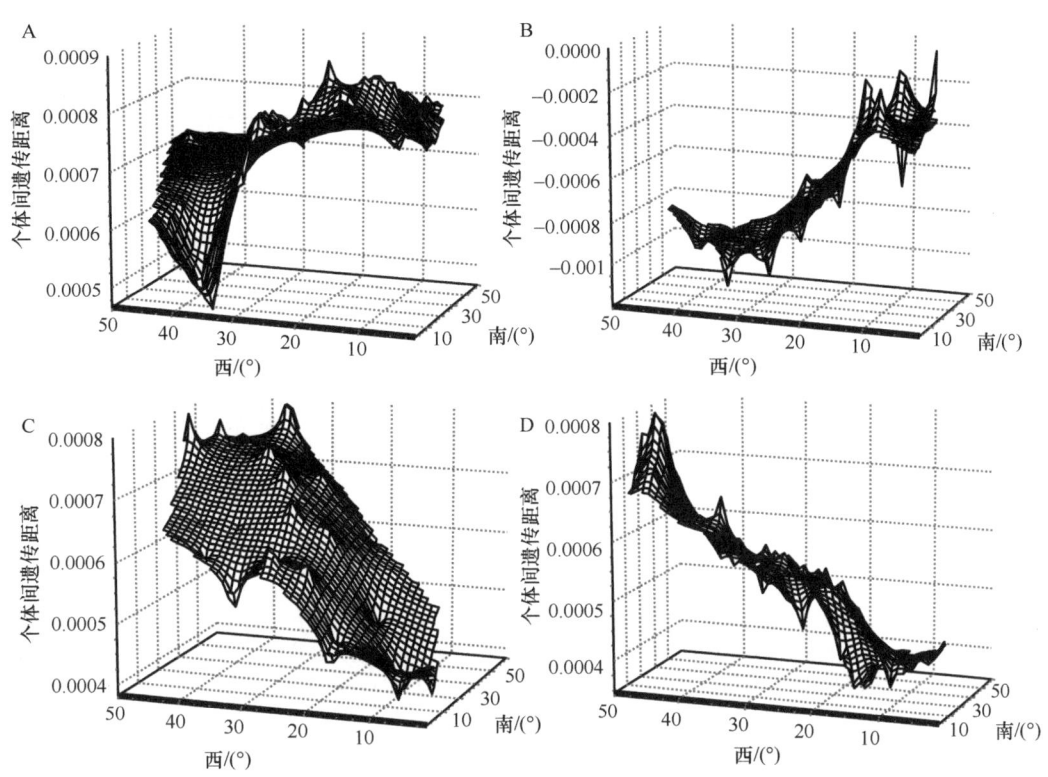

图 2-7 美国俄勒冈州和加利福尼亚州的 4 个物种的 IGLS 结果（引自 Miller & Haig，2010）
A. 斑林鸮（*Strix occidentalis*）；B. 加州山松（*Pinus monticola*）；C. 赤树（*Arborimus longicaudus*）；
D. 南部急流螈（*Rhyacotriton variegatus*）

除了地理距离，景观障碍等也会阻碍基因流，并可成为限制基因流动的主因。如 Dileo 等（2014）为了研究立地景观状况对 *Cornus florida* 的花粉流（*Cornus florida* 主要依赖蜜蜂、苍蝇和一些小甲虫进行授粉）的影响，在美国弗吉尼亚（Virginia）一个 494hm^2 林地中对其中 452 株 *Cornus florida* 开花母树的基因型进行了测定。又从其中 17 株母树上每株平均采集了 19 个种子进行亲本分析，确定种子花粉来源。然后结合传粉距离和研究林地的景观状况建立模型。分析结果表明（表 2-2），母树间地理距离并不能很准确地解释它们之间的花粉流状况，"clump"、"flor"、"open" 和 "decid" 4 个指标的结合更好地解释了花粉流，由于 "clump"、"open" 和 "decid" 三个参数都与阻碍花粉流有关，因此他们认为开阔的林地（也就是林冠稀疏）较适合 *Cornus florida* 的花粉流传播。

采用 IGLS 方法，作者对我国华南鼎湖山 20hm^2 样地内锥栗（*Castanopsis chinensis*）种群的空间遗传结构进行了研究（Wang et al.，2014）。结果表明由于样地中间的山脊对基因流的阻碍作用，锥栗在山脊两边形成明显的遗传分化。一边的个体间遗传距离较大（也即遗传多样性高些），这是由于在锥栗开花期间，风从样方外带来丰富的花粉流；另一边个体间遗传距离小些（也即遗传多样性低些），这是由于山脊阻碍了风，从另一边来的花粉流无法有效进入。图 2-8 中，右上角是 IGLS 计算后得到的结果，中间的大图是把 IGLS 计算的结果叠加到地形图形成的，具体如何实现在后面的数据分析中会有介绍。

表 2-2　花粉流模型（引自 Dileo et al., 2014）

模型参数	R^2	AIC	∂ AIC
d+m（clump）+m（flor）+m（dbh）+m（pctsky）+e（open）+e（roads）+e（cornus）+e（decid）+e（pine）	0.57	71.60	23.51
d+m（clump）+m（flor）+m（pctsky）+e（open）+e（roads）+e（cornus）+e（decid）+e（pine）	0.57	68.11	20.01
d+m（clump）+m（flor）+e（open）+e（roads）+e（cornus）+e（decid）+e（pine）	0.56	67.14	19.04
m（clump）+m（flor）+e（open）+e（roads）+e（cornus）+e（decid）+e（pine）	0.56	61.90	13.81
m（clump）+m（flor）+e（open）+e（roads）+e（decid）+e（pine）	0.55	58.14	10.04
m（clump）+m（flor）+e（open）+e（roads）+e（decid）	0.54	53.08	4.99
m（clump）+m（flor）+e（open）+e（decid）	0.56	48.09	0
m（clump）+m（flor）+e（open）	0.57	49.00	0.91
m（flor）+e（open）	0.58	49.52	1.43
d	0.50	61.37	13.27

注：clump 指被检测的 *Cornus florida* 母树其林冠上层被其他林冠遮盖的程度；flor 指每株 *Cornus florida* 母树开花的数量、dbh 指每株 *Cornus florida* 母树的胸高直径；pctsky 指 *Cornus florida* 母树上林冠上方林窗所占比例；open 指两株 *Cornus florida* 母树间开阔地所占比例（如两株母树之间一段距离可能有其他树，一段距离是空旷的）；roads 指两株 *Cornus florida* 母树间人为建设道路所占比例；cornus 指两株 *Cornus florida* 母树间有其他 *Cornus florida* 个体（分布在林下层、不包括林上层的 *Cornus florida* 个体）的可能性；decid 指两株 *Cornus florida* 母树间有其他落叶植物（是林冠层，不包括林下层）比例；pine 指两株 *Cornus florida* 母树间有松树（是林冠层，不包括林下层）比例。参数前的"m"和"e"是区分上述指标用的，不是模型计算的一部分。参数前面有"m"表示这个参数是单个母树测得的，参数前面是"e"表示这个参数是两两母树间测得的。虚框表示最优模型结果

值最小所对应的模型最好

每个模型的 AIC 值与最小 AIC 值的差。如第一个模型的 AIC 值是 71.60，它和最小的 AIC 值 48.09 之间相差 23.51

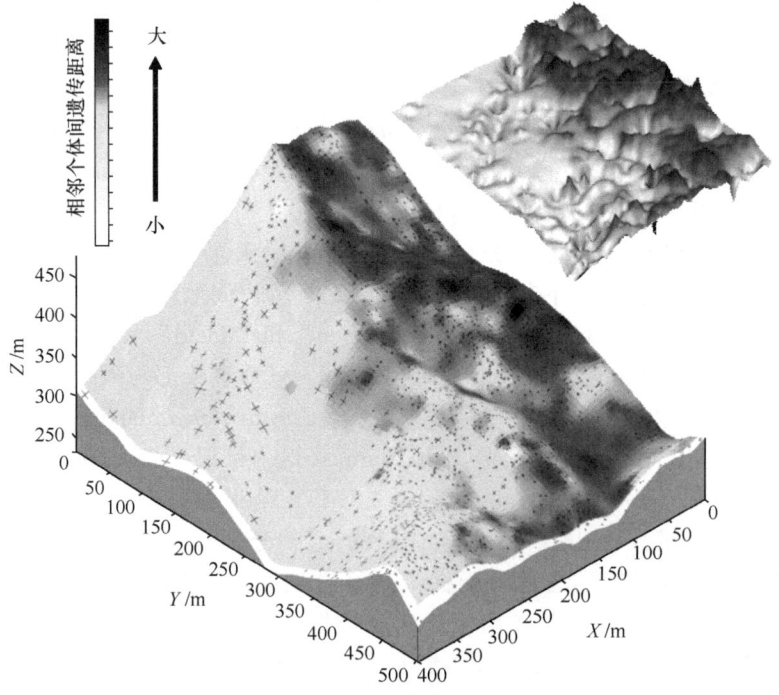

图 2-8　我国华南鼎湖山 20hm^2 样地内锥栗种群空间遗传结构

适应性方面，我们可以直接利用遗传多样性结果与环境数据进行相关分析。*Boechera spatifolia* 是一种可以同时行有性生殖和无融合生殖（apomictic，无性生殖的一种）的多年生草本植物。Lovell 等（2014）在美国从南到北对这个物种样品进行了采集（样品中既包括行有性生殖的种群，也包括行无性生殖的种群），利用多种遗传标记对它们的遗传多样性进行了分析。他们发现对于有性生殖的种群，其遗传多样性状况和纬度有较大的相关性（图 2-9，利用种群遗传多样性进行 PCA 分析的第一轴结果和种群所在纬度的相关分析），但无融合生殖的种群没有表现出这种相关性，说明纬度变化对有性生殖的个体具有一定的选择作用，但对无融合生殖的个体没有选择作用。这种差异具体是什么原因造成的作者没有给出。

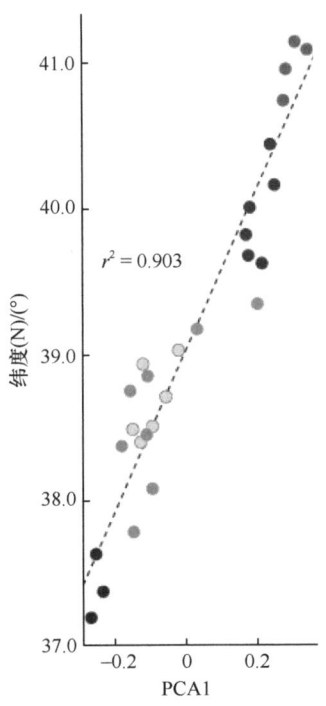

图 2-9 *Boechera spatifolia* 遗传变异与环境相关性分析（引自 Lovell et al.，2014）

全球变化下温度成为一个直接的选择因子，这种选择压力也表现在物种的遗传变异上，即和温度相关联的位点（适应性基因）的频率将发生相关变化。如 Jump 等（2006）采用 AFLP 方法在西班牙 Montseny 山区对欧洲水青冈（*Fagus sylvatica*）不同年龄级个体的遗传多样性进行了研究，结果发现其中一个 AFLP 位点的频率变化和温度有较大的相关性，如图 2-10，表明这一位点为适应环境（温度变化）而产生变化。

Kanno 和 Seiwa（2004）在日本对不同发育阶段山毛榉林下草本植物 *Hydrangea paniculata* 的研究表明，其有性和无性更新和生境密切相关，如 95%的克隆后代在枯枝落叶地生长，而有性生殖后代由于受营养和光照的影响而在其他三种基质上生长，没有在枯枝落叶地生长（表 2-3）。

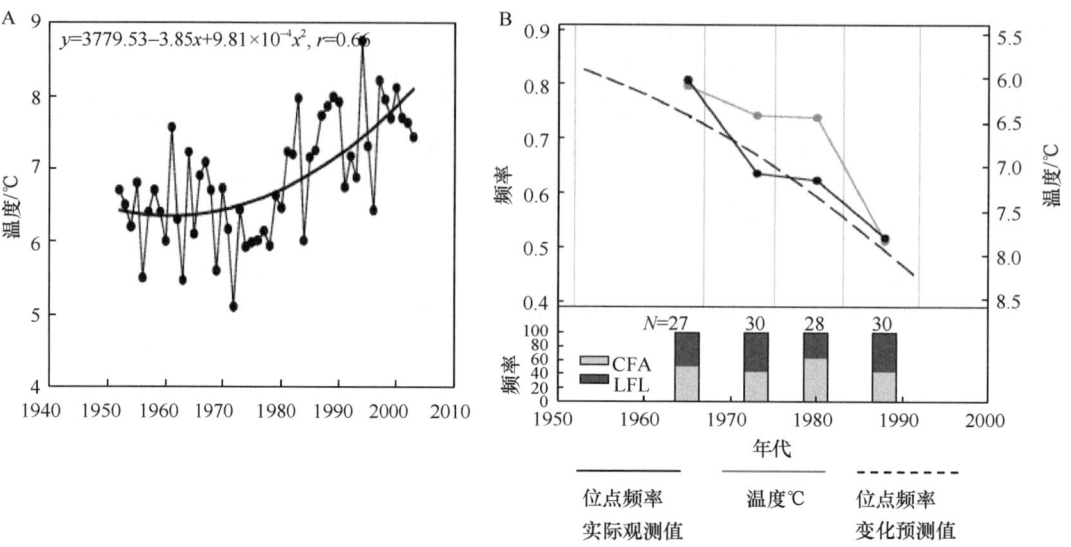

图 2-10 欧洲水青冈（*Fagus sylvatica*）某一个 AFLP 位点频率随温度变化状况（引自 Jump et al., 2006）

A. 西班牙 Montseny 山区近几十年来的温度变化；B. 上方为与温度相关位点频率随时间（温度）的变化（注意温度和位点频率的坐标大小是相反的），下方柱状图为欧洲水青冈在 CFA 和 LFL 这两个采样点不同年龄级个体的频率分布

表 2-3 *Hydrangea paniculata* 在不同生境中生长状况（引自 Kanno & Seiwa, 2004）

森林发育阶段	不同地表基质下克隆数目					不同地表基质下实生苗数目				
	总和	裸露地	倒木	岩石	枯枝落叶	总和	裸露地	倒木	岩石	枯枝落叶
早期林窗	179	0（0.0）	0（0.0）	0（0.0）	179（100.0）	43	12（27.9）	22（51.2）	9（20.9）	0（0.0）
晚期林窗	139	0（0.0）	0（0.0）	7（5.0）	132（95.0）	59	0（0.0）	51（86.4）	8（13.6）	0（0.0）
中期林	170	0（0.0）	5（2.9）	0（0.0）	165（97.1）	2	0（0.0）	1（50.0）	1（50.0）	0（0.0）
成熟林	323	0（0.0）	2（0.6）	0（0.0）	321（99.4）	4	0（0.0）	1（25.0）	3（75.0）	0（0.0）

注：括号内为百分率

第三节 小 种 群

种群大小问题一直是分子生态学关注的焦点。人为或自然导致的种群变小都会影响种群的生存状况，大家可参考王峥峰等（2005, 2007）所作的总结。

对于植物而言，其本身的很多生物学特性可以帮助其克服小种群带来的危害，至少暂时可以克服（Finger et al., 2012）。在此以作者已往开展的两个研究进行说明：一个关于片断化森林中厚壳桂（*Cryptocarya chinensis*）种群的遗传多样性，另一个关于濒危物种报春苣苔（*Primulina tabacum*）。对于前者作者发现其小种群的维持依赖克隆生殖（无融合生殖），而后者小种群的维持依赖于自交。

1. 南亚热带片断化森林中厚壳桂种群遗传多样性

森林片断化是指原有连续分布的森林由于人为原因变为间断分布的过程，是造成当前全球物种灭绝和生物多样性危机的一个主要原因,因此开展森林片断化过程中的物种保护是当前人们关注的热点。

我国的南亚热带有着优越的气候条件和复杂的地貌,孕育着丰富的物种资源,是地球同一纬度线上唯一的绿洲。其地带性顶极植被类型是南亚热带季风常绿阔叶林,在世界上独一无二,极具保护和研究价值。然而由于人类活动的影响,其分布面积日渐萎缩,呈严重的斑块状、片断化。

厚壳桂,属樟科（Lauraceae）厚壳桂属（*Cryptocarya*）,是南亚热带季风常绿阔叶林演替顶极种和优势种。随着南亚热带季风常绿阔叶林的破坏和片断化,厚壳桂种群分布也逐渐缩小,各种群彼此隔离,呈"岛屿"状分布。优势树种是森林群落的主体成分,为众多其他生物的生长、栖息提供了适宜生境,其种群的减少、退化必然伴随这些依赖性物种的减少和消亡。作者利用 8 个微卫星体对广东省 6 个地点的厚壳桂种群进行了研究。这 6 个地点中 4 个是在保护区（鼎湖山、古田、大雾岭、黑石顶）,种群较大;2 个是在村边林（萝岗和饶平）,种群较小,受干扰也大。

结果表明,除了微卫星体 *Cch06* 在各种群中的等位基因多以纯合体（homozygote）形式出现外,其他 7 个微卫星体在种群中多以杂合体形式出现,这和 F_{IS} 计算结果是一致的（较小的负值,表 2-4）,总的 F_{IS} 值为 –0.5958,也显著低于 0（$P<0.05=$。同时哈代–温伯格平衡（Hardy-Weinberg equilibrium,HWE）检测也表明多数位点存在杂合子过剩（heterozygote excess）。种群内位点间连锁不平衡检测结果表明 102 个（由于有些位点的等位基因以杂合体的形式被固定了,没有更多多态性,这些位点间的连锁不平衡不能进行计算）检测中有 73 个位点间出现显著连锁不平衡。

表 2-4　厚壳桂种群 8 个微卫星体位点的哈代–魏伯格平衡和 *F*-统计（*F*-statistics）结果

位点	种群						*F*-统计		
	鼎湖山	古田	大雾岭	黑石顶	萝岗	饶平	F_{IS}	F_{IT}	F_{ST}
Cch01	E	E	E	E	E	E	–0.6265	–0.1910	0.2678
Cch02	E	E	E	E	E	E	–0.7631	–0.2145	0.3112
Cch03	D	HWE	E	E	D	NA	–0.1903	0.5238	0.5999
Cch04	E	E	NA	HWE	E	E	–0.5795	–0.0535	0.3330
Cch05	E	E	E	E	E	E	–0.7536	–0.2571	0.2832
Cch06	D	D	HWE	D	NA	NA	0.7429	0.9126	0.6602
Cch07	HWE	E	E	E	E	E	–0.6870	–0.1781	0.3017
Cch08	E	E	E	E	E	E	–0.9020	–0.5310	0.1951
总结果	E	E	E	E	E	E	–0.5958	–0.0157	0.3635
							95%下限		
							–0.7494	–0.2657	0.2750
							95%上限		
							–0.3389	0.2974	0.4861

注:E 为杂合子过剩（heterozygote excess）（$P<0.05$ Bonferroni 校正后结果）;D 为杂合子缺乏（heterozygote deficit）（$P<0.05$ Bonferroni 校正后结果）;HWE 为符合哈代–魏伯格平衡;NA 为不可检测（not available）;95% 显著性依赖于 1000 次重复

多位点基因型（multiloci genotype，就是把所有位点的等位基因结果放在一起进行个体基因型的判定）结果显示，除了黑石顶种群有最多的个体基因型外（从 MLG33 到 MLG55 共 23 个基因型），其他 5 个种群的个体基因型较少，并且以 1～2 个基因型占优势（表 2-5）。如 49 个萝岗种群个体中 MLG56 基因型占了 47 个个体，而 49 个饶平种群个体中 MLG58 基因型占了 48 个个体。厚壳桂种群水平基因型和个体数量的比值（G/N）为 0.041～0.277，物种水平为 0.136。和其他采用相似遗传标记的（部分）行克隆生殖的物种相比，厚壳桂的 G/N 值较低（表 2-6）。

综上，杂合子过剩、较少的多位点基因型数量、位点间较多的连锁不平衡现象（Balloux et al.，2003；de Meeûs & Balloux，2004；Halkett et al.，2005）表明厚壳桂这一遗传结果很可能是由克隆生殖产生的。作者的结果甚至完全满足 de Meeûs 和 Balloux（2004）较严格的行克隆生殖物种的遗传结构标准：$F_{IT}=0$ 和 $F_{ST}=-F_{IS}/(1-F_{IS})$。我们的结果是 $F_{IT}=-0.01572$，不显著小于零（表 2-4），同时利用我们的 F_{IS}（-0.5958）计算的 $-F_{IS}/(1-F_{IS})$ 结果是 0.3734，和 F_{ST} 的结果 0.3635 非常接近。

表 2-5　厚壳桂多位点基因型统计

多位点基因型 \ 种群	鼎湖山	古田	大雾岭	黑石顶	萝岗	饶平
MLG1	64					
MLG2	8					
MLG3	2					
MLG4～MLG15	各1个					
MLG16		34				
MLG17		31				
MLG18		8				
MLG19		2				
MLG20		2				
MLG21～MLG27		各1个				
MLG28			80			
MLG29～MLG32			各1个			
MLG33				20		
MLG34				10		
MLG35				9		
MLG36				8		
MLG37				7		
MLG38				5		
MLG39				4		
MLG40				3		
MLG41				2		
MLG42				2		
MLG43～MLG55				各1个		
MLG56					47	
MLG57					2	
MLG58						48
MLG59						1
基因型数量（G）	15	12	5	23	2	2
个体数量（N）*	86	84	84	83	49	49
G/N	0.174	0.143	0.060	0.277	0.041	0.041
总 G/N	0.136					

*部分位点没有扩增产物的个体未包括

表 2-6　厚壳桂与其他（部分）行克隆生殖物种的比较

其他（部分）行克隆生殖物种	G/N 结果（使用微卫星体遗传标记）			物种情况
	位点数	种群水平	物种水平	
Zostera marina（Reusch et al.，2000）	6	0.033～1*		多年生水草，部分克隆生殖
Zostera marina（Hämmerli & Reusch，2003）	9	0.399～0.841	0.468	
Cymodocea nodosa（Ruggiero et al.，2005）	7		0.59	
Populus tremuloides（Wyman et al.，2003）	4	0.733～0.917		多年生乔木，鲜有有性生殖
Populus tremuloides（Namroud et al.，2005）	4	0.630～0.640	0.494	
Populus tremuloides（Namroud et al.，2006）	4	0.75～0.92		
Ranunculus carpaticola（Paun et al.，2006）	2	0.900～1	0.970	无融合多倍体
Typha latifolia（Tsyusko et al.，2005）	9	0.47～0.86	0.63	多年生湿地植物，部分克隆生殖
Typha angustifolia（Tsyusko et al.，2005）	11	0.20～0.69	0.40	
Eucalyptus curtisii（Smith et al.，2003）	5	0.042～1.000	0.526	多年生乔木，部分克隆生殖
Prunus avium（Stoeckel et al.，2006）	8	0.474～0.640	0.506	

*变化范围很大，但大部分大于 0.7

在野外，作者确实发现有些厚壳桂从根部萌发出枝条来，但都较接近母树，而我们的采样是随机的，采样个体间距离都很远，因此厚壳桂行克隆生殖的结果不大可能是其匍匐茎延展生长的结果。另外，野外的调查中还发现，成熟厚壳桂每年还是结种子的，但其却未表现出应有的以种子萌发为主的遗传结构，因此其遗传上的克隆生殖很可能是无融合生殖的结果，为其生殖提供保障。

因此，如果厚壳桂主要行克隆生殖成立，我们就很容易理解和解释上述研究结果，并对 6 个地点的厚壳桂种群保护有所裨益。萝岗和饶平是两个非常小的种群，靠近村边，人为干扰非常大，大树几乎被砍光。因此这两个种群基因型各自只有两个。鼎湖山虽然是我国最早建设的国家级自然保护区，但其保护面积在 4 个研究保护区中为最小，同时这一自然保护区作为旅游胜地，每天都有大量的游客游览，给保护区带来极大的压力，因此这个地点的厚壳桂种群并未表现出更大的遗传多样性，个体基因型也不是最多的，少于古田厚壳桂种群（其保护区面积大致是鼎湖山保护区的 2 倍）。大雾岭在这 4 个保护区中最晚成立，历史上破坏也较严重，现有的厚壳桂种群居于一隅，因此后代个体很可能来源（克隆生殖）于破坏后剩余的少数个体，基因型也较少。而黑石顶是 4 个保护区中最大的一个，厚壳桂种群也最大，因此其基因型最多（有性生殖后代多些）。

这一研究首次发现厚壳桂行克隆生殖，并提示这种克隆生殖的方式是无融合生殖。而对于破坏严重地区的厚壳桂小种群，其种群维持完全依赖这种生殖方式。可以看出利用分子标记的手段可以方便地了解到物种不同大小种群现有的生存状况，为有针对性地进行保护区建设、森林合理开发、物种保护提供了重要理论依据。

2. 濒危物种报春苣苔的遗传多样性研究

报春苣苔是我国特有的多年生喜钙草本植物，属苦苣苔科（Gesneriaceae）。其分布区极窄，仅生长于我国南方海拔约 300m 的石灰岩山洞口附近，现仅有几个小种群。近年来由于人类活动的影响，其种群数量和分布面积急剧减少，已成为濒危植物，并被列为第一批国家 I 级重点保护野生植物。

利用微卫星体和叶绿体遗传标记，作者和同事对其现存于广东省的两个种群遗传多样性进行了研究。一个种群位于连州地下河景区，一个种群位于连州天堂洞。地下河景区的报春苣苔分布在三个不同的洞内（周围），采集样品数 133 个；而天堂洞的种群只在一个洞内（周围），采样数为 108。

采用 9 个微卫星体对这些个体进行研究后发现，报春苣苔遗传多样性不高，个体存在严重近交和自交（表 2-7），F_{IS} 值非常大（表示杂合子缺失，个体基因型为纯合的）。对个体基因型进行研究后发现，天堂洞的报春苣苔 108 个体中有 102 个个体基因型完全相同（图 2-11）。结合高的近交系数，这种很多个体同一基因型（类似克隆）的结果表明，这一地点的报春苣苔主要依赖自交维持种群生存。

表 2-7　报春苣苔位点遗传多样性

采样点 位点	地下河景区				天堂洞			
	N_A	H_E	H_O	F_{IS}	N_A	H_E	H_O	F_{IS}
Pta01	8	0.757（0.704）	0.167（0.220）	0.781**（0.689**）	2	0.089（0.533）	0.000（0.000）	1.000**（1.000）
Pta02	4	0.338（0.397）	0.180（0.218）	0.467**（0.452**）	1	0.000（0.000）	0.000（0.000）	—（—）
Pta03	3	0.623（0.551）	0.135（0.178）	0.784**（0.677**）	1	0.000（0.000）	0.000（0.000）	—（—）
Pta04	7	0.802（0.800）	0.250（0.310）	0.689**（0.614**）	1	0.000（0.000）	0.000（0.000）	—（—）
Pta05	7	0.609（0.600）	0.195（0.238）	0.680**（0.605**）	2	0.018（0.533）	0.000（0.000）	1.000**（1.000）
Pta06	3	0.418（0.396）	0.158（0.208）	0.623**（0.477**）	1	0.000（0.000）	0.000（0.000）	—（—）
Pta07	3	0.213（0.257）	0.038（0.050）	0.824**（0.808**）	1	0.000（0.000）	0.000（0.000）	—（—）
Pta08	17	0.834（0.842）	0.250（0.307）	0.701**（0.633**）	1	0.000（0.000）	0.000（0.000）	—（—）
Pta10	8	0.687（0.741）	0.298（0.364）	0.568**（0.511**）	1	0.000（0.000）	0.000（0.000）	—（—）

注：N_A 为全部等位基因数；H_E 为期望杂合度；H_O 为观测杂合度；F_{IS} 为近交系数；括号内结果是每种基因型只保留一个个体后的结果；*为 $P<0.05$；**为 $P<0.01$

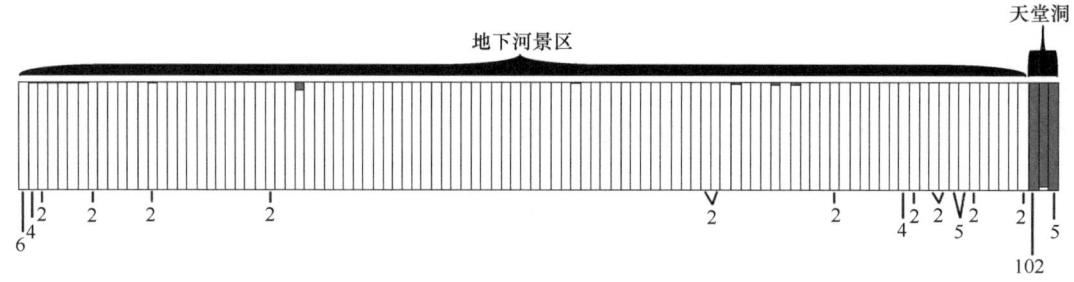

图 2-11　两个报春苣苔种群的 Structure 软件分析结果
其中每一长条框代表一种基因型，其下数字代表拥有这一基因型个体数目，没有数字标志的代表只有一个个体拥有这种基因型

这一研究为报春苣苔保护提供了非常重要的信息，对以往只重数量不重质量的保护敲响了警钟。很明显由于自交的存在，我们可以以很小的个体数量在短期内保护住报春苣苔。而保护虚假的大种群（几乎所有的个体都是同样基因型）只能浪费人力、物力和财力。目前的保护重点是增加遗传多样性，促进异交。

第二部分

分子生态数据获得与分析
——以微卫星体分子标记为例

第三章 分子遗传标记的获得——微卫星体

第一节 微卫星体获得：MsatCommander、inGAP、MicroFamily 和 GelQuest 软件

随着第二代测序技术的不断普及，采用 RAD（restriction-site associated DNA）和转录组测序等方法获得物种大量 DNA 序列信息越来越容易。这些序列中就包括了含有微卫星体的序列。但对于大量的序列来说，手工从中获得包含微卫星体的序列很困难。为此 Faircloth（2008）开发了 MsatCommander 这一软件用于微卫星体序列的查找。我们可以到 https://code.google.com/p/msatcommander/downloads/list 下载。相比其他查找微卫星体的软件，这一软件的优越性在于在寻找微卫星体的同时，也设计了序列 PCR 扩增引物。

下载这一软件后，解压缩，鼠标双击"msatcommander.exe"就可以用了，对话框如图 3-1 所示。

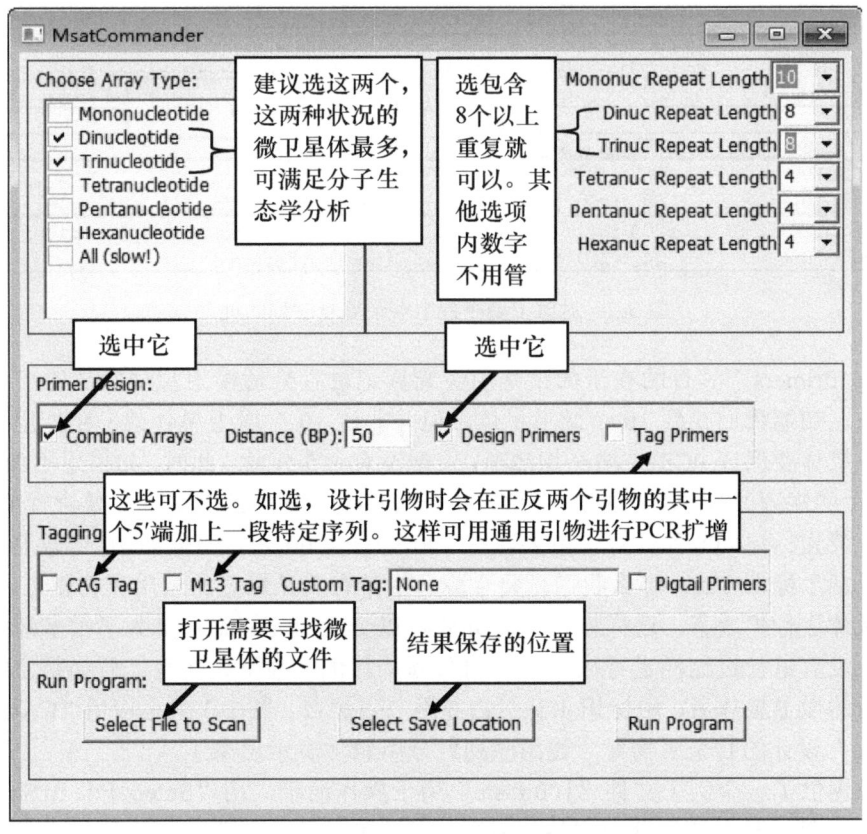

图 3-1 利用 MsatCommander 软件寻找包含重复序列的序列

在操作界面中，"Dinucleotide"是指微卫星体的重复序列是两个碱基的重复，如 ag、ac 等，而"Trinucleotide"是指微卫星体的重复序列是三个碱基的重复，如 agg、acc 等。"Combine Arrays"是指一个序列中包含了两段重复序列，这两段重复序列中间被其他序列分开了，如图 3-2 中的"u101"这个序列。对于这种序列，在设计引物时可以针对这两段重复序列分别设计引物，各有一对正反引物。也可把这两个重复序列部分作为整体来设计引物，只设计一对正反引物。如果是这两个重复序列部分作为整体，就是"Combine Arrays"了。

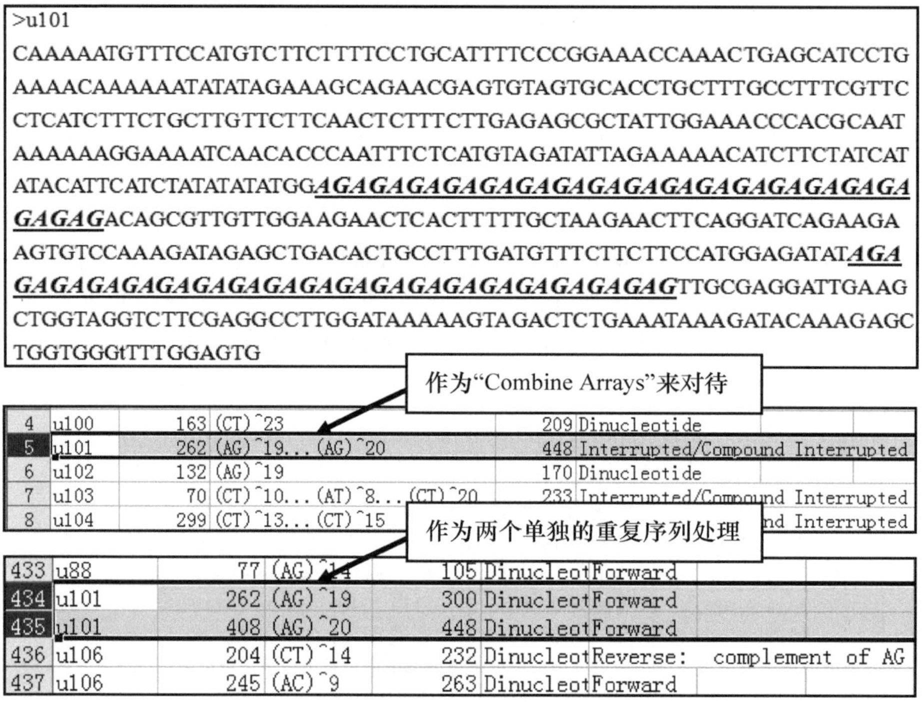

图 3-2 对微卫星序列中多个重复序列的处理

"Tag Primers"其目的在于如果是用荧光标记进行合适微卫星体筛选时可以节约成本。例如，初期我们找到 10 个微卫星体，但并非这 10 个微卫星体就一定能用。最终可用的微卫星体要保证 PCR 扩增产物清晰，带型没有杂带干扰。此时，如果用不加标识 Tag（一段通用的序列）的方法，这 10 个微卫星体的正反引物中的其中一个要进行荧光标记。按照每个荧光标记 400 元计算，就要花费 400×10=4000 元。但假如 10 个微卫星体设计的引物包括了标识 Tag，那么我们只要合成一个带有荧光标记的通用引物就可以对这 10 个微卫星体进行扩增了，这样只要 400 元就可以合成荧光标记，节省了很多经费。但由于作者还没有试验过这样进行微卫星体的筛选，其优劣性不太清楚。假如是已经确定了可以使用的微卫星体后，用标识 Tag 引物并不节省经费。图 3-3 就是应用"CAG Tag"或"M13 Tag"设计的几个引物对，通用序列部分用斜体表示出来了。

作者提供了一个例子文件"100.fasta"用于操作演示。用"Select File to Scan"加载这个文件（图 3-1）。注意这个文件的后缀名是".fasta"，但其实是".txt"文件格式，可以用 Windows 自带的"写字板"工具打开。对于我们自己的数据，也可用"写字板"工具输入和保存，然后把保存的".txt"文件后缀名改为".fasta"就可以。图 3-4 显示了例子中的部分序列。这些序列开头是">"，然后跟着序列名称，紧接着下一行是序列。要注意的是不要用"1"、"2"等简单的数字方式作为序列名，有时软件会不认这些序列。最好在数字前面加上些英文字母。

Clone	PRIMER_LEFT_INPUT	PRIMER_RIGHT_INPUT
u2	CCGCCGTTTATCTTCCAGC	***CAGTCGGGCGTCATCA*** CCTCACAGTCATGGTTTG
u3	***CAGTCGGGCGTCATCA*** GGAGATTTCGCAACGGGAG	CCCTCCGTAAATCAAATTTCAGC
u8	***CAGTCGGGCGTCATCA*** GCCAGGTATGCTCAAGTGC	CAAGCCAGGTTACACAGCG
u5	***GGAAACAGCTATGACCA*** TGAGAGAAGCCATGCCGAC	CGCCGTGATTTGCACTAGG
u7	***GGAAACAGCTATGACCA*** TGGGTGTCTTCTTGAAGGGC	ACGACAGAGTGGAACGACC

图 3-3　标识 Tag 引物示意

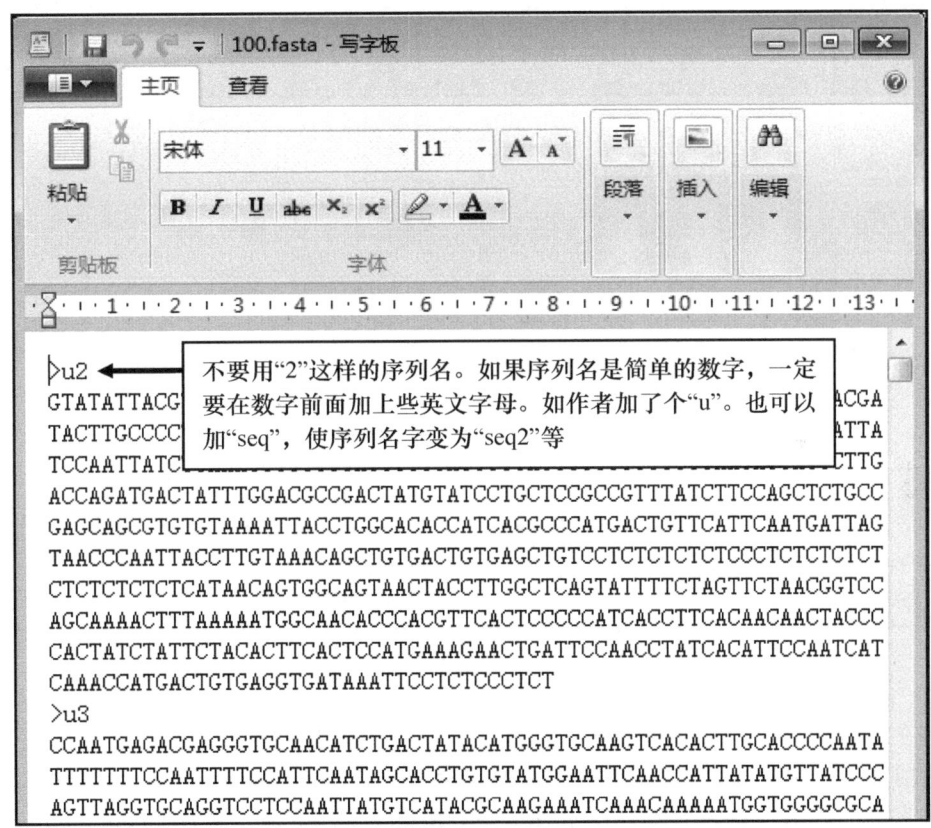

图 3-4　例子文件"100.fasta"中的部分序列

　　MsatCommander 软件计算完成后会把每个序列有或者没有包含重复序列的信息汇总到"microsatSearchOutput.csv"和"primerCombined.csv"这两个文件中。这两个文件可用 Microsoft Excel 打开查看。而可以设计引物的序列其引物信息被保存在了"primer3"文件夹下的"primerNoTag.csv"文件中。如果选择了引物加"Tag"，那么加"Tag"的引物信息被保存在"primerTag.csv"文件中。

　　找到了微卫星体，也有了相关引物，是否就可以直接用于下一步 PCR 扩增筛选了呢？

答案是暂时还不行，还要进一步分析确定这些微卫星体彼此间是否为微卫星体家族（基因家族）。但在进行这个分析之前，我们会遇到一个问题：如果我们通过第二代测序方法得到的序列有成千上万条，在用 MsatCommander 软件分析后，可能只有一千或几百个序列是微卫星体序列。这些序列分散在这成千上万的序列之间，如何才能把它们一个一个抽提出来呢？而只有把这些序列抽提出来后我们才能进行微卫星体家族的分析。

这时，我们可以使用 inGAP 软件，其下载地址是 http：//sourceforge.net/projects/ingap/files/。下载 inGAP 软件后其后缀名是".tgz"，可用 WinRAR 软件解压缩。但它还需要 Java 运行环境才可运行。Java 程序可到 http：//www.java.com/zh_CN/download/manual.jsp 下载，并根据使用的 Windows 的版本确定下载 32 位或者 64 位的 Java（图 3-5）。安装完 Java 后 inGAP 软件就可以运行了。

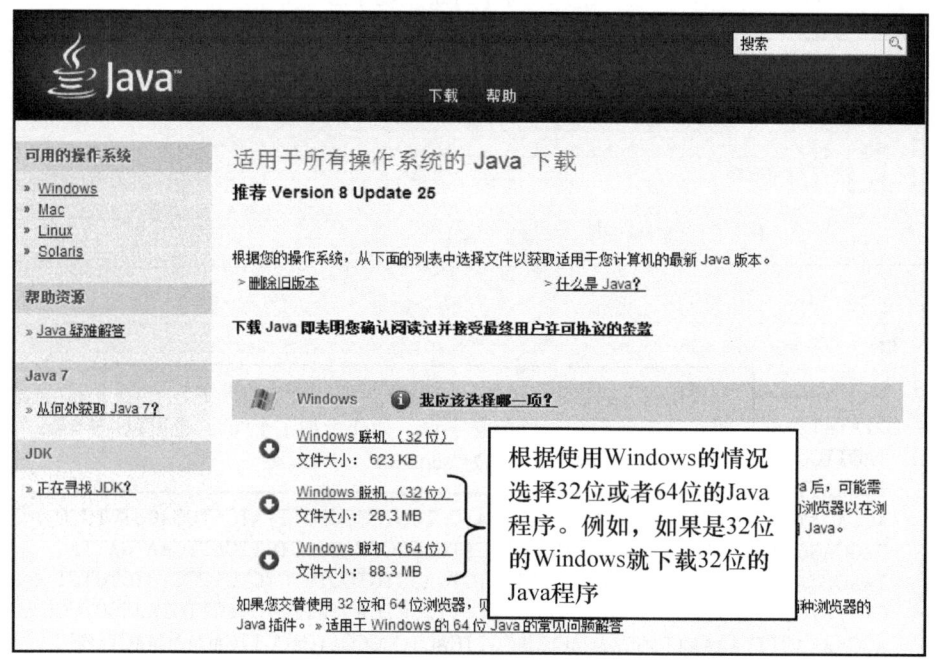

图 3-5　下载 Java 程序

但在运行这个软件进行相关序列抽提之前，我们先要把要抽提的序列号整理出来。在此用前面以"100.fasta"为例子的结果做演示。在用 MsatCommander 软件分析结束后，有重复序列的微卫星体序列号存在了"microsatSearchOutput.csv"和"primerCombined.csv"文件中。我们用后面这个文件。用 Excel 打开这个文件，如图 3-6 所示。把序列号那列进行复制，粘贴到一个".txt"文件（可用"记事本"创建）中，保存。

然后运行"inGAP.jar"，选择其中的"Tools"，然后按照图 3-7～图 3-9 进行操作，我们要的序列就被抽提出来了。这部分序列可以用于下一步的微卫星体家族分析。

微卫星体序列整理出来后，就要分析这些序列之间是否存在微卫星体家族（基因家族）。如果微卫星体序列中的两个或多个序列为同一基因家族，那么这些序列的同源性会很大。此时如果我们不加区分，在进行 PCR 扩增时，这些同源的微卫星体就有可能都被

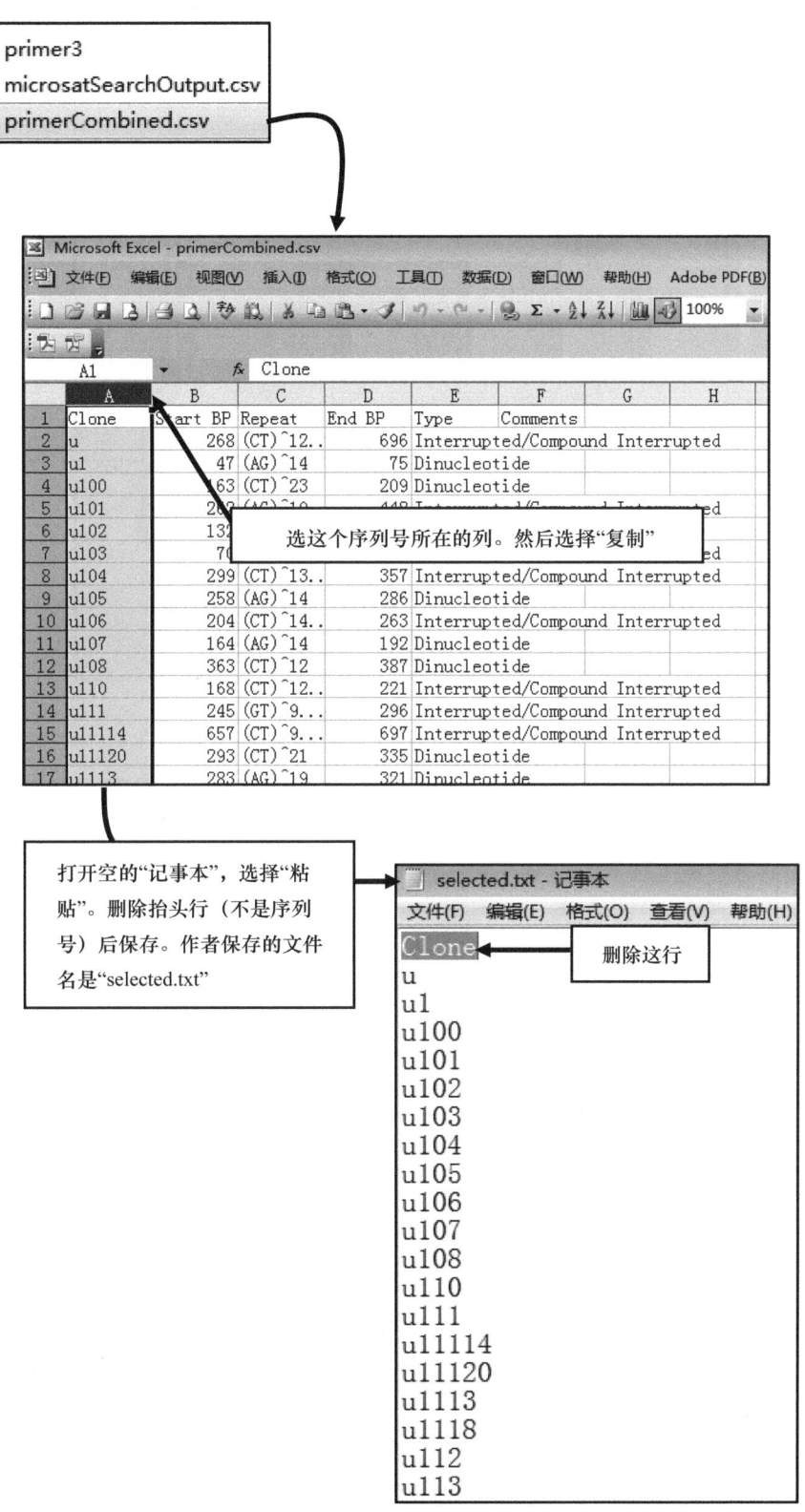

图 3-6 把包含重复序列的序列号复制到一个新的文本文件中

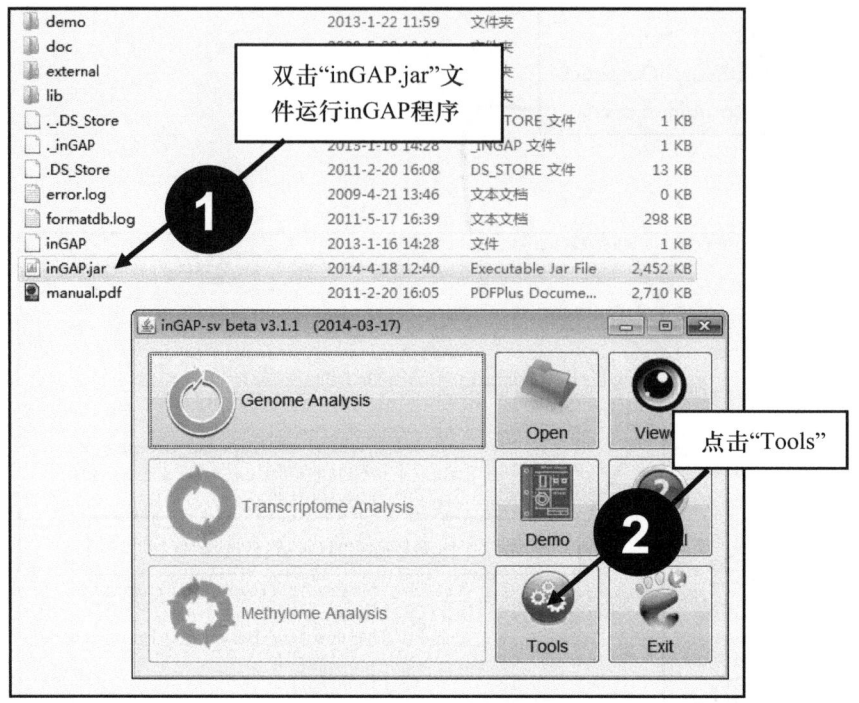

图 3-7 运行 inGAP 软件
其中标"1"的圆圈代表第一步操作,标"2"的圆圈代表第二步操作,依此类推。下同

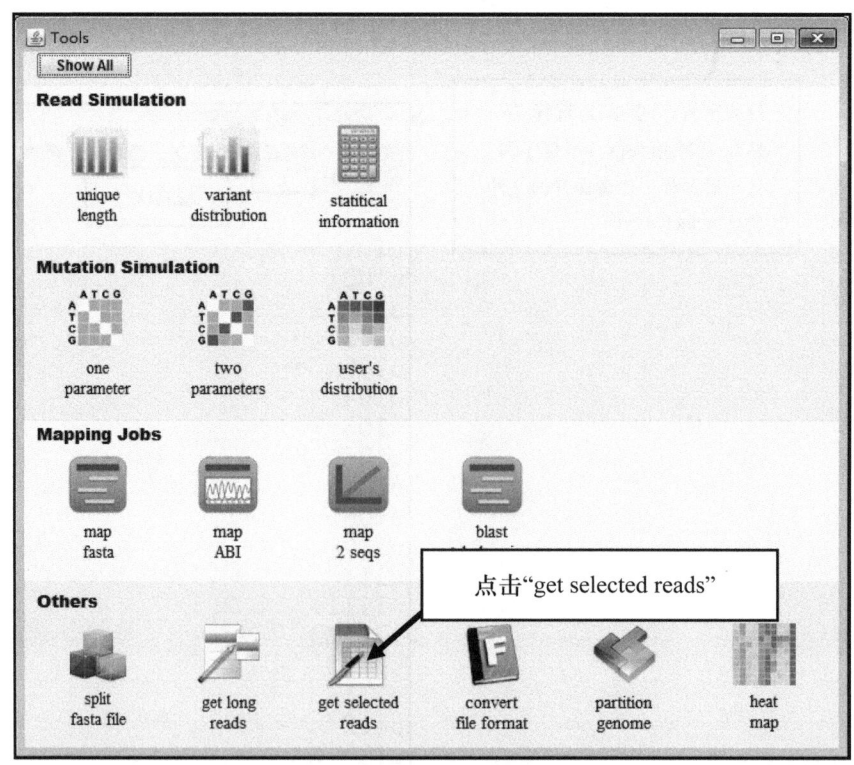

图 3-8 继续运行 inGAP 程序

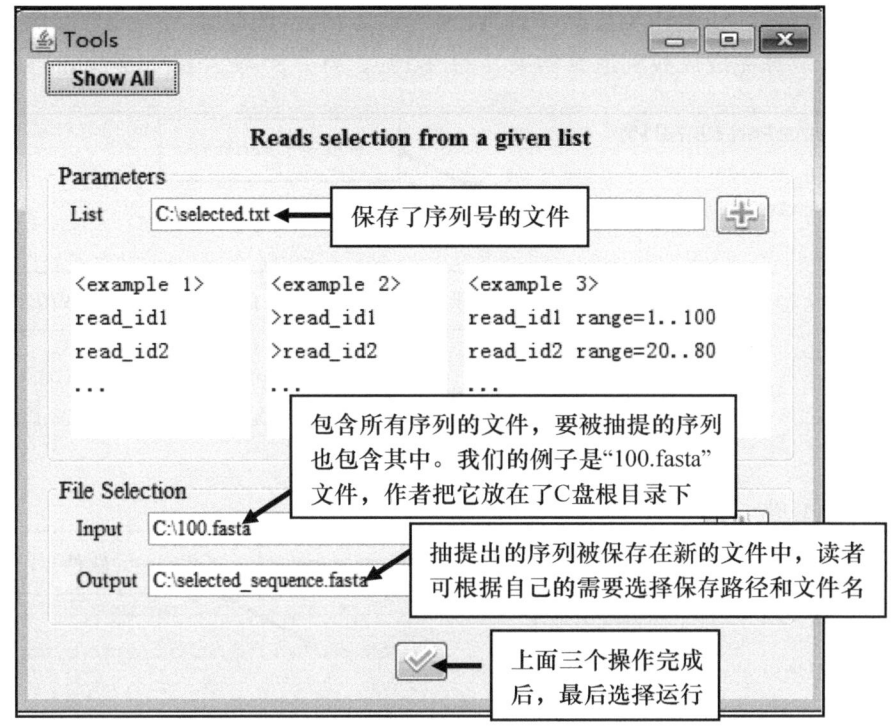

图 3-9 继续运行 inGAP 程序并完成序列的抽提

扩增出来。如此，各扩增产物间彼此干扰，不利于微卫星体等位基因判读。Meglécz（2007）设计了 MicroFamily 软件进行微卫星体家族的查找。软件可以从 http：//net.imbe.fr/~emeglecz/MicroFamily.html 下载。

下载后，软件不能立刻使用，还要安装设置 ActivePerl、Blast 和 Clustal 软件。

首先下载 ActivePerl（图 3-10～图 3-12），然后安装"ActivePerl-5.20.1.2000-MSWin32-x64-298557.msi"或者"ActivePerl-5.20.1.2000-MSWin32-x32-298557.msi"。

之后下载 Clustal 软件（选择"clustalw1.83.XP.zip"）（图 3-13）。下载完成后，为后面的操作方便，可先在 C 盘下新建个文件夹 clustalw，然后把"clustalw1.83.XP.zip"解压缩后的文件拷到 C：\clustalw 目录下。

对于 Blast 软件，作者提供的下载地址已经不能下载 blast 2.2.13 了。而新的 Blast 版本 MicroFamily 软件不识别，不能用。因此 Blast 软件请用作者提供的两个版本（请访问作者的个人主页 www.molecular-ecologist.com）。如是 32 位 Windows 的读者就用"blast-2.2.9-ia32-win32.exe"，如是 64 位 Windows 的读者请用"blast-2.2.15-x64-win64.exe"。同样，对于 Blast 软件，我们可先在 C 盘下新建个文件夹 blast，然后把"blast-2.2.15-ia32-win32.exe"或者"blast-2.2.15-x64-win64.exe"拷到这个文件夹下。双击"blast-2.2.15-ia32-win32.exe"或者"blast-2.2.15-x64-win64.exe"解压缩，它们各自包含三个文件夹。

这些准备好后，就可以用 MicroFamily 软件进行分析了。在此用这一软件自带的例子文件演示如何操作。解压"MicroFamily_1_2_WIN.zip"文件，进入"MicroFamily_1_2_WIN"目录，打开"test_files"文件夹，找到"ACA.fas"文件（图 3-14）。然后点击"MicroFamily-

WIN.pl"运行程序,输入相关信息(图 3-15~图 3-17)。确保输入正确后,按"回车"后运行程序。运算完成后找到运算结果(图 3-18),打开"ACA.txt"文件。当序列很多

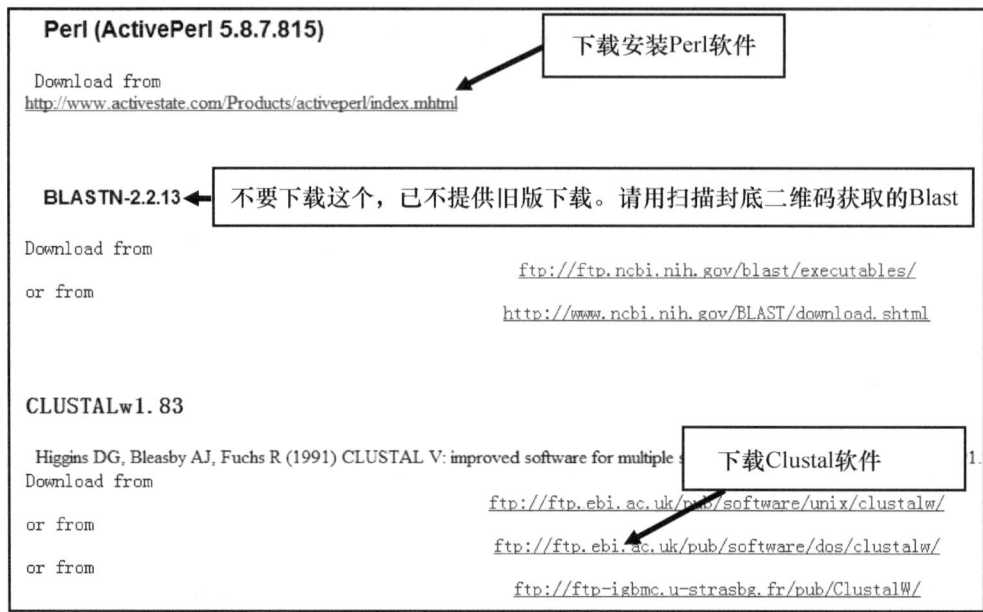

图 3-10　下载与 MicroFamily 运行相关其他软件

图 3-11　ActivePerl 软件下载

图 3-12　继续 ActivePerl 下载

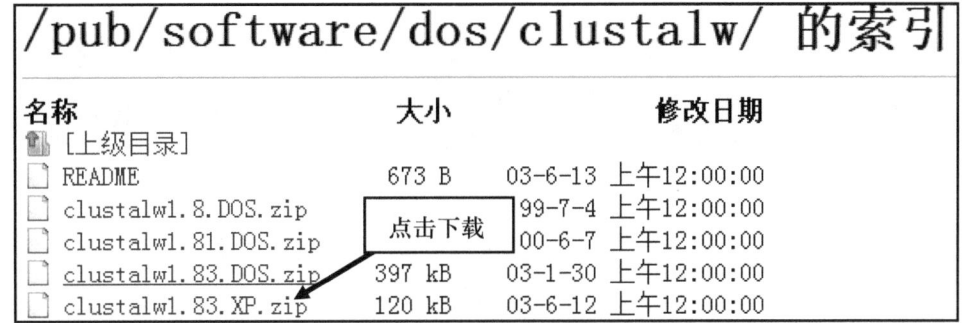

图 3-13 下载 Clustal 软件

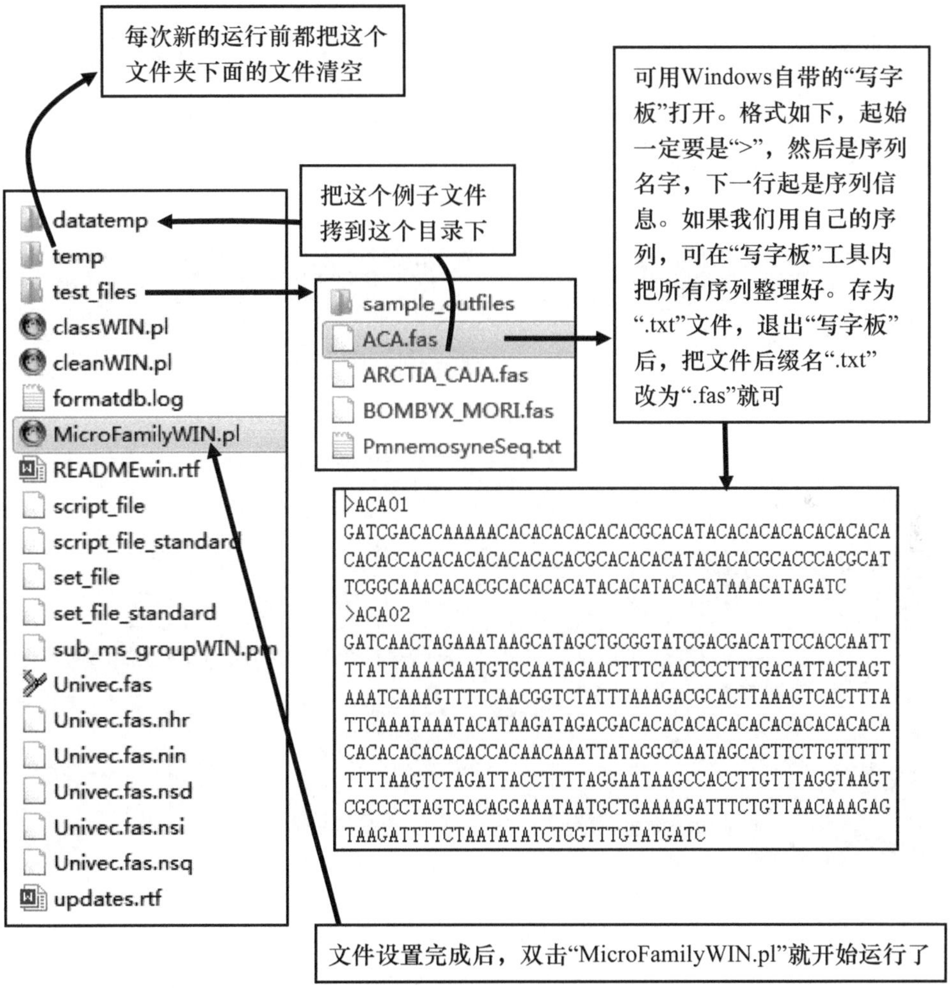

图 3-14 准备运行 MicroFamily 软件

的时候，这个文件会非常大，查找序列间的同源信息很困难。在此介绍一个较笨但可行的办法。用"查找"">"的方法来进行同源序列的查找（图 3-19～图 3-21）。最后，把查到有同源性的微卫星体去掉，不要用于后期微卫星体分型实验。

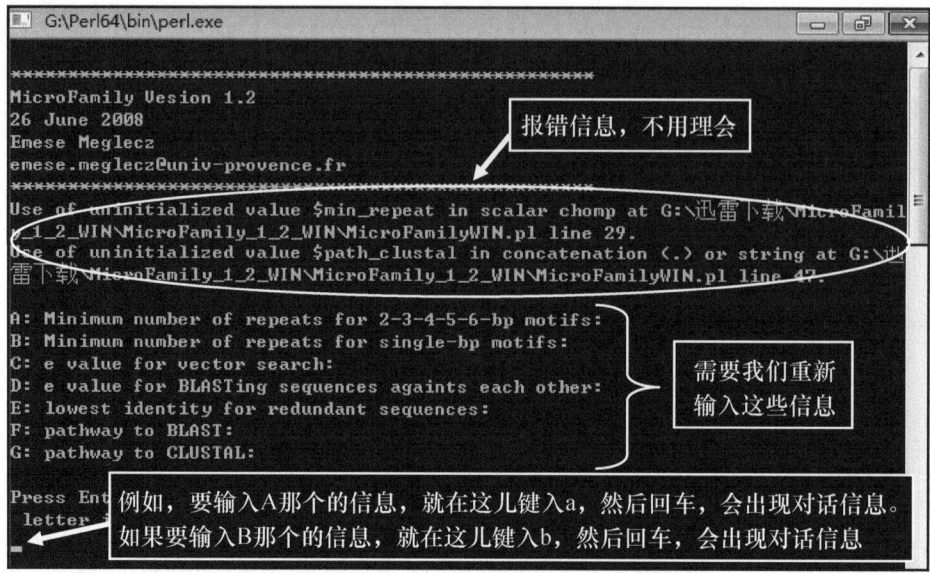

图 3-15　选择 MicroFamily 运行参数之一

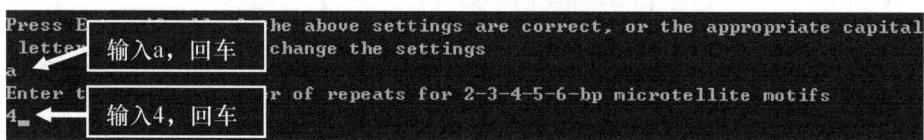

图 3-16　选择 MicroFamily 运行参数之二

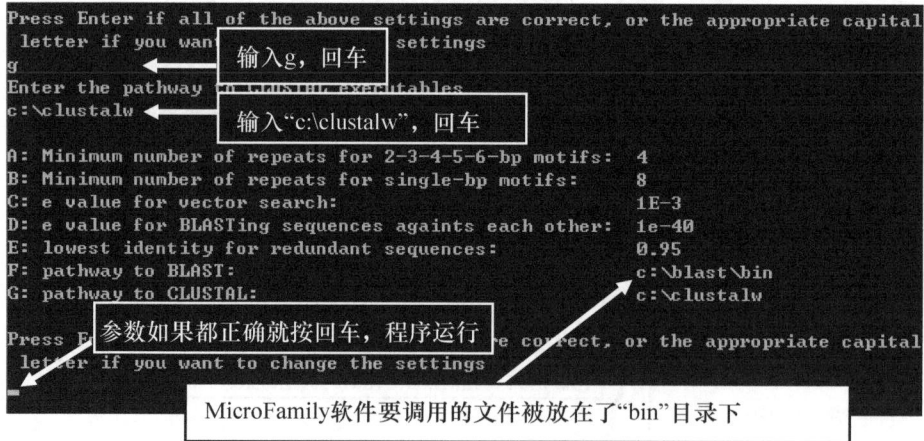

图 3-17　选择 MicroFamily 运行参数之三（完成计算）

对于 MicroFamily 软件，在此再提供一个作者实际数据的例子，以帮助读者更好地掌握其操作。这个文件名字是"gd-selected.txt"，已随书提供。我们先用"写字板"打开这个文件（图3-22），可以看到每个序列的名字很长，其中包括了一些非字母或数字的符号，如"|"、";"等，这是用 RAD 方法测序后，公司拼接后给出的。如果我们直接用这些序列名字，MicroFamily 软件不能识别，无法正常运行程序，所以首先要对序列名进行

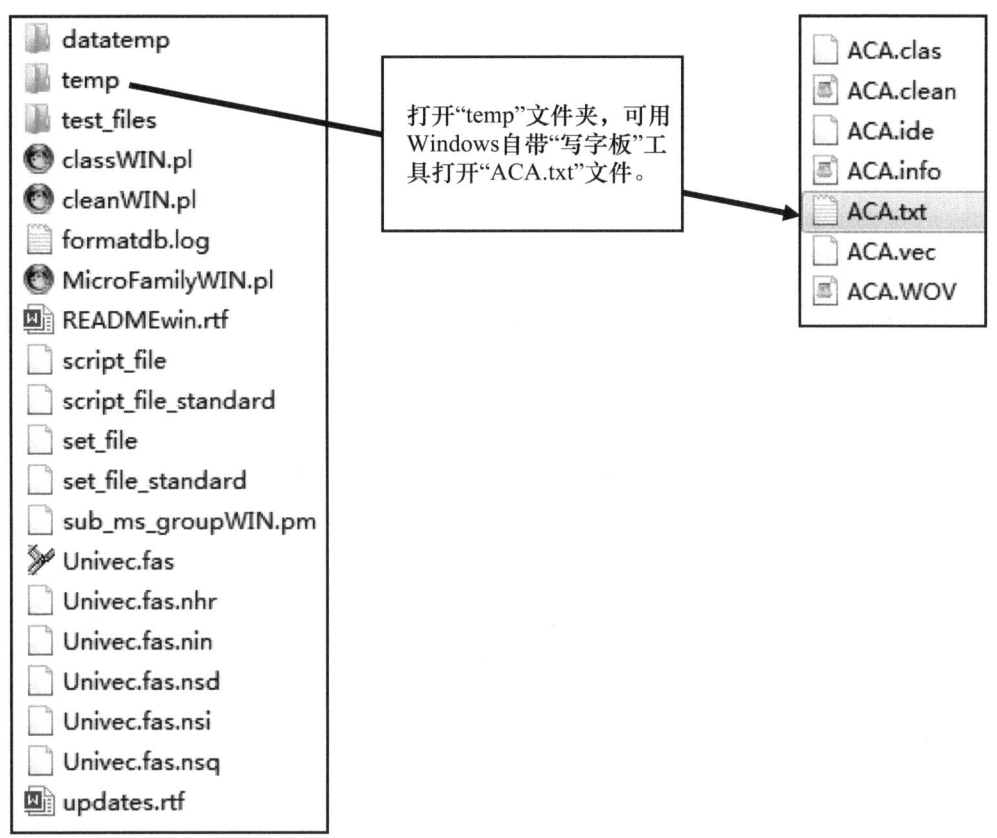

图 3-18　MicroFamily 运行结束后找到结果文件并打开

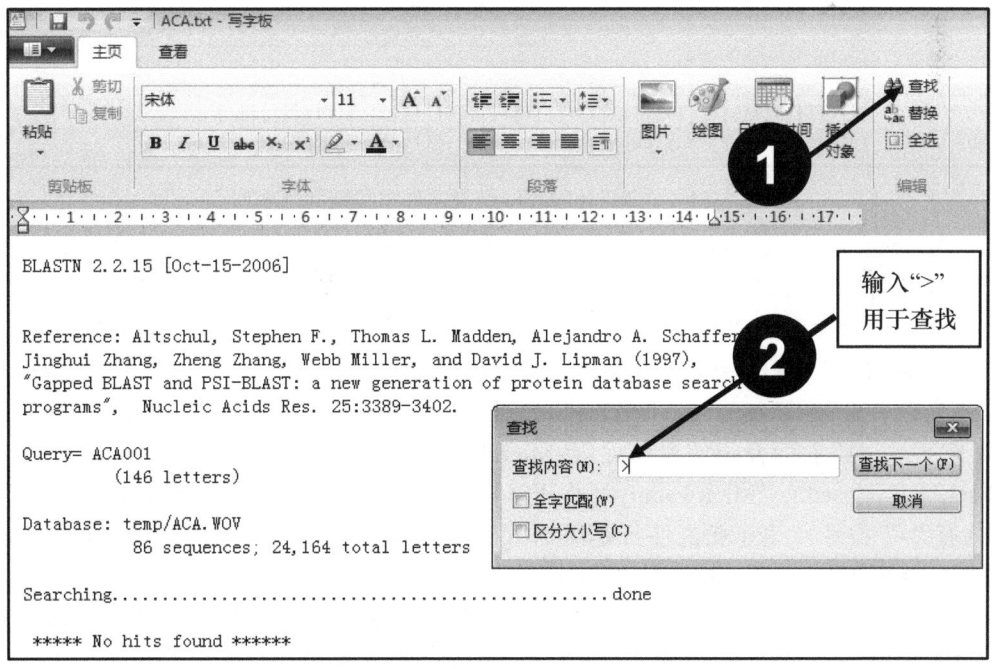

图 3-19　在 MicroFamily 结果文件中查找同源序列，按照 1、2 的次序操作

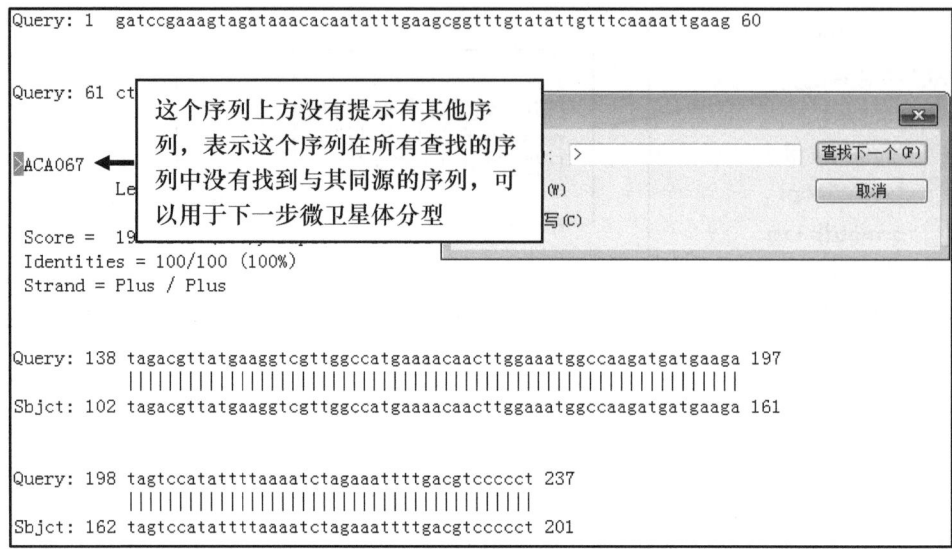

图 3-20 在 MicroFamily 结果文件中继续查找同源序列

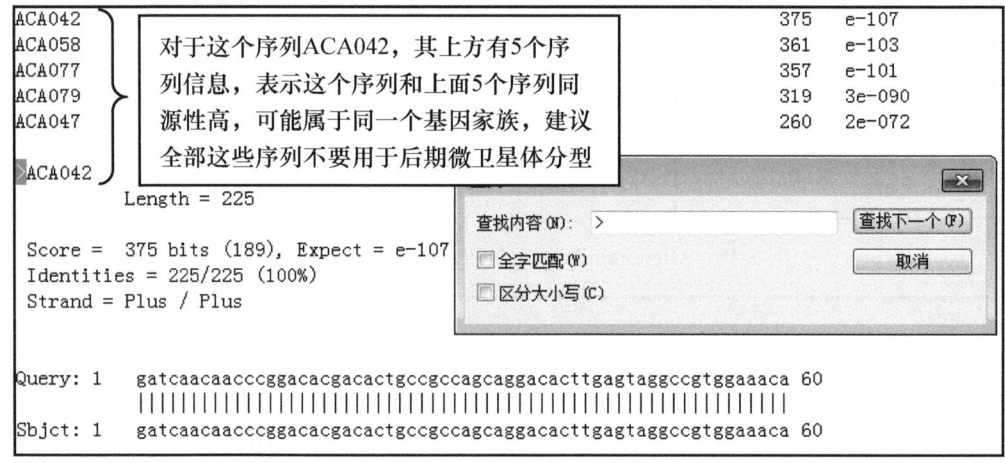

图 3-21 在 MicroFamily 结果文件中找到同源序列

修改，去掉这些符号。在进行这个操作时，如果序列很多，手工进行序列名字的修改很麻烦。我们可以使用"写字板"中的"替换"工具进行。如把"|"替换成"_"等（图 3-23～图 3-25），最后在">"后面加上"SSR"，避免">"后面直接是数字，软件不识别（图 3-26）。之后按照图 3-27 和图 3-28 操作，新建"记事本"文件，进行保存。如作者存为"gd-selected-revised.txt"，然后把它改名为"gd-selected-revised.fas"，把这个文件拷贝到 MicroFamily 软件的"datatemp"文件夹下，按照前面介绍的操作运行 MicroFamily 软件。但文件报错，这次是文件名"gd-selected-revised.fas"MicroFamily 程序不认识（图 3-29），提示"Use of uninitialized value …"（因为有"-"符号）。我们把文件名更改为"gd_selected_revised.fas"就能正常运行了。运行结束后，结果在 MicroFamily 软件"temp"文件夹下的"gd_selected_revised.txt"文件中。打开后，我们发现用"查找"工具查找">"的方法不能用了，我们可以用查找"SSR"的方法来进行同源序列的查找。这里"SSR"是"gd_selected_revised.fas"文件中每个序列名字">"后的前三个单字信息（图 3-26），每个序列名都有。

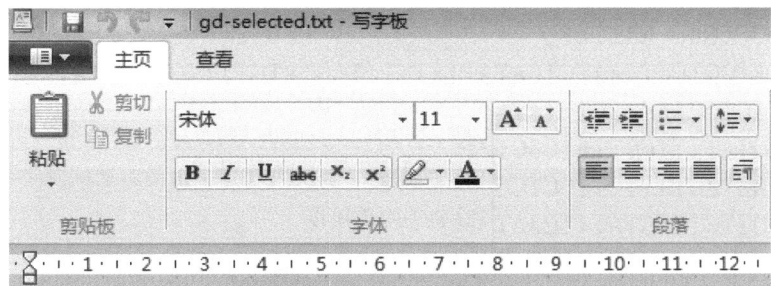

图 3-22　例子文件"gd-selected.txt"中的部分序列

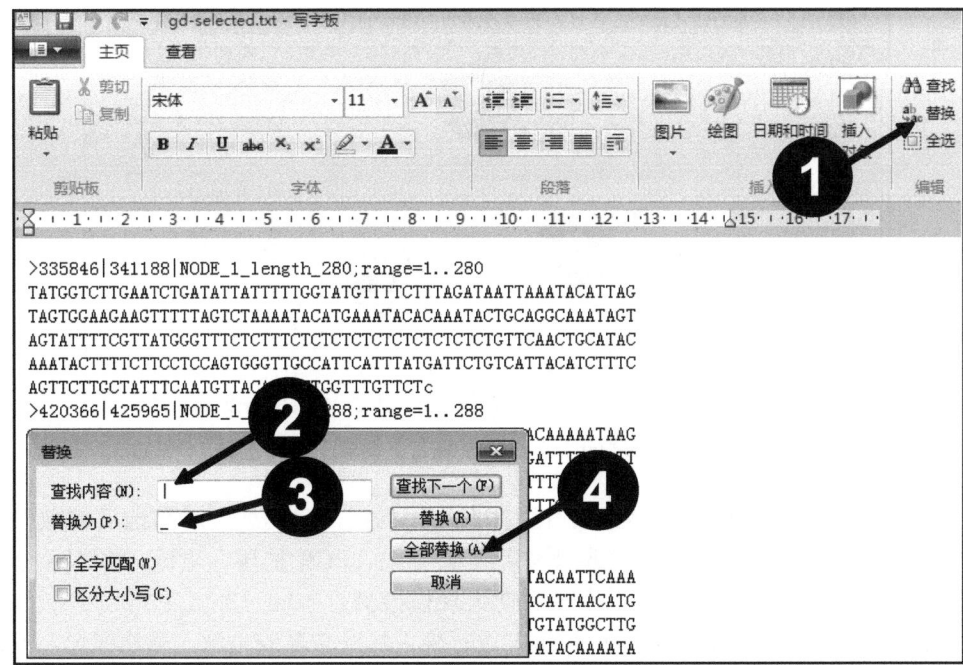

图 3-23　更改"gd-selected.txt"文件中序列名使 MicroFamilay 软件可以识别，按照 1～4 的次序操作

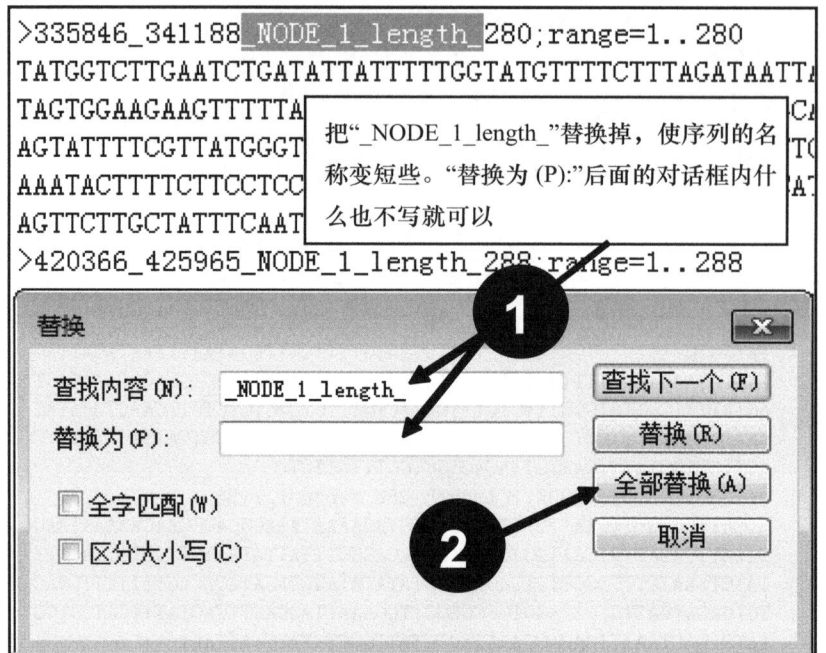

图 3-24 继续更改"gd-selected.txt"文件中序列名字,按照 1、2 的次序操作

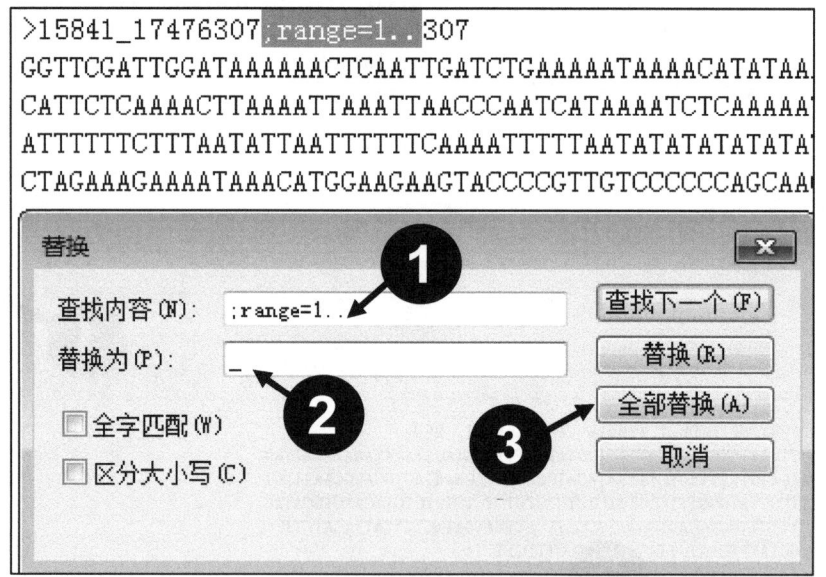

图 3-25 继续更改"gd-selected.txt"文件中序列名字使之变短,按照 1~3 的次序操作

用 MicroFamily 软件删除存在微卫星体家族序列后,我们就要对筛选后的微卫星体进行分型研究,即针对每一个微卫星体进行引物合成、PCR 扩增、电泳、多态性分析,判断微卫星体多态性状况是否可以用于后期大规模检测。

对于微卫星体分型,传统的方法是手工进行聚丙烯酰胺凝胶电泳,虽然麻烦,但在前期摸索适合的微卫星体时较省钱,然而通量小,不太适合后期大规模实验。目前常用的

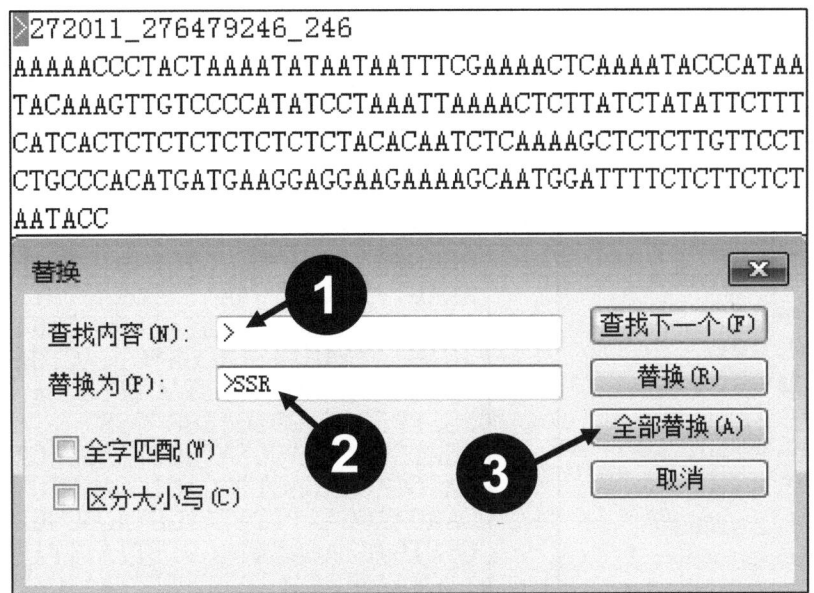

图 3-26　继续更改"gd-selected.txt"文件中序列名字（开头数字前加些英文），按照 1~3 的次序操作

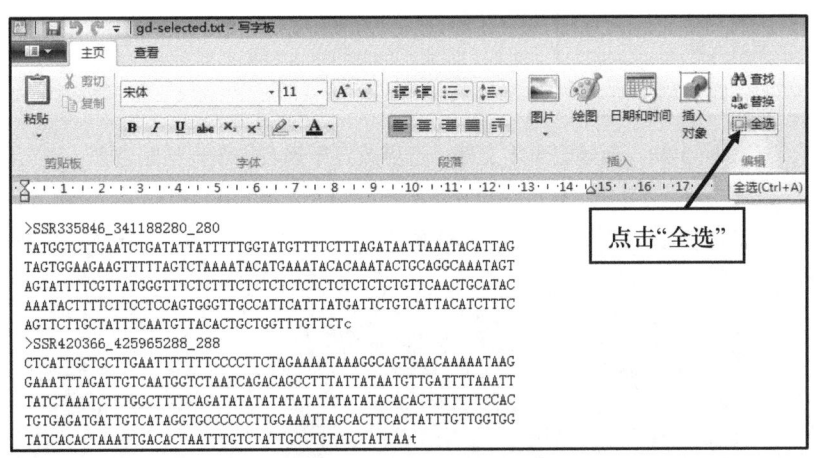

图 3-27　"gd-selected.txt"文件中序列名更改完成后对文件全部内容进行复制

高效方法是全自动的毛细管电泳，用自动测序仪进行分型。一般实验室买不起自动测序仪，可以直接把 PCR 扩增好的样品给相关公司做就可以。由于前一种方法很繁琐，在此只介绍后一种方法，也是目前作者实验室常用的方法。

为此，我们先要在 PCR 扩增前把引物进行荧光标记，常用的是羧基荧光素 FAM 和六氯-6-羧基荧光素（HEX）两种。在合成引物时请公司对正反引物中的任一个进行荧光标记处理即可。作者一般是把荧光标记加在引物的 5′端。由于不是所有候选的微卫星体都适合后期大规模的个体多态性检测，因此我们要先抽取少部分个体进行每个微卫星体的分型，查看它们的 PCR 扩增结果是否能满足要求：有多态性，扩增的带型清楚、好判读。

为节省经费，我们可以使用多重 PCR 扩增的方法，把好几个微卫星体一起进行扩增（一次 PCR 反应加入多个微卫星体的引物）。这时，首先让这些扩增的微卫星体片段大小

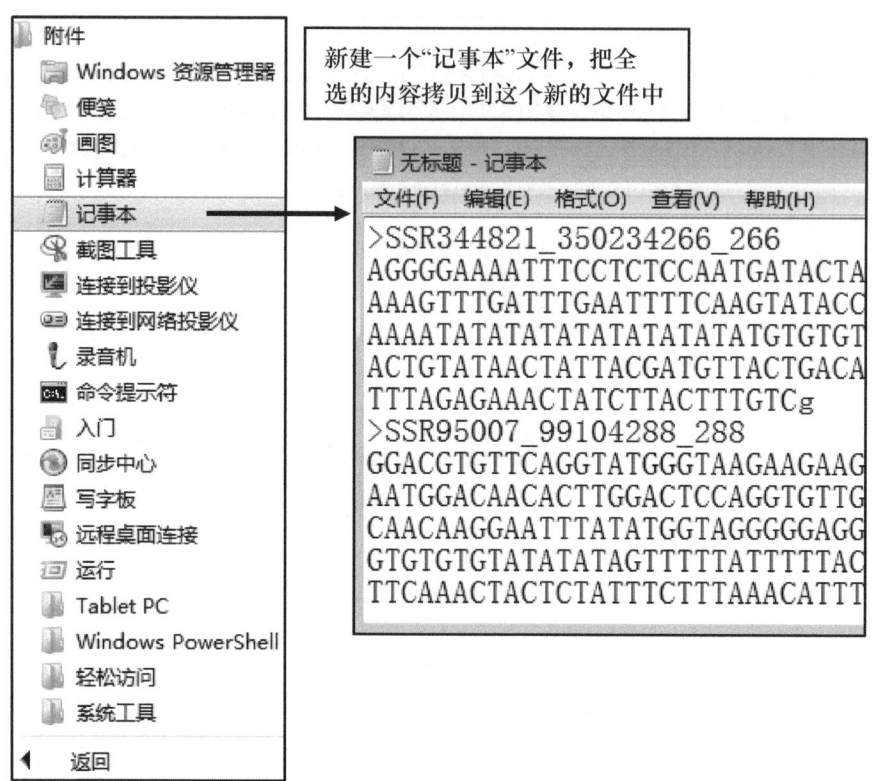

图 3-28　新建记事本文件，把更改好序列名的序列粘贴进去

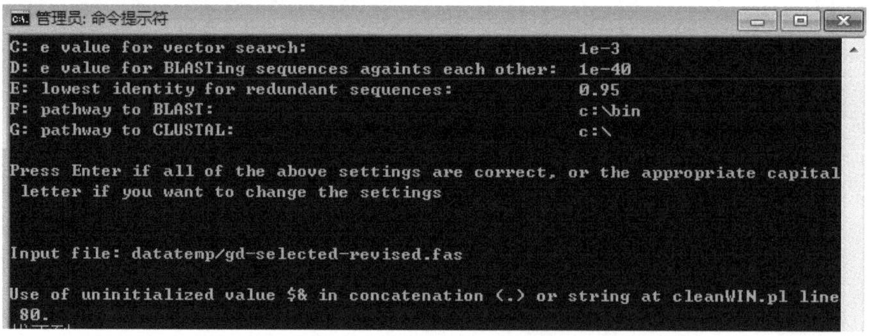

图 3-29　由于文件名问题 MicroFamily 运行报错

不要重叠太严重（如其中一个扩增的片段大小是 180~200bp，那么另一个微卫星体扩增的片段大小最好小于 180bp 或者大于 200bp，最好不要也为 180~200bp，因为有时虽然是用不同荧光标记来标记不同微卫星体，两两微卫星体之间也会有干扰），然后把不同微卫星体的引物进行不同荧光的标记，以便于跑电泳时它们能被区分开。但使用多重 PCR 扩增要进行多次预实验，才能找到合适的组合。作者没有专门用过，这里不做介绍了。

　　全自动毛细管电泳结束后，就可以进行结果分析了。公司提供的结果一般包括两个内容，一个是 PDF 格式的结果图（峰值图），另一个是读取的各峰值的数据（包括扩增的片段大小)。峰值图是一个一个微卫星体的单独结果,两两结果无法很好进行比较;并且对于公司读取的数据,我们也需要判读后进行校正和整理。这时我们可以利用 GelQuest 这一软件辅助进行数据的分析和判读。

GelQuest 软件可从 http://sequentix.de/gelquest/index.php 这一网址下载。注册后将会发电子邮件告知下载链接。这一软件其他功能都是免费的,除了不能保存结果,保存功能要购买才行。

在此用演示数据进行软件操作的说明。首先我们打开"Trace Files"(图 3-30),找到演示文件,按住"Shift"键全选这些文件,加载数据。然后点击"Select all"选中这些数据(图 3-31),之后点击"Analyse"。由于全自动毛细管电泳是每个样品加入一个毛细管中,数据间如果没有参考内标(size standard)是无法比较的,因此每个样品在上样前都混有一个内标,这样通过对比内标,每个样品的片段大小就可以确定了,同时样品间的比较也就可能实现了。但有一个问题需要注意,由于每一批样品(一般是 96 个样)检测所用的实验试剂不同(如凝胶浓度不同),即使是加了内标,每次电泳后不同批次的结果还会存在偏移,造成数据读取误差。因此,最好是每个批次的样品中增加几个固定样品作为片段大小的标准参考。

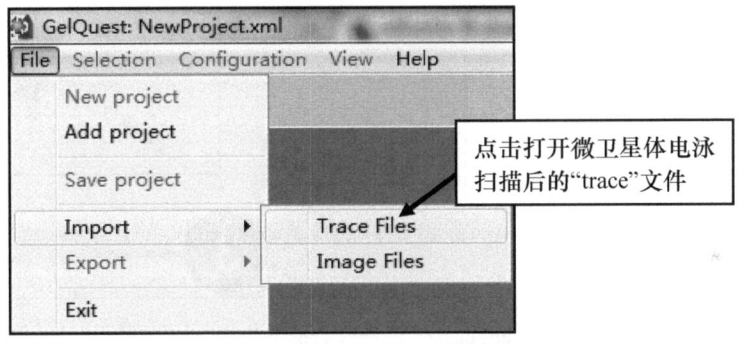

图 3-30 利用 GelQuest 软件进行数据分析之一

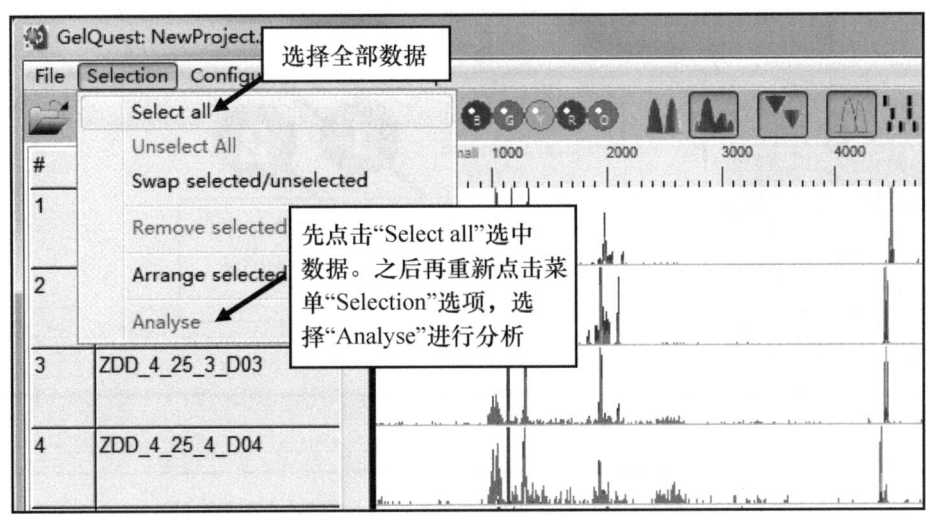

图 3-31 利用 GelQuest 软件进行数据分析之二(加载数据)

按照图 3-32～图 3-35 进行图像显示和调整后就可以进行微卫星体多态性的判读，确定哪些微卫星体可以用于后期大规模的实验。在此提供的演示数据是二倍体物种的结果，因此每个个体最多有两个等位基因。图 3-36 和图 3-37 给出几个可用和不可用的微卫星体的例子。

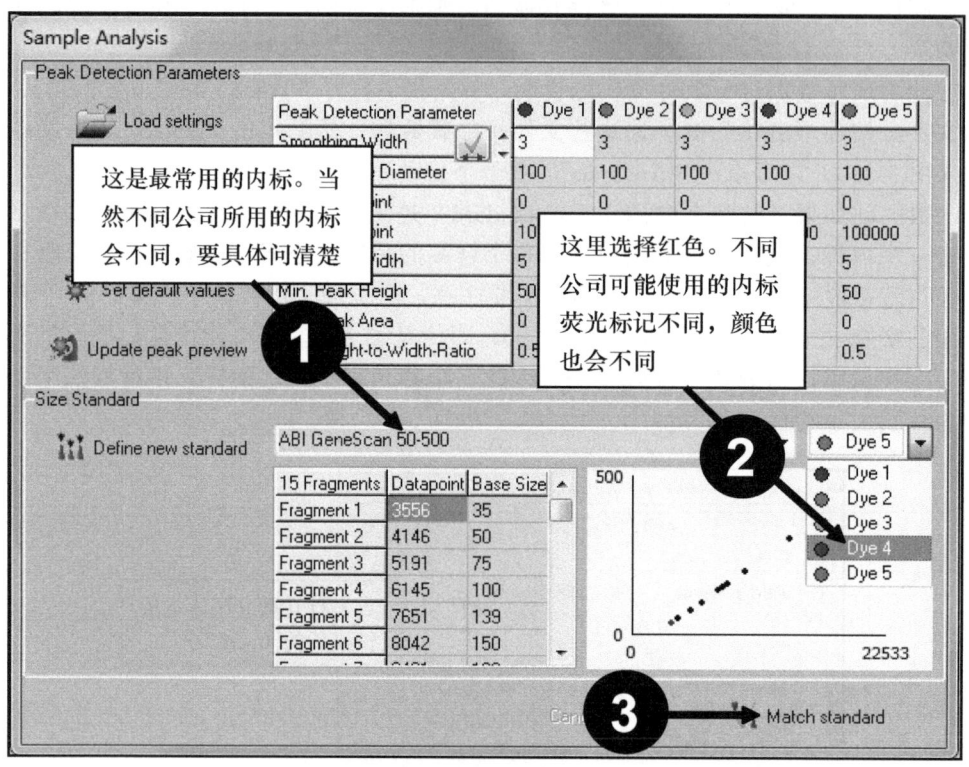

图 3-32　利用 GelQuest 软件进行数据分析之三（选择内标）

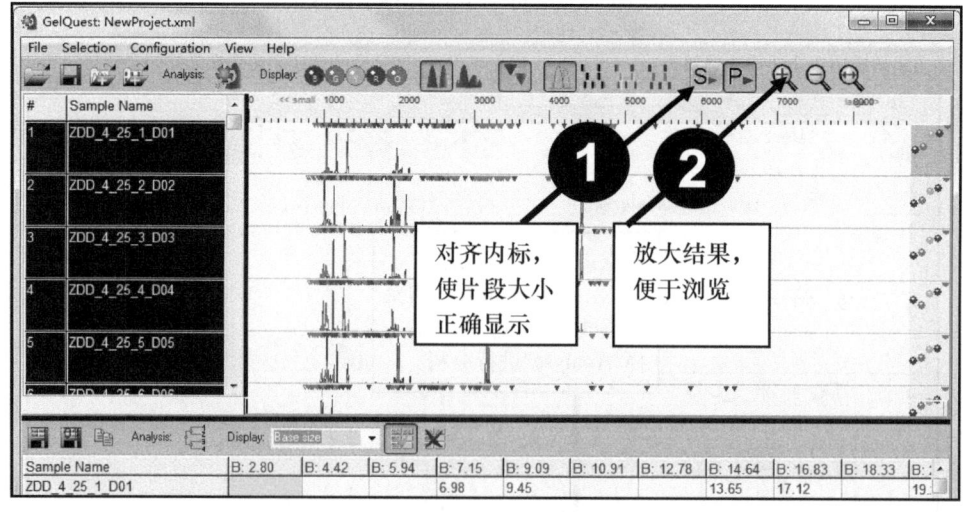

图 3-33　利用 GelQuest 软件进行数据分析之四（显示结果）

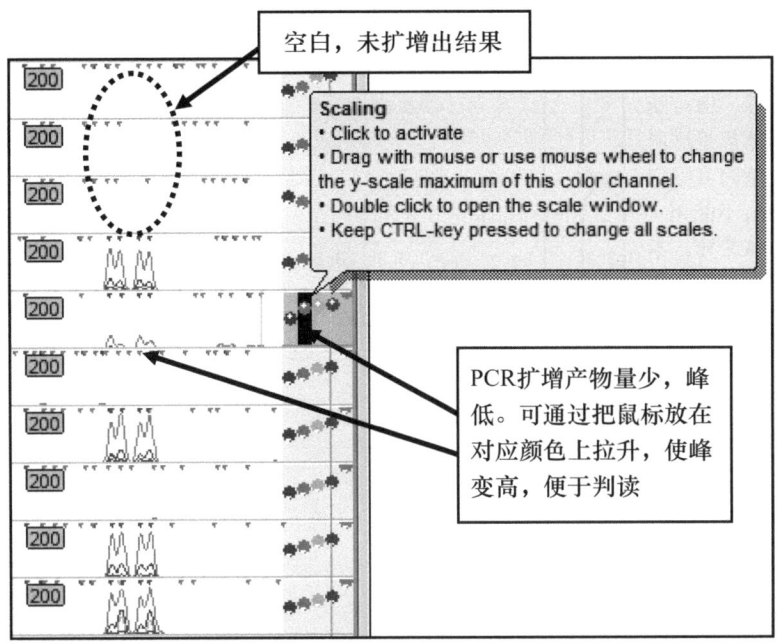

图 3-34 利用 GelQuest 软件进行数据分析之五（查看结果）

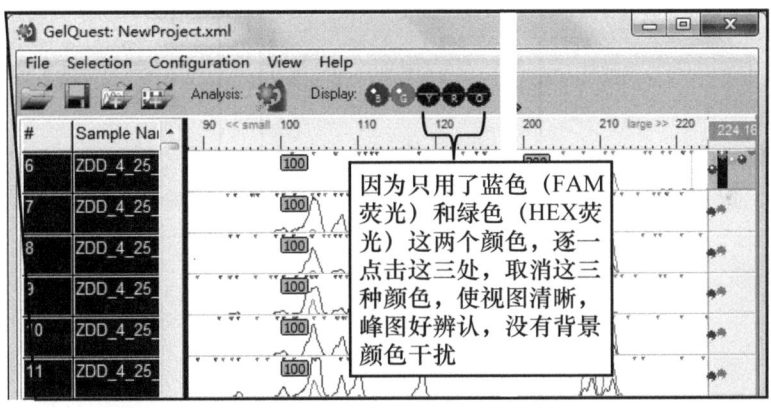

图 3-35 利用 GelQuest 软件进行数据分析之六（继续调整查看结果）

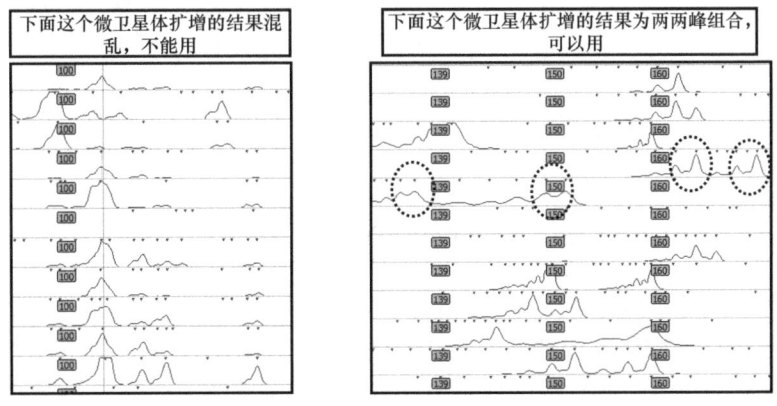

图 3-36 分析筛选合适微卫星体之一

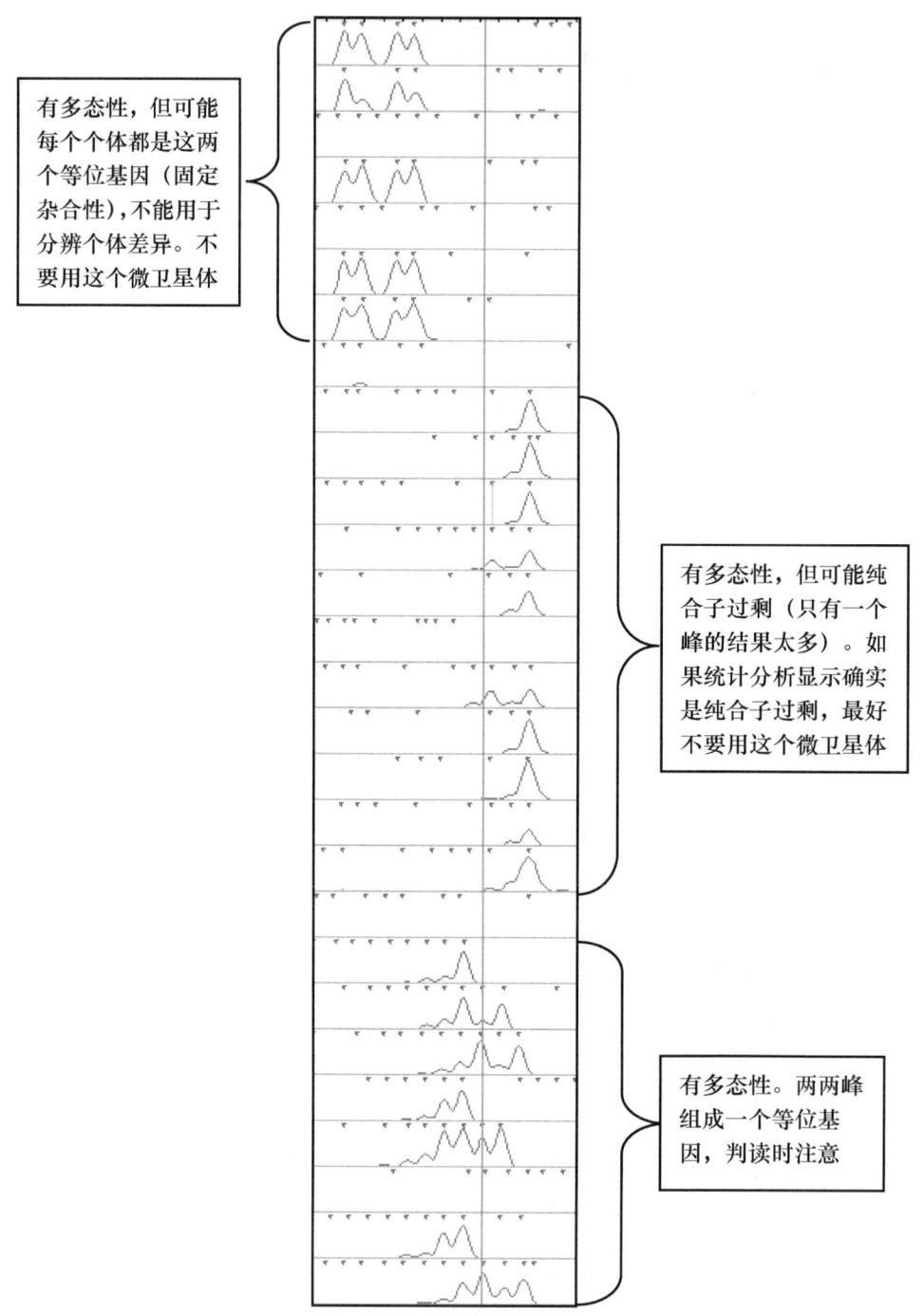

图 3-37　分析筛选合适微卫星体之二

确定最后可以用的微卫星体后，就可以大规模实验了。因为扩增产物的长度是通过对比内标进行线性回归得到的结果，所以是有小数点的，而实际 PCR 扩增产物长度是整数，这就要求我们对每个数据进行修正后得到正确的数据（图 3-38）。虽然有软件可以帮忙处理、进行转化，在此还是建议读者对每个数据进行核实。这里需要注意的是，机器读取的结果只是一个参考,最终读取的结果不是简单四舍五入后取整就可以了。图 3-38 中,如果通过 GelQuest 软件,我们看出"F02_14.fsa"、"F04_16.fsa"和"F05_17.fsa"等中的"270.39"、"270.33"和"270.35"是在同一位置,我们就把都在这一个位置上的结果去掉小数点后读为同一结果,作者在此都读为"269",当然也可以读为"270",只要统一就可以了。图 3-38 这些结果是重复序列为两个碱基(如"GA"、"CA"、"TA"和"GC"等)的微卫星体,这样不同等位基因之间相差的碱基数目应该是 2 的倍数,即上面读的"269"的等位基因,其前面一个等位基因或者是"267",或者是"265",相差都是 2 的倍数。因此对于"F03_15.fsa"结果中的"268.44",就要读成"267"。如果上面我们读为"270",这个结果就读为"268"。"F10_22.fsa"结果中的"268.54"和"F03_15.fsa"结果中的"268.44"应该是在同一位置上,因此也读成"267"才对。而图 3-38 中读为"269"就是四舍五入的结果,是不对的。当然图 3-38 中还有错误,不一一指出,留给读者查找。

文件名	毛细管电泳结束后机器读取的原始数据		去掉小数点后整理的正常数据	
F02_14.fsa	270.39	285.21	269	285
F03_15.fsa	268.44	270.31	267	269
F04_16.fsa	270.33	274.17	269	273
F05_17.fsa	270.35	281.51	269	281
F06_18.fsa	279.64	279.64	279	279
F07_19.fsa	270.32	274.09	269	273
F08_20.fsa	274.13	279.69	273	279
F09_21.fsa	266.76	279.71	267	279
F10_22.fsa	268.54	279.66	269	279
F11_23.fsa	274.22	276.05	273	275
F12_24.fsa	279.77	281.65	279	281
G01_25.fsa	272.32	272.32	271	271
G02_26.fsa	272.24	281.56	271	281
G03_27.fsa	272.23	279.67	271	279
G04_28.fsa	274.14	281.69	273	281
G05_29.fsa	272.39	275.97	271	275
G06_30.fsa	274.1	279.71	273	279
G07_31.fsa	272.24	274.1	271	273
G08_32.fsa	272.28	274.23	271	273
G09_33.fsa	281.52	281.52	281	281

图 3-38 微卫星体数据结果整理
(此数据未附演示文件)

第二节 微卫星体数据初步整理分析:GenAlEx 软件及其遗传多样性大小衡量

数据读取完成后,就可以进行分析了。显然,我们不希望针对每个分析软件都去按照它们的格式进行整理,那样非常繁琐和复杂,这就需要一个软件能帮助进行格式转换和初步数据分析。GenAlEx 软件可以帮助我们实现这个目的。这个软件可以从 http://biology-assets.anu.edu.au/GenAlEx/Download.html 这一网址下载。

  GenAlEx 软件是在 Microsoft Excel 下使用，要调用宏，因此我们首先要把 Excel 的宏"安全级"设为"中"（图 3-39，图 3-40）。然后点击"GenAlEx 6.501.xla"加载 GenAlEx 这个软件（图 3-41），Excel 提示"启用宏"，点击启用（图 3-42），软件就加载入 Excel 了。作者提供了一个"mg.xls"文件作演示用，其数据格式说明见图 3-43。这个演示文件包括两个种群，如果读者的数据是多个种群，如 10 个种群，那么就把数据第一行的 2 改成 10，然后依次把每个种群的个体数目写在随后的数据格中。

图 3-39　调整 Excel 的宏安全性之一

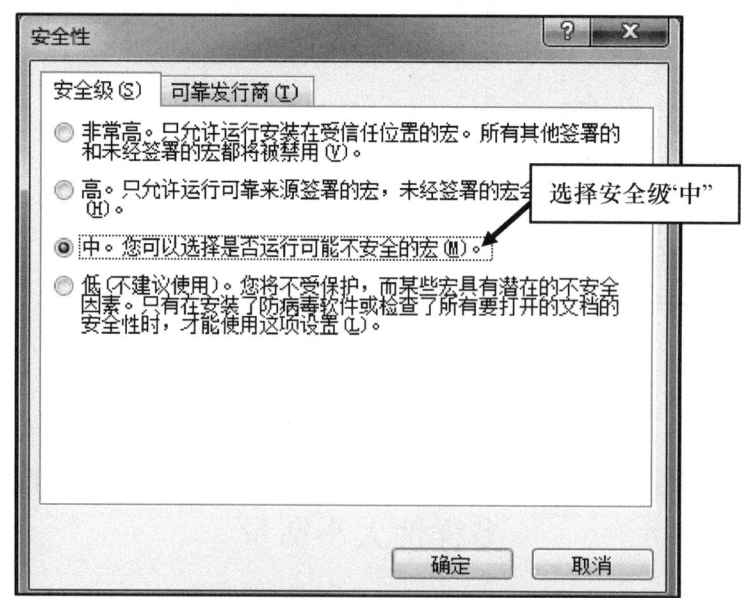

图 3-40　调整 Excel 的宏安全性之二

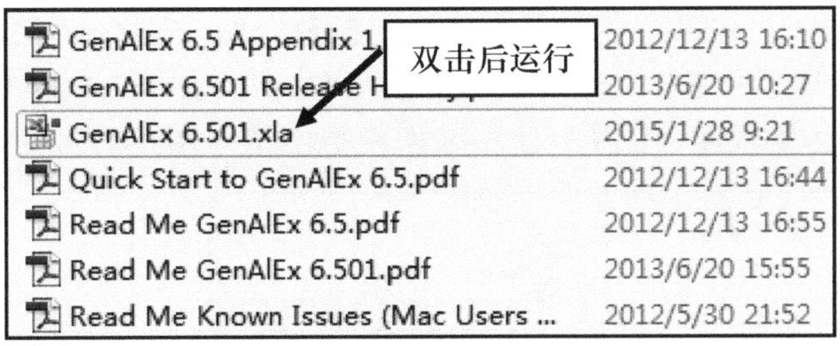

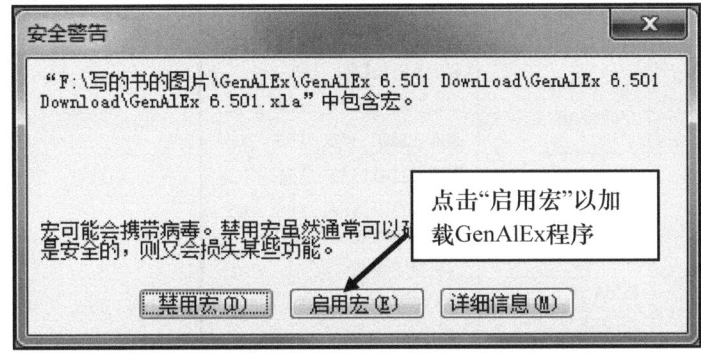

图 3-41 运行 GenAlEx 软件

图 3-42 启用宏后在 Excel 中加载 GenAlEx 程序软件

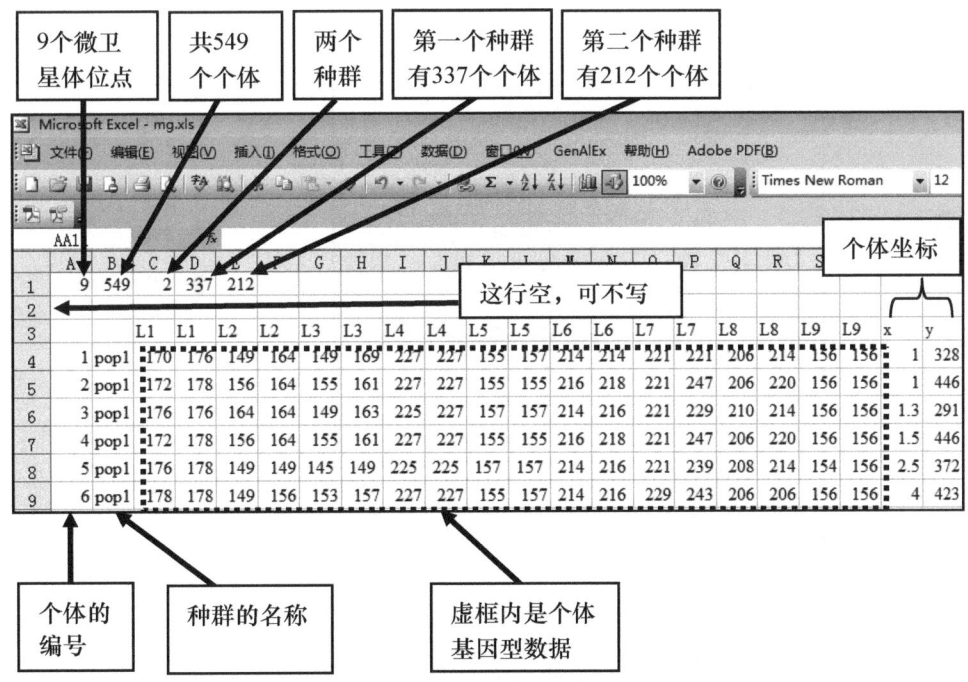

图 3-43 GenAlEx 软件数据格式

GenAlEx 软件提供了非常丰富的内容，可以帮助我们对数据进行初步的分析和多个软件间的格式转换（图 3-44）。作者将用它的 "Export Data" 功能做 AIS 和 Genepop 软件的数据格式转换。在这之前我们可以先看下数据的大致统计结果。我们主要看三个统计参数：等位基因数目、观测杂合度和非偏差期望杂合度。为此，我们选择"Frequency…"（图 3-44），检查数据是否正确（图 3-45），选择"Het，Fstat & Poly by Pop"（图 3-46）后，点击"OK"，结果就在"HFP"这个数据表单中了（图 3-47）。

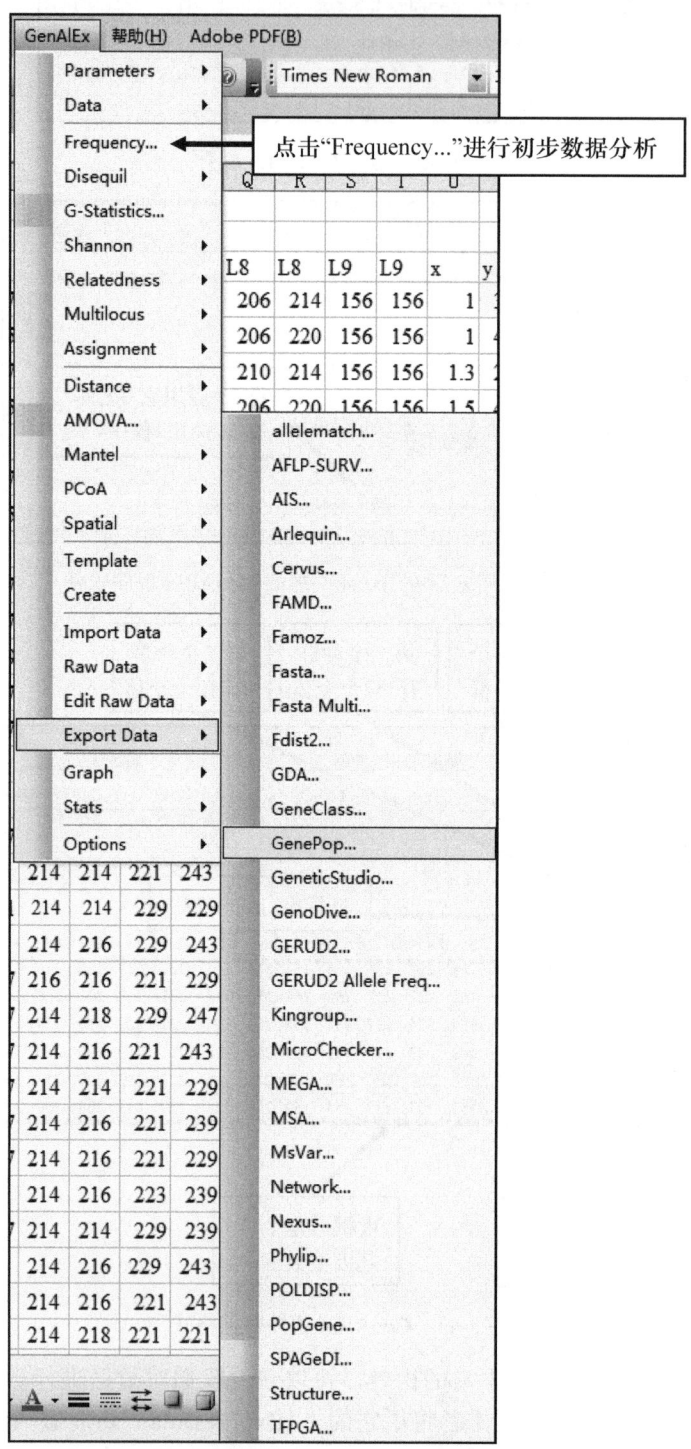

图 3-44　利用 GenAlEx 软件进行数据分析之一

第三章 分子遗传标记的获得——微卫星体

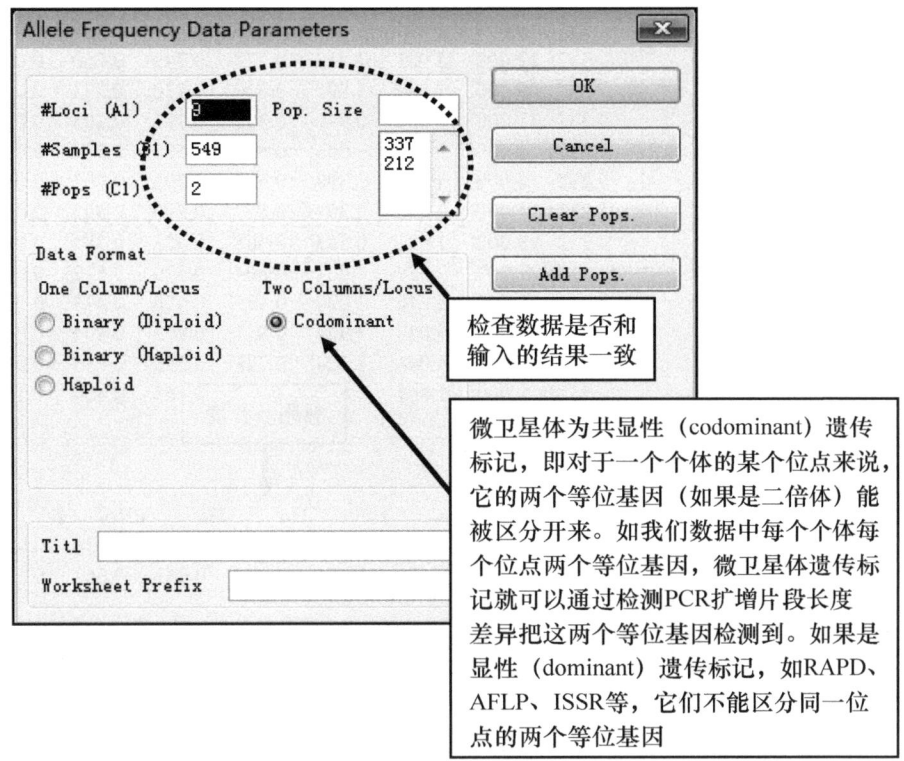

检查数据是否和输入的结果一致

微卫星体为共显性（codominant）遗传标记，即对于一个个体的某个位点来说，它的两个等位基因（如果是二倍体）能被区分开来。如我们数据中每个个体每个位点两个等位基因，微卫星体遗传标记就可以通过检测PCR扩增片段长度差异把这两个等位基因检测到。如果是显性（dominant）遗传标记，如RAPD、AFLP、ISSR等，它们不能区分同一位点的两个等位基因

图 3-45　利用 GenAlEx 软件进行数据分析之二

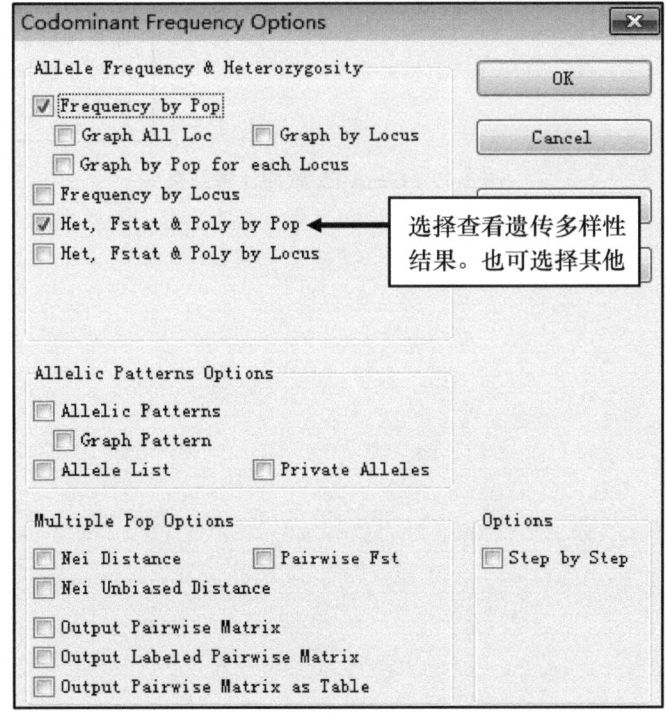

选择查看遗传多样性结果。也可选择其他

图 3-46　利用 GenAlEx 软件进行数据分析之三

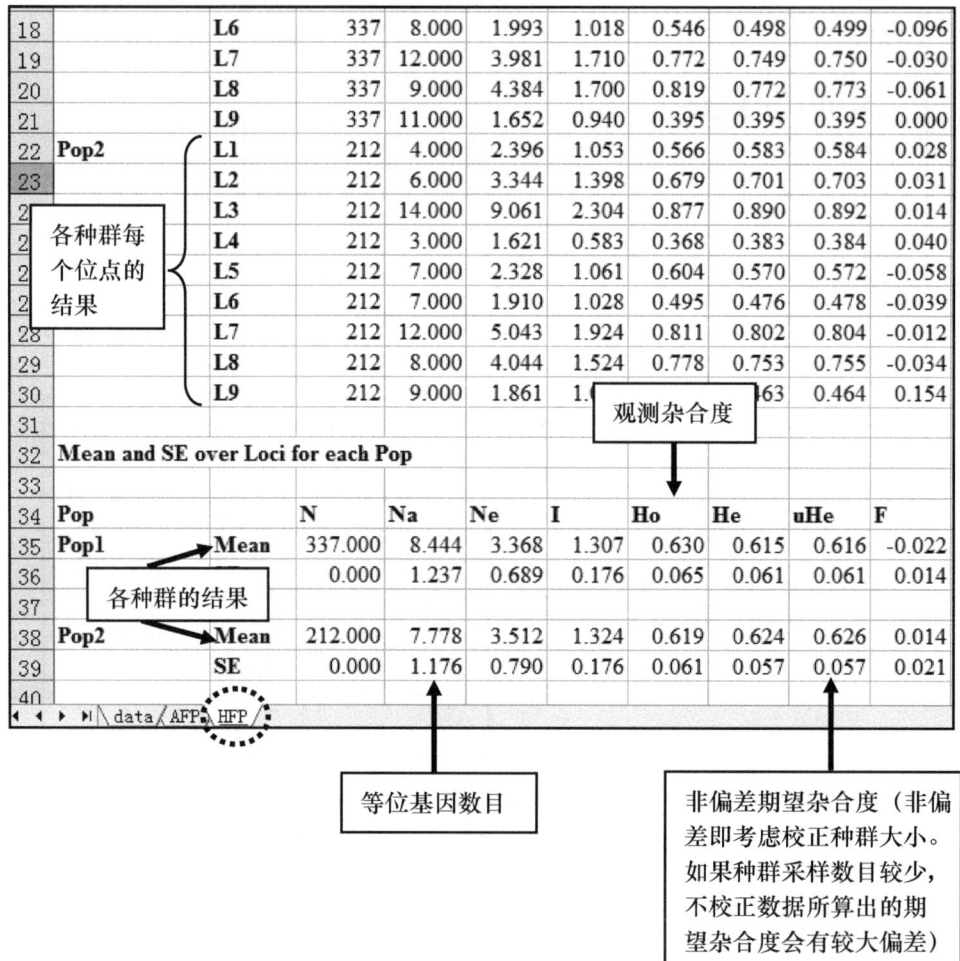

图 3-47　GenAlEx 软件计算结果

第四章 遗传变异状况

第一节 Hardy-Weinberg 平衡检测：Genepop、SGoF+软件

Hardy-Weinberg 平衡检测用于判断位点是否处于随机状态。目前，最常用的检测方法是 exact test，这可以利用 Genepop 软件（Raymond & Rousset，1995；Rousset，2008）进行计算。软件的下载地址是：http：//kimura.univ-montp2.fr/～rousset/Genepop.htm。下载后解压缩，可执行文件在"exe.zip"文件中，选择 32 位或者 64 位的操作版本继续解压缩。

对于我们自己的数据，可以先利用上一章介绍的 GenAlEx 软件进行格式转换。转换完成后，把转换好的文件拷贝到 Genepop 可执行文件同一目录下进行运算（图 4-1）。作者提供了一个转换好的演示文件"genepop-sample-file"，此文件没有后缀名，可以用 Windows 自带的"写字板"工具打开。

名称	修改日期	类型
genepop.exe	2014/7/8 19:19	应用程序
genepop-sample-file	2013/10/23 20:41	文件
LINKDOS.exe	2011/11/29 16:02	应用程序

图 4-1　Genepop 软件的使用（数据准备）

然后，按照图 4-2～图 4-5 操作，软件会提示进行"Heterozygote deficiency（杂合子缺失）"还是"Heterozygote excess（杂合子过剩）"或是"Probability test"。杂合子缺失是指对于某一位点种群中过多个体的基因型是纯合的，即个体只有一个等位基因（两个等位基因相同），如基因型是"*a a*"、"*b b*"、"*132 132*"等形式；杂合子过剩是指对于某一位点种群中过多个体的基因型是杂合的，即个体有两个不同的等位基因，如基因型是"*a b*"、"*b c*"或者"*132 134*"等；"Probability test"是指不分"杂合子缺失"或者"杂合子过剩"，进行双尾检测，灵敏度没有前两者高。作者建议对每个位点分别进行"杂合子缺失"或者"杂合子过剩"检测。

图 4-2　利用 Genepop 软件进行 Hardy-Weinberg 平衡检测之一

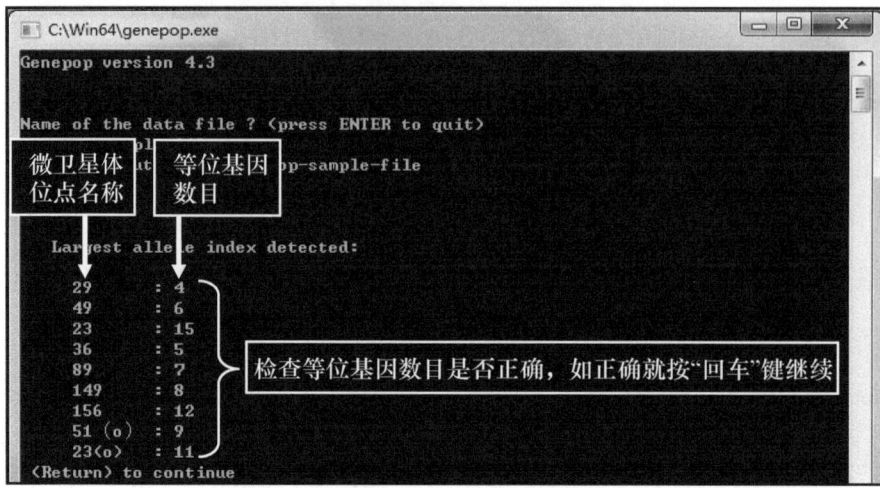

图 4-3　利用 Genepop 软件进行 Hardy-Weinberg 平衡检测之二

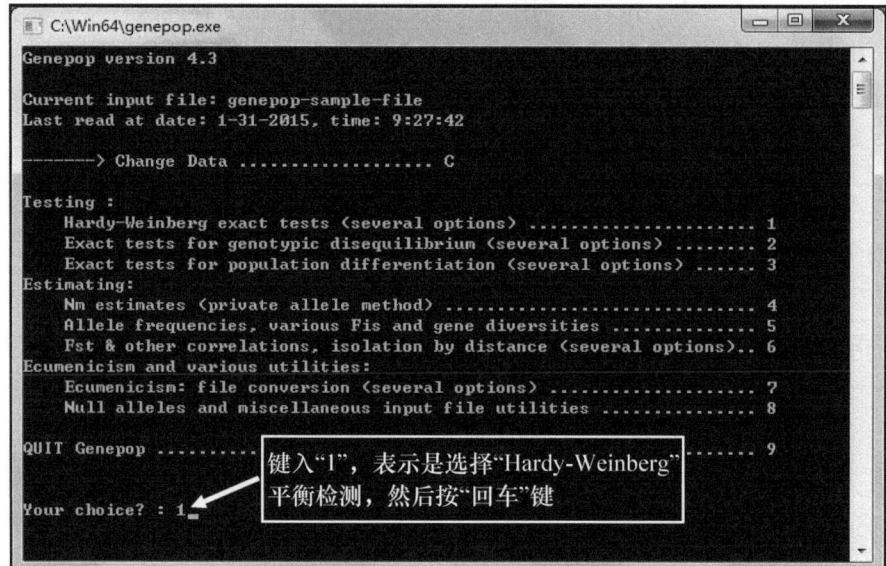

图 4-4　利用 Genepop 软件进行 Hardy-Weinberg 平衡检测之三

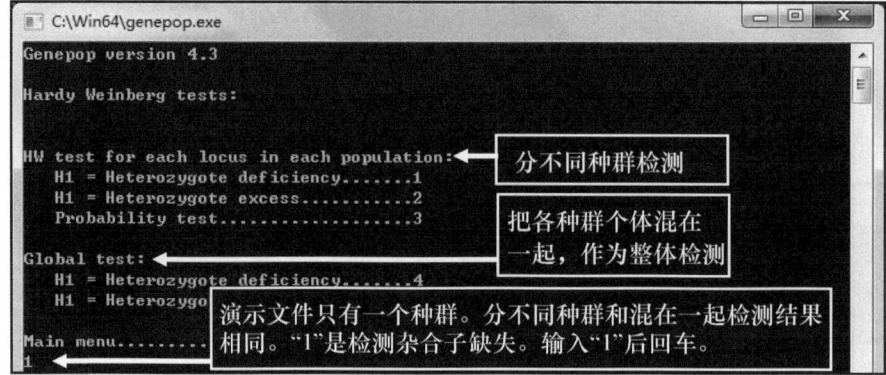

图 4-5　利用 Genepop 软件进行 Hardy-Weinberg 平衡检测之四

按照图 4-6～图 4-8 操作计算杂合子缺失，最后软件提示计算结束。结果被保存在了 Genepop 可执行文件同一目录下（图 4-9），结果文件可用"写字板"工具打开查看（图 4-10）。当我们计算杂合子过剩时，其计算结果也被保存在了 Genepop 可执行文件同一目录下，后缀名为".E"（图 4-11）。

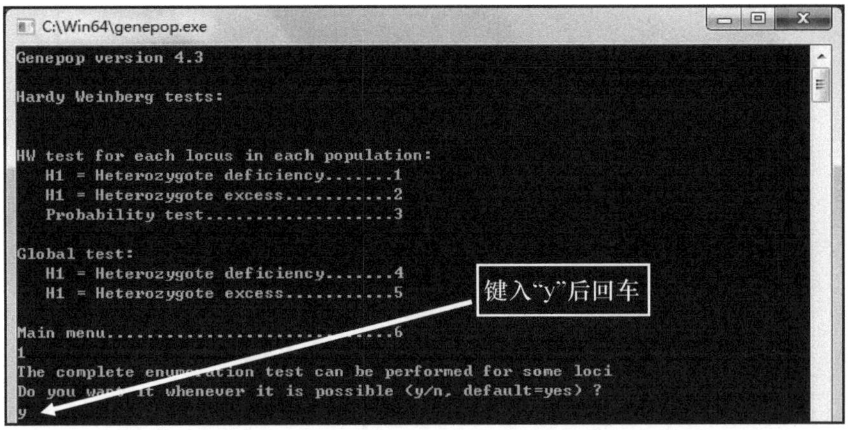

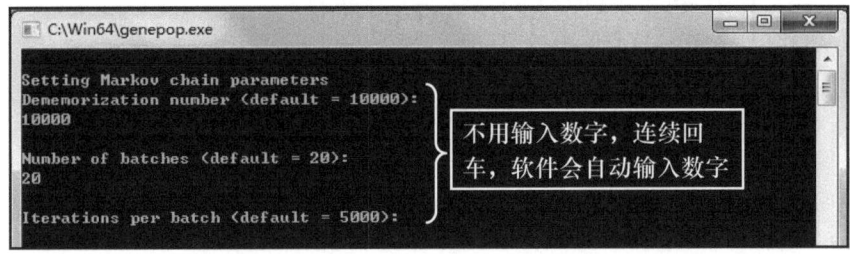

图 4-6 利用 Genepop 软件进行 Hardy-Weinberg 平衡检测之五

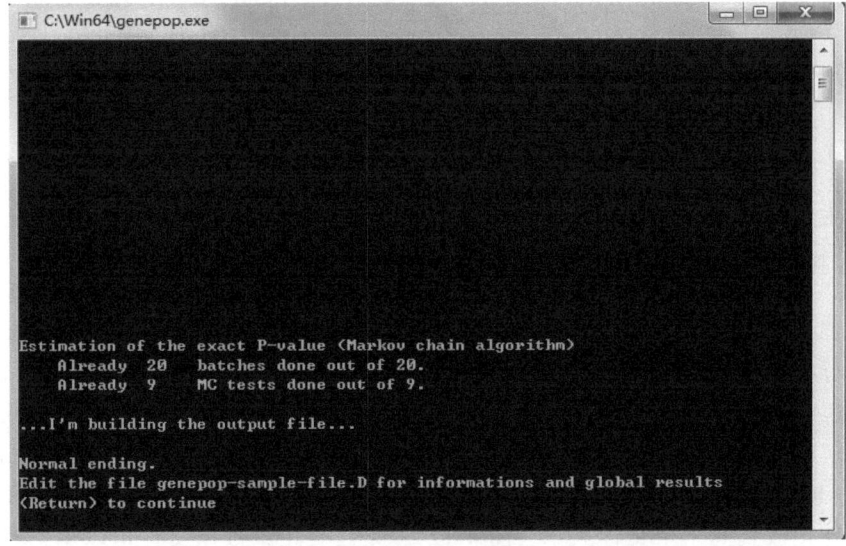

图 4-7 利用 Genepop 软件进行 Hardy-Weinberg 平衡检测之六

图 4-8 利用 Genepop 软件进行 Hardy-Weinberg 平衡检测之七

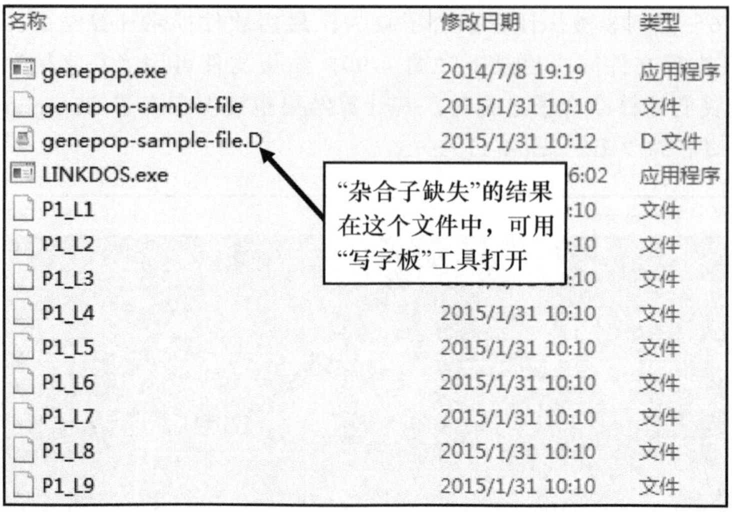

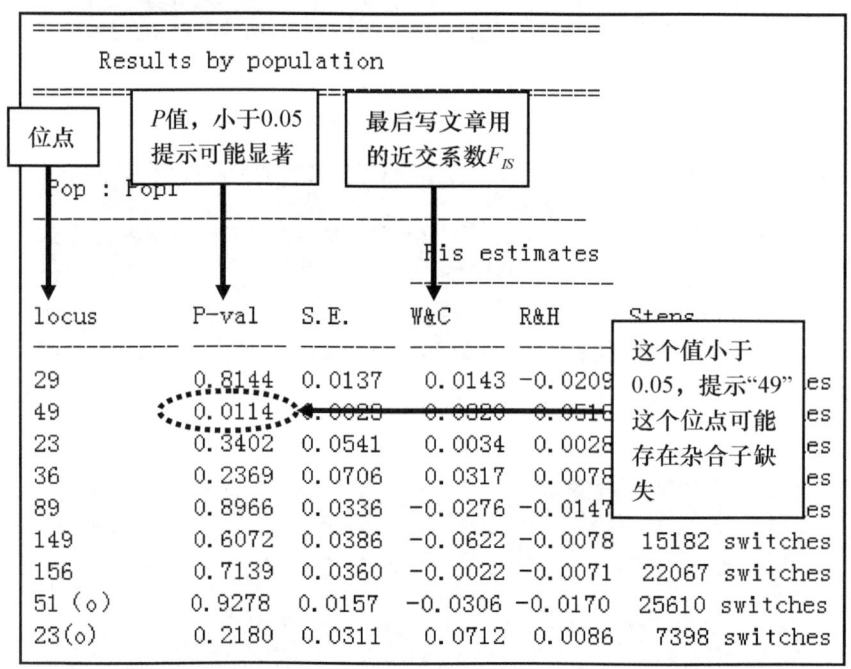

图 4-9　利用 Genepop 软件进行 Hardy-Weinberg 平衡检测，找到结果文件

图 4-10　查看 Hardy-Weinberg 平衡检测计算结果（杂合子缺失的检测结果）

这两种计算完成后，由于是多重比较（9 个位点一起进行检测），对于 0.05 的显著度我们要进行校正，就是 Bonferroni correlation。我们可以利用 SGoF+（Carvajal-Rodriguez & de Uña-Alvarez，2011）这个软件辅助计算。软件可以从 http://webs.uvigo.es/acraaj/SGoF.htm 这一网址下载。下载后解压缩，如果使用的是 Windows 7 版本，就使用"SGoF+v3.8_W7.exe"文件。作者建议把这个文件拷贝到一个新文件夹下，然后把自己的数据文件也放到同一个文件夹下（图 4-12）。此处要注意数据文件可以用"写字板"创建，但最后文件名要改为 PvalSGoF.dat。在此用上面 Genepop 计算的杂合子缺失的结果

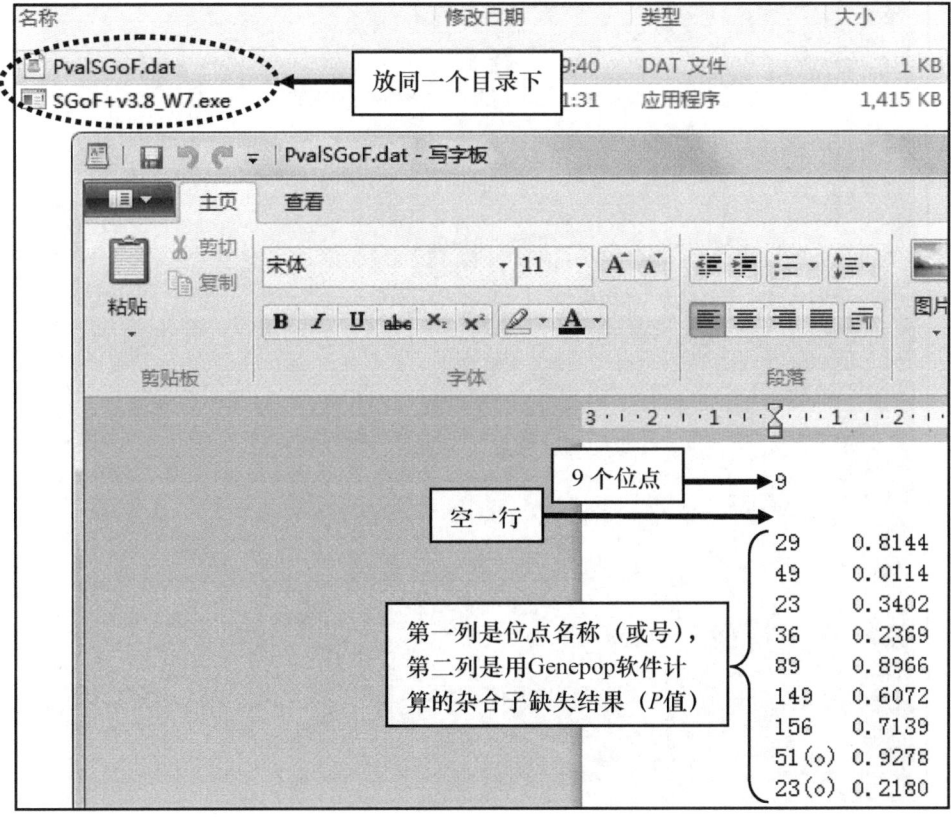

图 4-11　利用 Genepop 软件进行 Hardy-Weinberg 平衡检测（杂合子过剩分析结果文件）

图 4-12　SGoF+软件计算准备（数据文件格式）

作为 Bonferroni correlation 演示（图 4-12）。双击"SGoF+v3.8_W7.exe"，出现计算界面（图 4-13），输入"1"后回车，就完成了计算。计算结果被放在了同一文件夹下，我们可以点击"SGoF+_Fulloutput.html"查看结果。SGoF+计算了多种多重比较后校正的显著结果，包括如"SGoF（0.05）"、"B-H"、"SGoF+（0）"、"SFisher"和"SB"，如果这些计算结果中出现红色，可以认为检测结果校正后还是显著的（图 4-14）。现在，我们把演示数据中的"49"号位点的 P 值结果改为"0.0004"（图 4-15）后重新计算（注意把上次计算的结果转移到别的地方或者删除，以免影响新的计算）。可以看出，这次计算中"B-H"和"SB"的结果都被标为红色了（图 4-16），表示检测显著了，因此我们可以认为更改 P 值后的"49"位点在校正后还是显著的，而不更改前校正是不显著的。

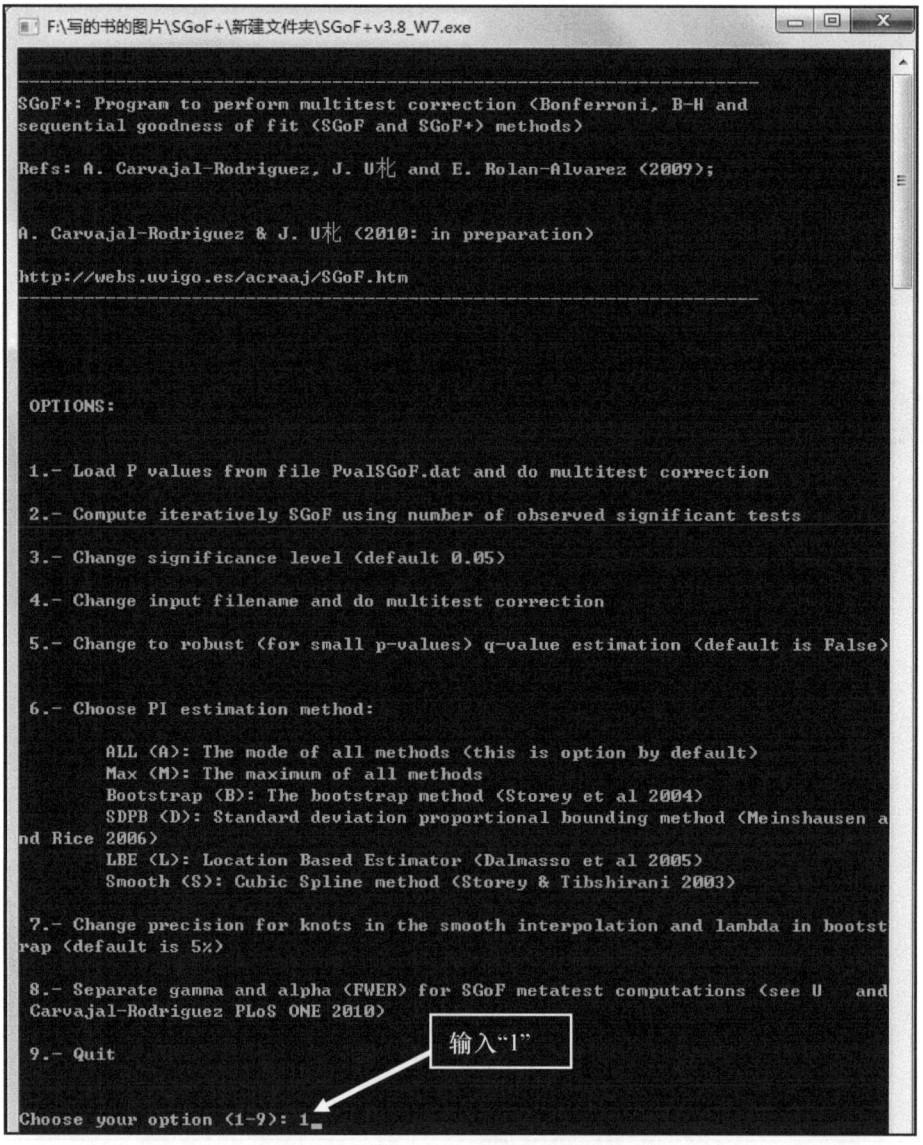

图 4-13　利用 SGoF+软件进行数据分析

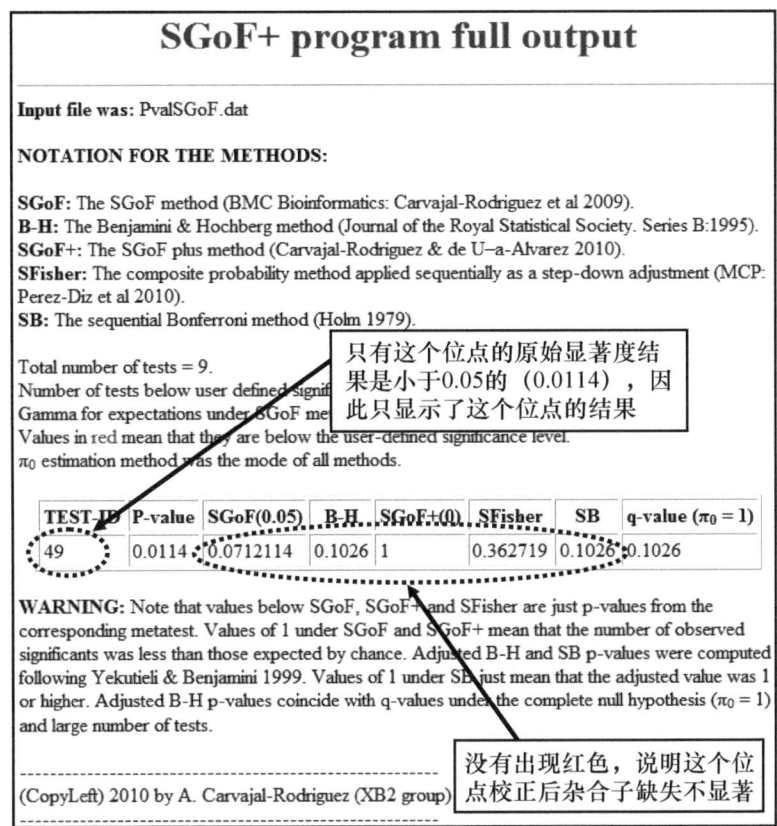

图 4-14 利用 SGoF+软件进行数据分析（计算完成，分析结果）

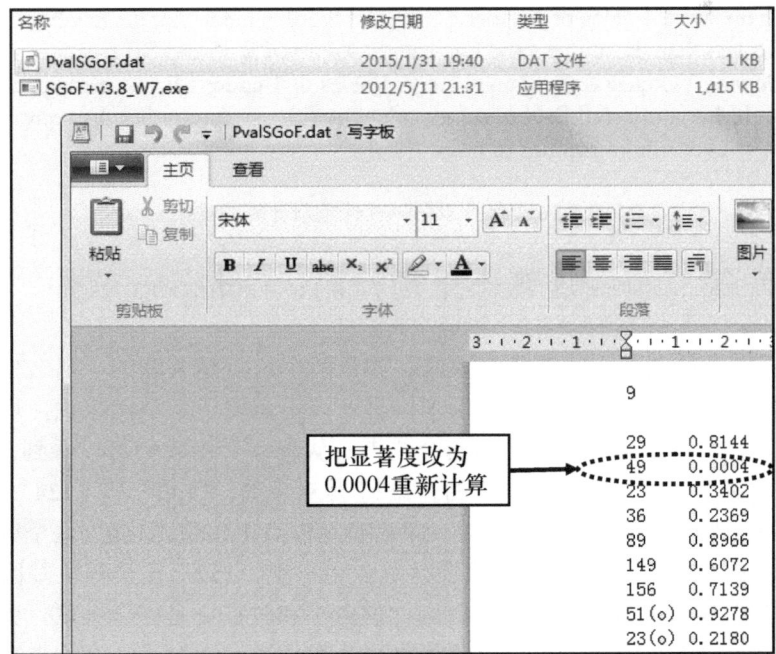

图 4-15 更改"PvalSGoF.dat"文件原始数据，重新利用 SGoF+软件进行数据分析

SGoF+ program full output

Input file was: PvalSGoF.dat

NOTATION FOR THE METHODS:

SGoF: The SGoF method (BMC Bioinformatics: Carvajal-Rodriguez et al 2009).
B-H: The Benjamini & Hochberg method (Journal of the Royal Statistical Society. Series B:1995).
SGoF+: The SGoF plus method (Carvajal-Rodriguez & de U–a-Alvarez 2010).
SFisher: The composite probability method applied sequentially as a step-down adjustment (MCP: Perez-Diz et al 2010).
SB: The sequential Bonferroni method (Holm 1979).

Total number of tests = 9.
Number of tests below user defined significance level 0.05 = 1.
Gamma for expectations under SGoF metatest = 0.05.
Values in red mean that they are below the user-defined significance level.
π_0 estimation method was the mode of all methods.

TEST-ID	P-value	SGoF(0.05)	B-H	SGoF+(0)	SFisher	SB	q-value ($\pi_0 = 1$)
49	0.0004	0.0712114	0.0036	1	0.0956713	0.0036	0.0036

WARNING: Note that values below SGoF, SGoF+ and SFisher are just p-values from the corresponding metatest. Values of 1 under SGoF and SGoF+ mean that the number of observed significants was less than those expected by chance. Adjusted B-H and SB p-values were computed following Yekutieli & Benjamini 1999. Values of 1 under SB just mean that the adjusted value was 1 or higher. Adjusted B-H p-values coincide with q-values under the complete null hypothesis ($\pi_0 = 1$) and large number of tests.

图 4-16　利用 SGoF+软件重新计算的结果

第二节　连锁不平衡检测：Genepop 软件

连锁不平衡是检测位点间是否有关联。如果两个位点是关联的，那么作为"区分"用途的标记，我们只要其中一个就可以了，另一个不需要了。举例来说，现在要用分子标记区分三个个体（表 4-1），检测了两个位点。从表 4-1 中我们可以看到，对于位点 1 的等位基因"150"来说，它和位点 2 的"222"是对应的；"152"和"224"对应，"154"和"226"对应，"148"和"220"对应。即只要是位点 1 出现"150"这个等位基因，位点 2 出现的就是"222"等位基因；只要是位点 1 出现"152"这个等位基因，位点 2 出现的就是"224"等位基因，依次类推。因此位点 1 和位点 2 是完全关联，我们完全可以只要位点 1 或者位点 2 中的一个位点就可以区分个体了，增加另一个位点毫无意义，并不增加"分辨率"。但连锁不平衡对于通过关联寻找相关基因有着重要作用。

表 4-1　三个个体基因型

个体	位点 1	位点 2
1	150/152	222/224
2	150/154	222/226
3	148/152	220/224

对于连锁不平衡，我们还是用 Genepop 软件。如图 4-17～图 4-21 操作。计算结果出来后，我们同样要进行多重比较后的显著度校正，可以同样用上面提到的 SGoF+软件。

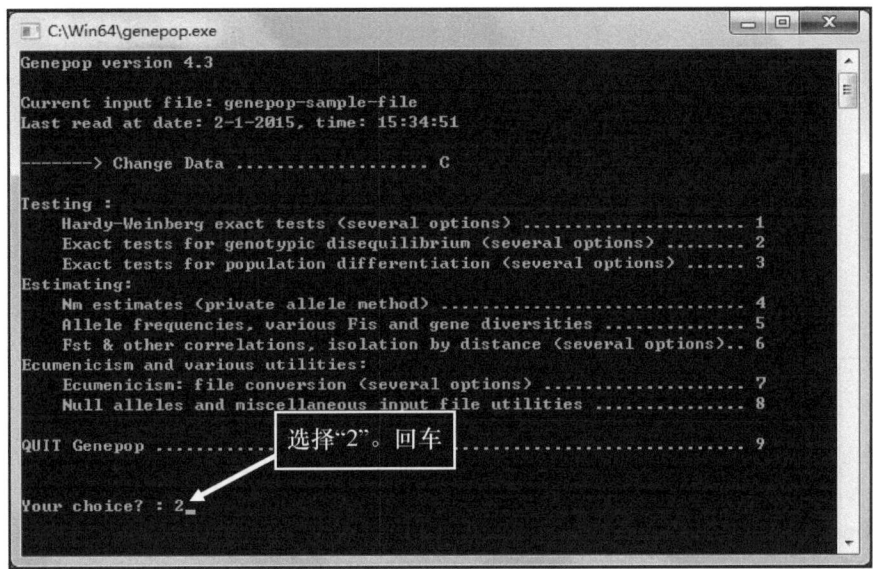

图 4-17　利用 Genepop 软件进行连锁不平衡检测之一

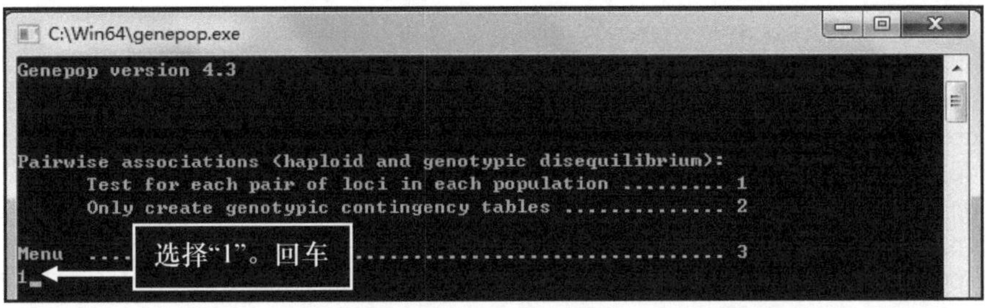

图 4-18　利用 Genepop 软件进行连锁不平衡检测之二

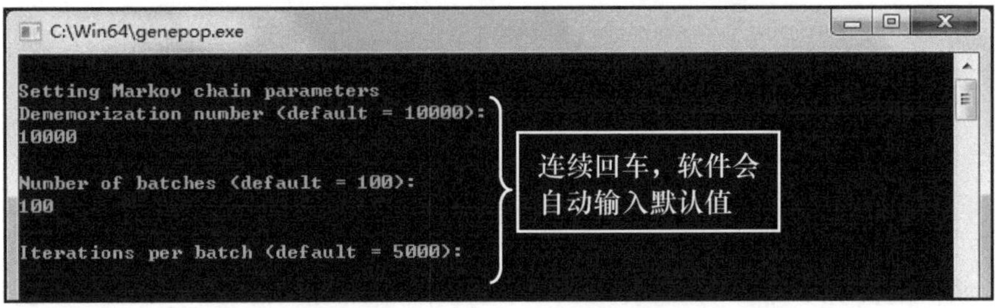

图 4-19　利用 Genepop 软件进行连锁不平衡检测之三

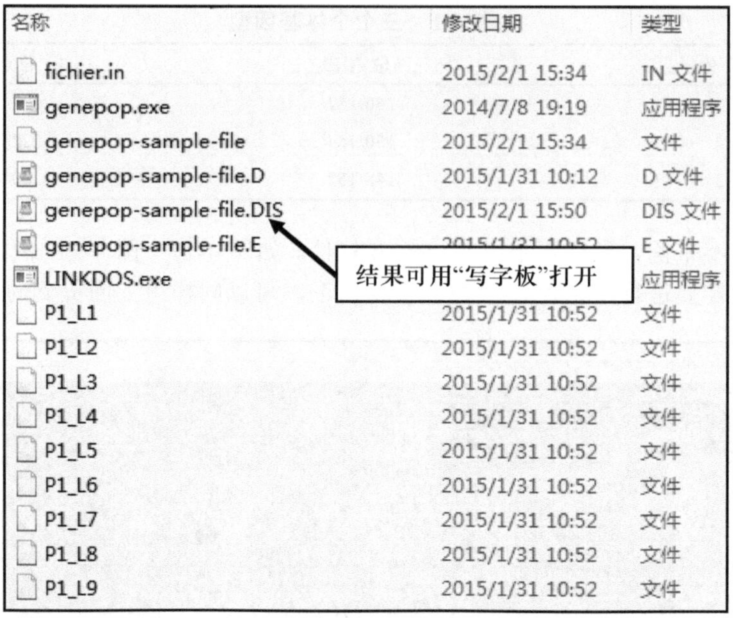

图 4-20　利用 Genepop 计算连锁不平衡的结果文件

两两位点组合

如果P值小于0.05，表明两个位点间可能存在关联

```
Markov chain parameters
      Dememorisat          0000
      Batches              0
      Iterations per ba ch : 5000

Pop          Locus#1  Locus#2   P-Value     S.E.       Switches
----------   -------  -------   --------    --------   --------
Pop1         29       49        0.009014    0.002115   103204
Pop1         29       23        0.000000    0.000000    36663
Pop1         49       23        0.000000    0.000000    14262
Pop1         29       36        0.125402    0.008118    73326
Pop1         49       36        0.019486    0.003965    47535
Pop1         23       36        0.001890    0.000984    23522
Pop1         29       89        0.000000    0.000000    51418
Pop1         49       89        0.000000    0.000000    25010
Pop1         23       89        0.000000    0.000000     7292
Pop1         36       89        0.106904    0.009180    28331
Pop1         29       149       0.000000    0.000000    49647
Pop1         49       149       0.000000    0.000000    23357
Pop1         23       149       0.000000    0.000000     6223
Pop1         36       149       0.276000    0.017639    28785
```

图 4-21　连锁不平衡的计算结果

第三节　等位基因丰富度比较：ADZE 软件

种群遗传变异除了用杂合度衡量外，等位基因丰富度（allelic richness）也是一个重要指标。但不同于杂合度指标，等位基因丰富度受到采样量大小影响很大，采样量大的

种群可能包含的等位基因更多，因此等位基因丰富度也会更大。所以在采样量不一致的情况下，对不同种群等位基因丰富度的比较需要标准化。即把采样量最小种群的个体数（或者更少）作为基准，所有种群都以这个最少的个体数为基准进行等位基因的计算。为此，我们可以使用 ADZE 软件（Szpiech et al., 2008）辅助进行计算，这一软件可从 http://web.stanford.edu/group/rosenberglab/adzeDownload.html 下载。下载后解压缩，再进入"ADZE-1.0"（图 4-22）这个目录，建立一个新的文件夹，然后把"adze-1.0.exe"和作者提供的两个演示文件"paramfile.txt"和"zm-convert.str"拷到这个新文件夹下。这两个演示文件中"paramfile.txt"为参数设置文件，"zm-convert.str"是数据文件。数据文件采用的是比较特殊的格式，即 Structure 软件的数据格式，在第六章中还会说明，在此就不详细讲述如何进行这种格式的转换。

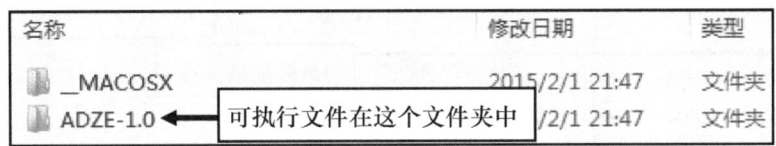

图 4-22　找到用 ADZE 软件进行计算的文件夹

我们可以用"写字板"工具打开"zm-convert.str"文件（图 4-23），这个文件包括了 6 个种群 286 个个体的基因型信息，每个种群分别有 45、68、61、22、66 和 24 个个体。每个个体信息分为两行。

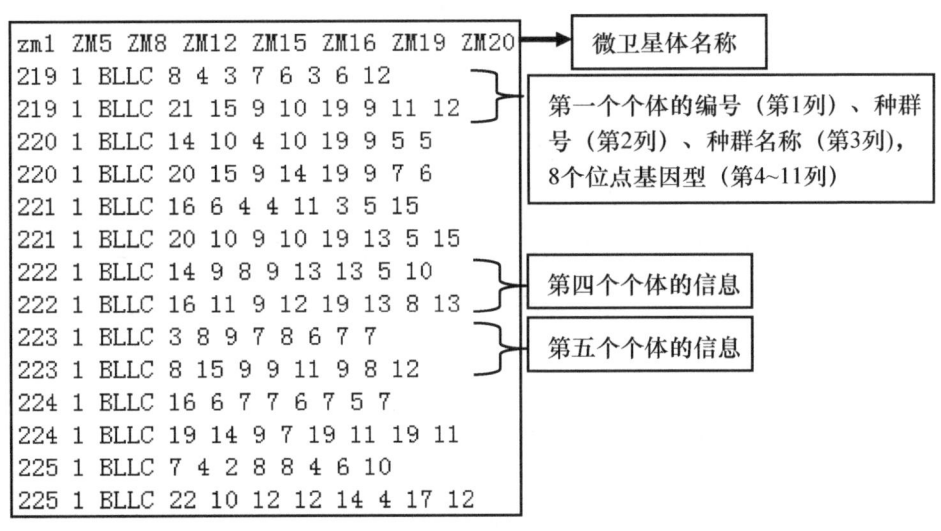

图 4-23　利用 ADZE 软件进行等位基因丰富度分析（数据格式）

ADZE 软件计算有两种结果，一种是等位基因丰富度，另一种是私有（private）等位基因丰富度。私有等位基因是指只在某个种群才出现的等位基因。数据（图 4-23）和参数文件（图 4-24）准备好后，就可以进行运算了。双击"adze-1.0.exe"就开始运算了，结果分别保存在指定的文件中，并可以用"平均值"那列进行所有种群的作图（图 4-25）。

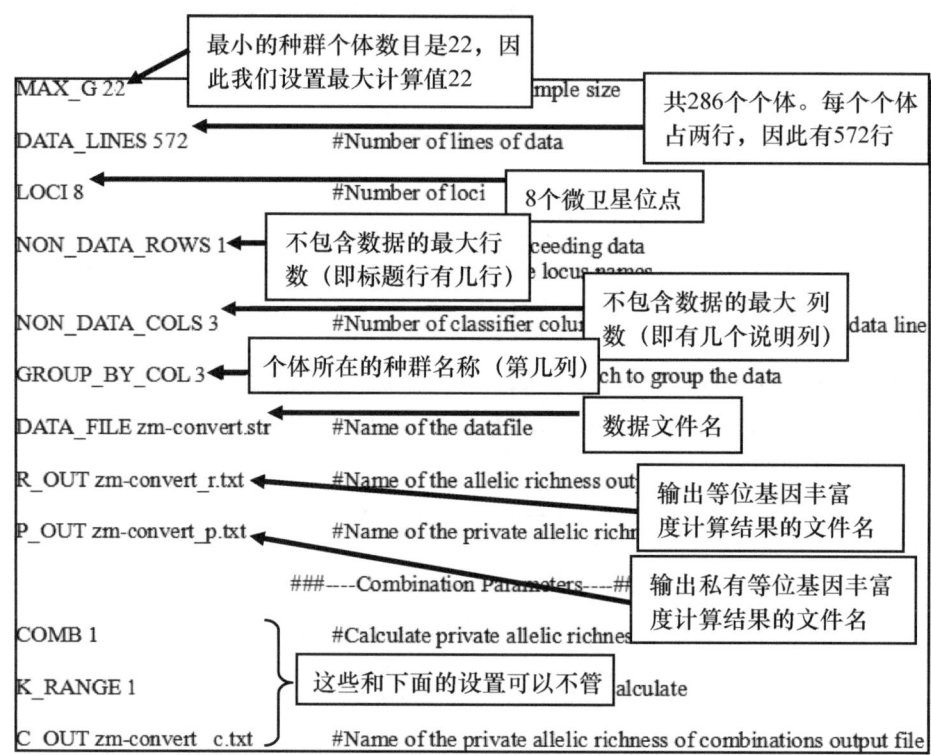

图 4-24 利用 ADZE 软件进行等位基因丰富度分析（参数设置）

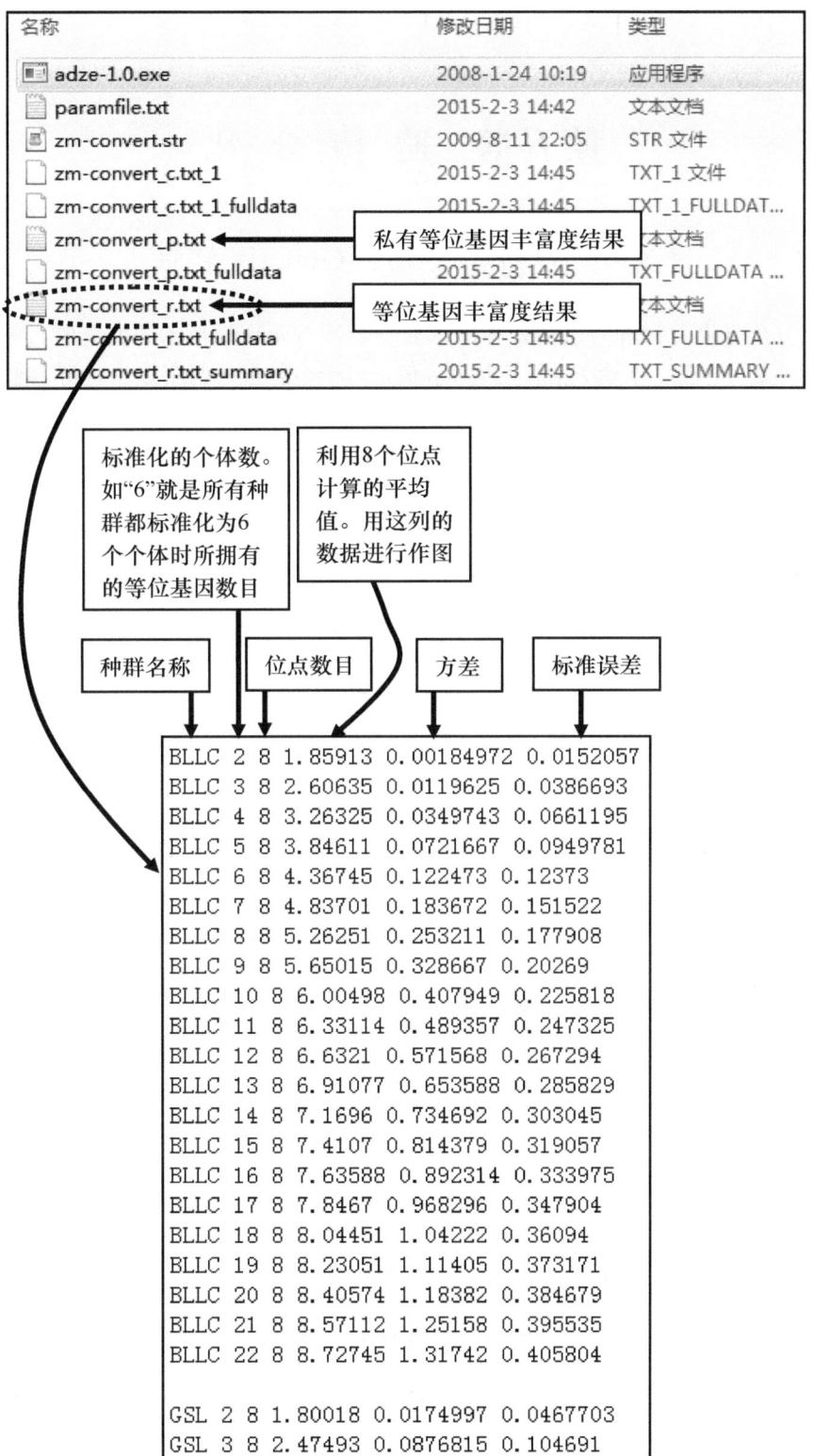

图 4-25 利用 ADZE 软件进行等位基因丰富度分析（计算结果）

第五章 遗 传 分 化

第一节 F_{ST} 分析：Genetix 软件

遗传分化是衡量种群间遗传差异的重要参数。有两种最基本的度量值，一种是 F_{ST} 值，另一种是 Φ_{ST} 值。不论 F_{ST} 值还是 Φ_{ST} 值，对于多种群（两个以上种群）来说，它们都可分为总值和两两之间的值。总值是把所有种群总体计算得出的一个总体衡量值，而两两之间的遗传分化值就是每一对种群间计算的值。

首先介绍如何进行 F_{ST} 值的计算。在此介绍使用 Genetix 软件（Belkhir et al., 1996-2004），它可以从 http://kimura.univ-montp2.fr/genetix/constr.htm#download 下载（这个软件界面是法文的）（图5-1）。

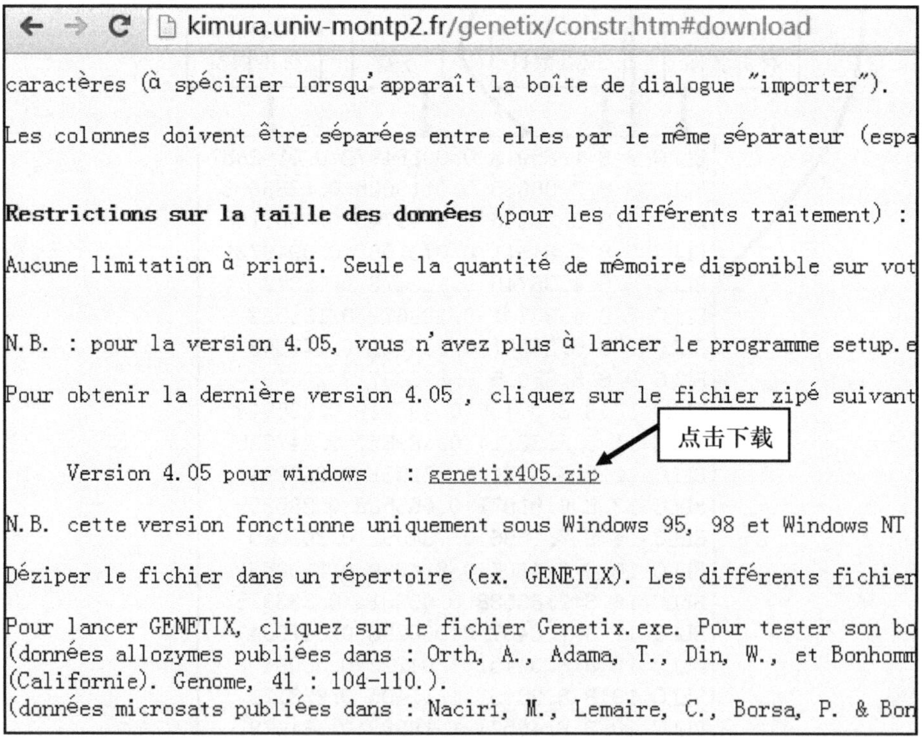

图 5-1 下载 Genetix 软件

下载后解压缩，双击"Genetix.exe"就可使用。Genetix 软件也有自己的数据输入格式，但也可以使用其他软件的格式。可以先用 GenAlEx 软件中的"Export Data"功能把我们的数据转换为"GenePop"格式，然后使用 Genetix 软件中的"Importer"功能把数据读入(图 5-2,图 5-3)。在此用作者转换好的一个数据"1.gtx"进行演示。这个文件包含了三个种群。首先,我们计算总的遗传分化值。打开文件,然后按图 5-4 和图 5-5 操作。计算完成后软件提示"TRAITEMENT FINI!"说明运算结束,点击"确定"就可以,

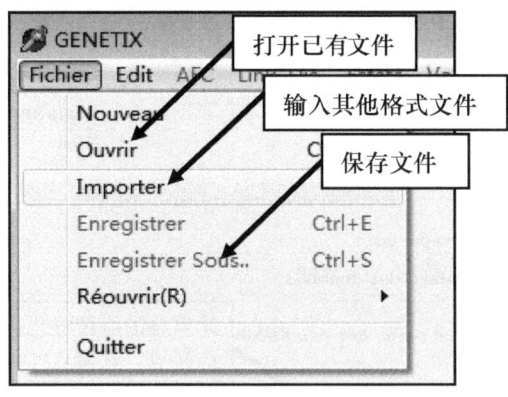

图 5-2　Genetix 软件数据输入、保存

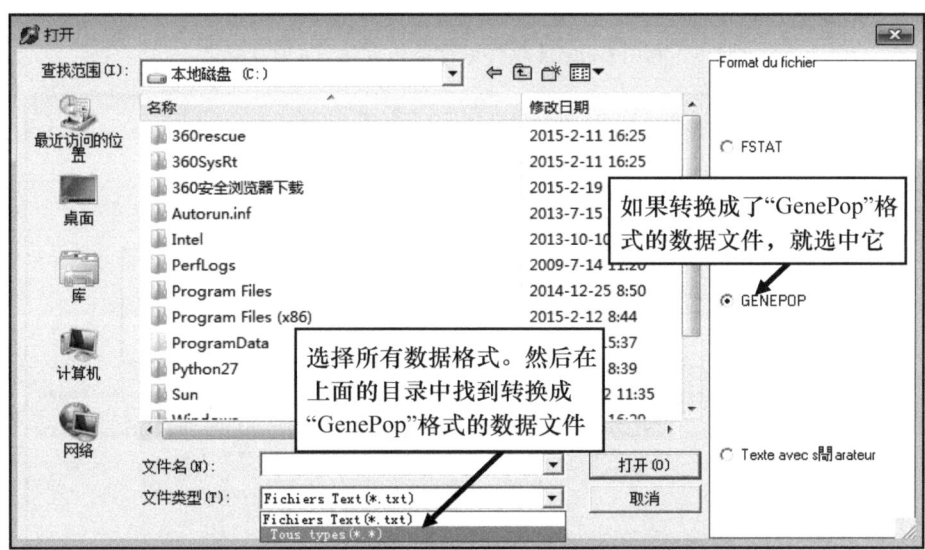

图 5-3　利用 Genetix 软件输入不同格式的文件

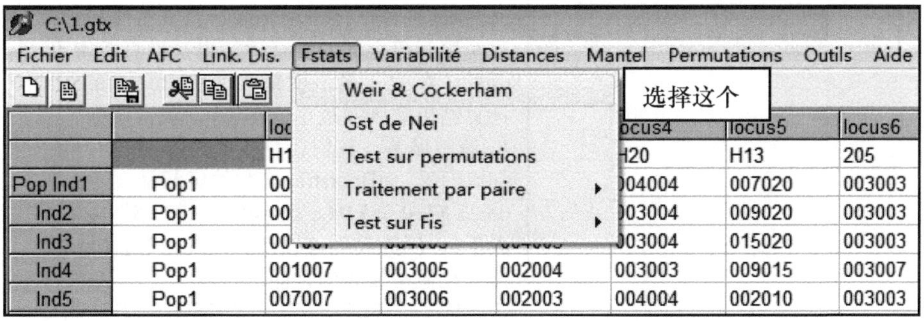

图 5-4　利用 Genetix 软件进行遗传分化 F_{ST} 值计算之一

然后软件自动打开运算的结果（如没有打开，结果文件"1.res"可用"记事本"工具打开），结果文件会自动保存在和数据文件同一文件夹下。例如，作者的数据文件是放在C盘的根目录下（即"C：\"），运算的结果也被放在了这个目录下。结果分析请见图5-6。

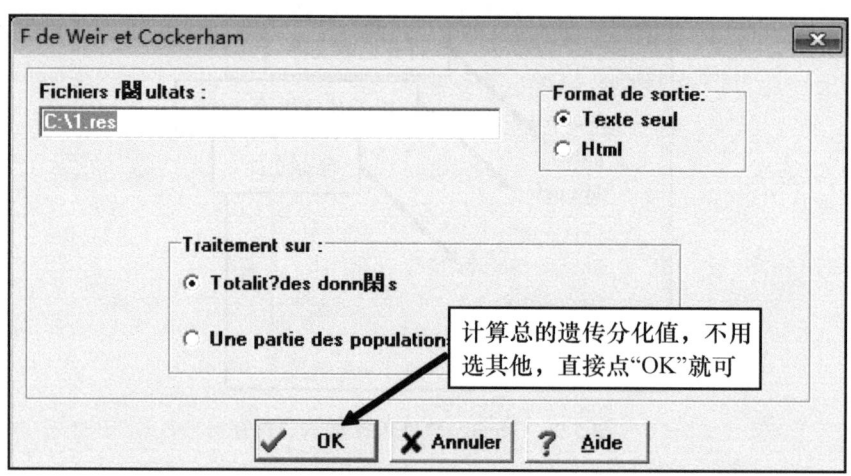

图 5-5　利用 Genetix 软件进行遗传分化 F_{ST} 值计算之二

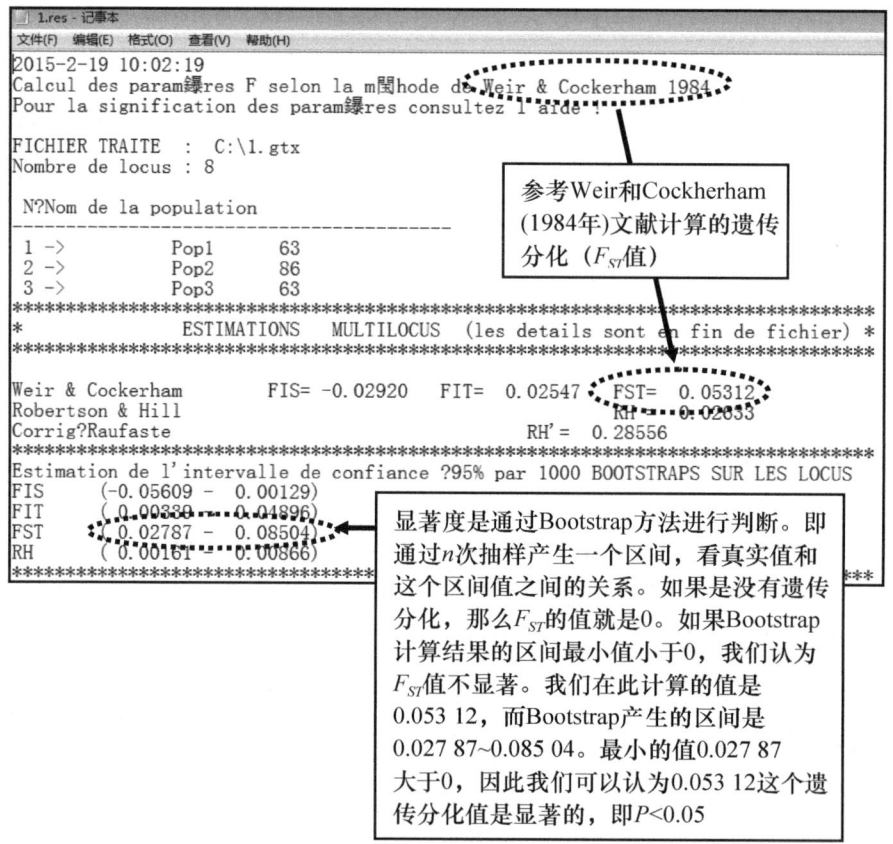

图 5-6　利用 Genetix 软件计算的种群间遗传分化 F_{ST} 值结果

算完总的遗传分化值后，我们可以计算两两种群间的遗传分化（图 5-7，图 5-8）。由于刚才计算了总的遗传分化的值，文件被保存在了"1.res"文件中，现在又计算两两遗传分化的值，也要被保存在这个文件中，那么以前被保存的内容有可能被删除，因此软件提示"1.res"这个文件中以前的内容将被删除（图 5-9）。在此选"Oui"，表示删除以前的结果，因为前面计算的结果我们已经看过，不用了。读者也可以把以前的结果转移保存到其他文件夹下。

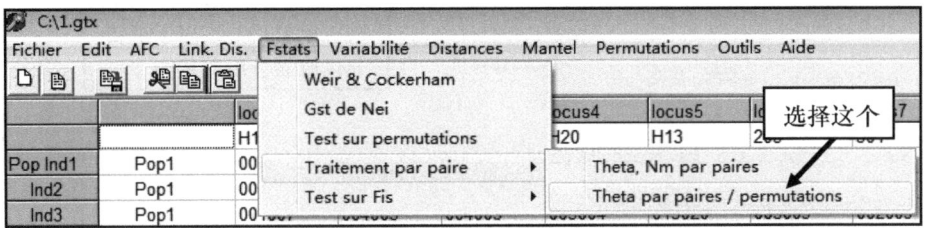

图 5-7 利用 Genetix 软件进行两两种群间遗传分化 F_{ST} 值计算之一

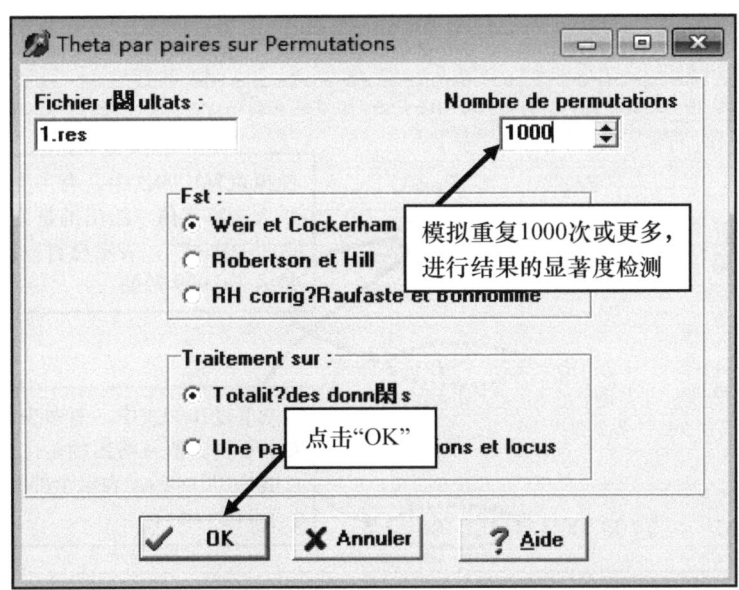

图 5-8 利用 Genetix 软件进行两两种群间遗传分化 F_{ST} 值计算之二

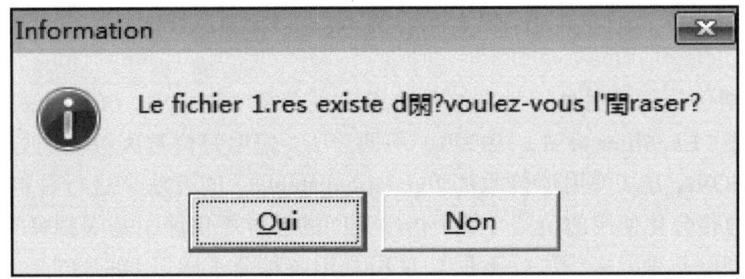

图 5-9 因为用同一文件名保存数据，Genetix 软件询问是否保留原有结果

两两结果计算后，如对于种群1和种群3，遗传分化F_{ST}值为0.029 75，1000次模拟结果表明这个值非常显著（$P<0.01$），因为没有一次模拟结果大于它（0.00%）（图5-10）。如果两两种群的"% val >"这个结果是0.02，表示1000次模拟结果中只有0.02%的结果是大于0.029 75的，那么P值是0.02，小于0.05，也是显著的。

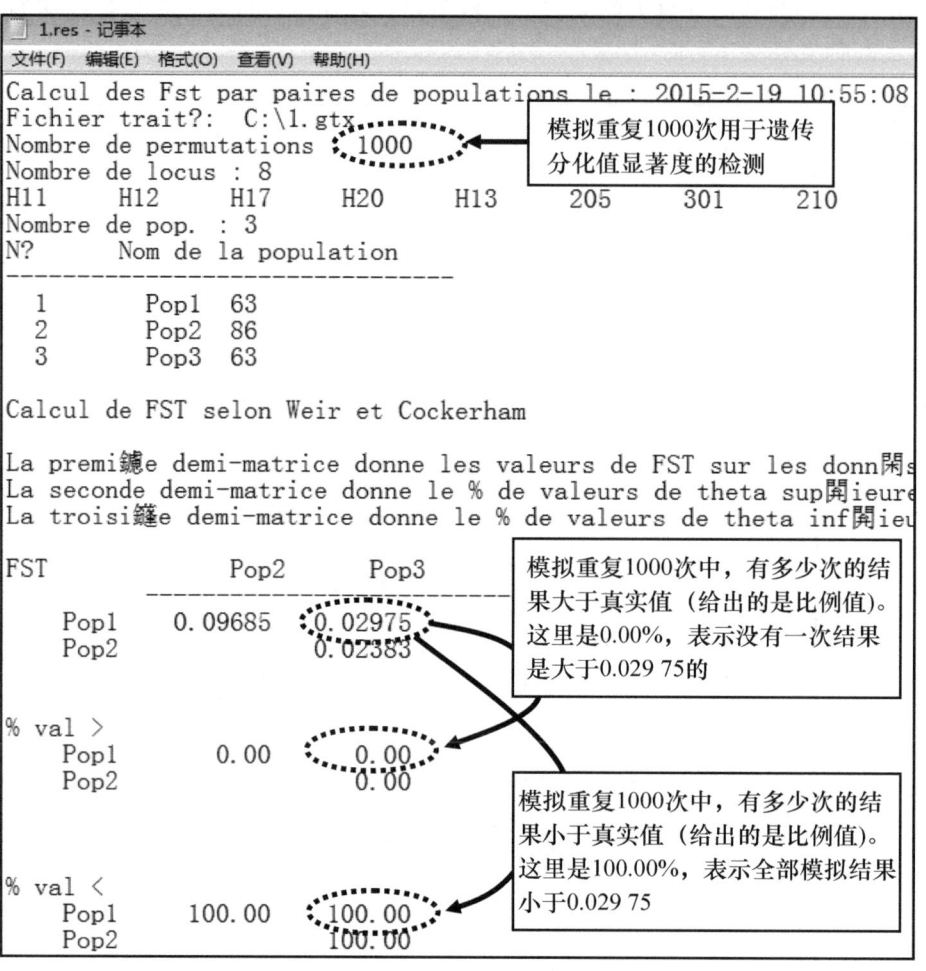

图5-10 利用Genetix软件计算的两两种群间遗传分化F_{ST}值结果

第二节　AMOVA分析：GenAlEx软件

衡量种群遗传分化的另外一种方法是分子方差分析（analysis of molecular variance，AMOVA）方法（Excoffier et al.，1992）。不同于F_{ST}使用等位基因频率的方法计算种群间遗传分化，AMOVA方法使用遗传距离（genetic distance）的方法来进行种群间遗传分化的衡量，扩展了遗传分化使用的范围（如个体序列间的差异不仅能用基因频率的方法衡量，还可以用两者之间碱基差异多少进行衡量），使得利用各种分子标记（如RFLP、RAPD、AFLP、DNA序列等）都可以进行遗传分化分析。为区别于F_{ST}值，AMOVA用Φ_{ST}值来代表。

我们可以使用前面介绍的GenAlEx软件进行AMOVA分析，操作方便。在此用"1.xls"

文件进行演示。这个文件和"1.gtx"文件中的个体基因型相同，所计算的AMOVA结果可以和F_{ST}进行比较。首先我们看下这个文件（图5-11），和前面介绍的不同，这个文件把不同种群进行了区域划分。

在进行AMOVA分析前，我们先要进行个体间遗传距离的计算（图5-12），之后按

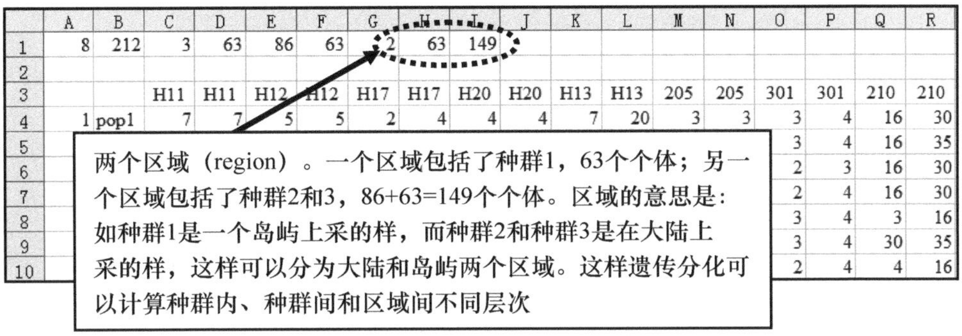

两个区域（region）。一个区域包括了种群1，63个个体；另一个区域包括了种群2和3，86+63=149个个体。区域的意思是：如种群1是一个岛屿上采的样，而种群2和种群3是在大陆上采的样，这样可以分为大陆和岛屿两个区域。这样遗传分化可以计算种群内、种群间和区域间不同层次

图 5-11 "1.xls"文件中的数据

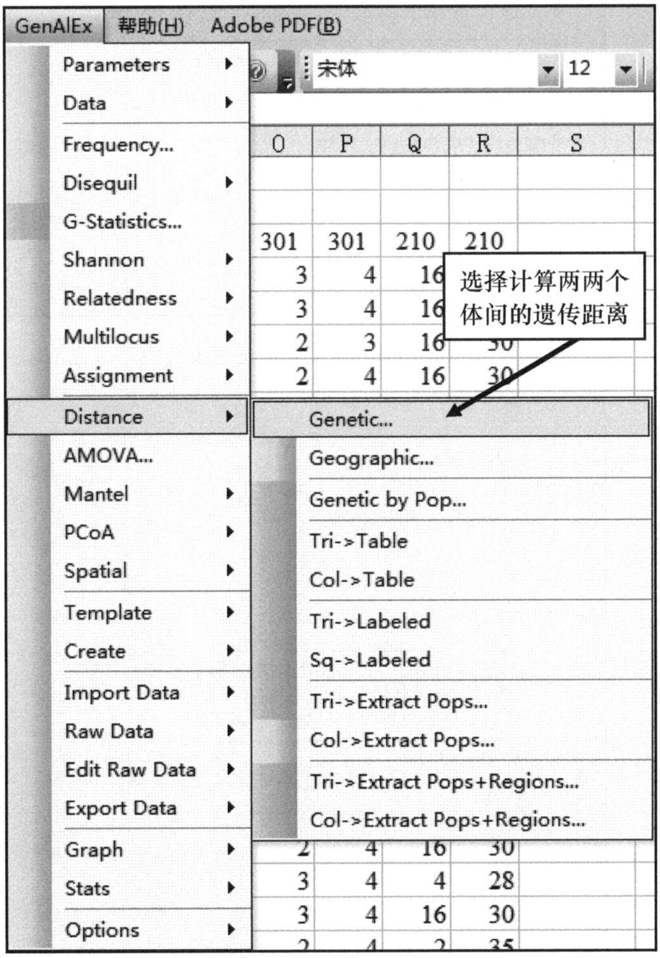

图 5-12 利用 GenAlEx 软件进行 Φ_{ST} 值计算之一（计算两两个体间的遗传距离）

照图 5-13～图 5-17 进行操作。值得说明的是，我们这里是用 GenAlEx 软件计算两两个体间的遗传距离，但也可以用其他方法算得的遗传距离进行 AMOVA 计算。另外就是 AMOVA 计算可以用 Arlequin 软件进行计算，但其操作较复杂些，不如 GenAlEx 软件操作方便。Arlequin 软件可从 http://cmpg.unibe.ch/software/arlequin35/下载。

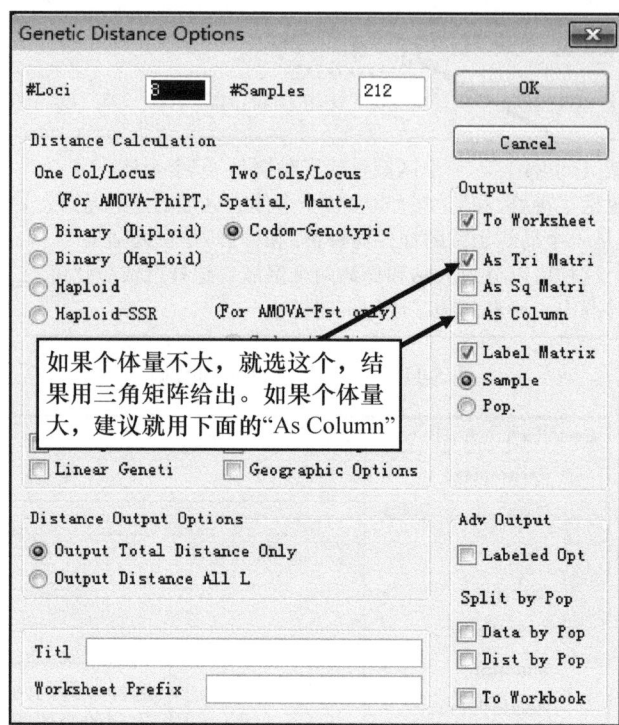

图 5-13　利用 GenAlEx 软件进行 Φ_{ST} 值计算之二

图 5-14　利用 GenAlEx 软件进行 Φ_{ST} 值计算之三

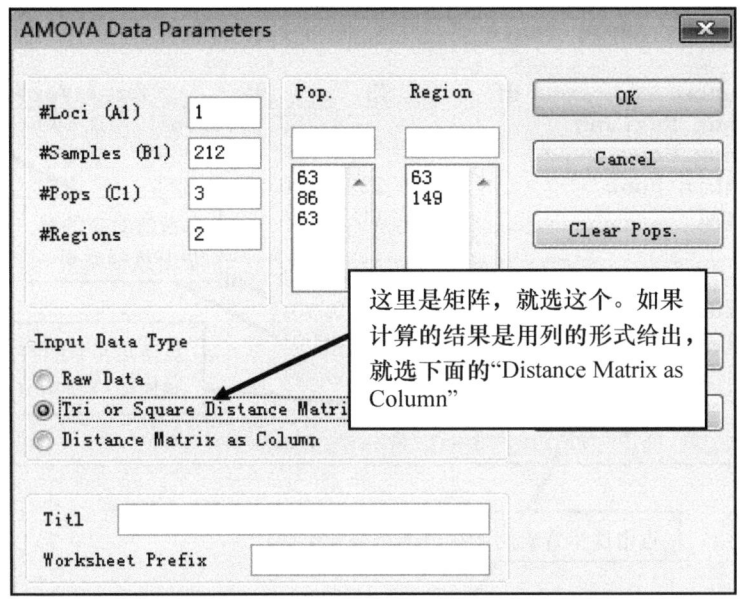

图 5-15 利用 GenAlEx 软件进行 Φ_{ST} 值计算之四

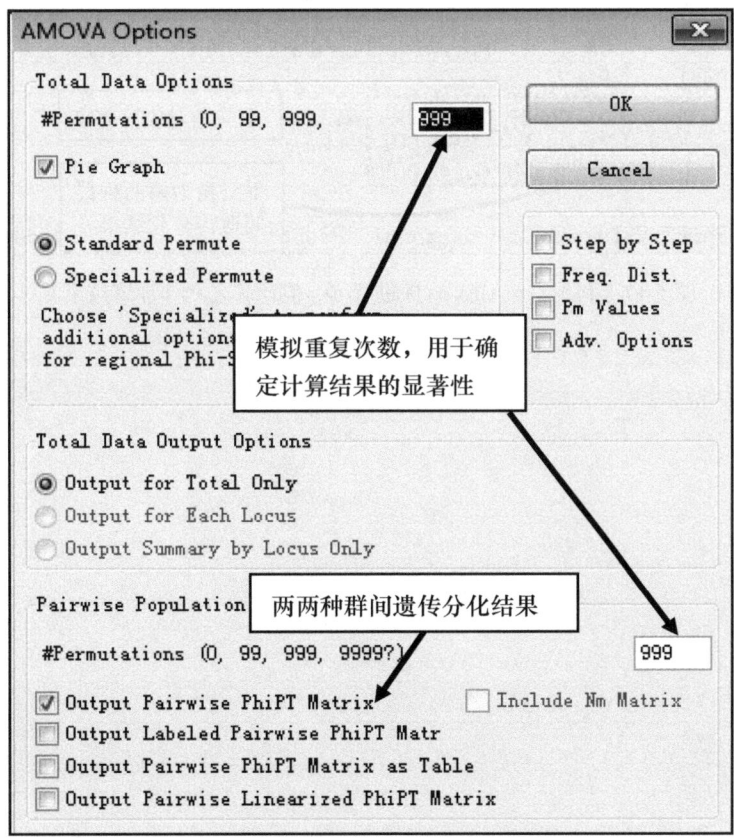

图 5-16 利用 GenAlEx 软件进行 Φ_{ST} 值计算之五

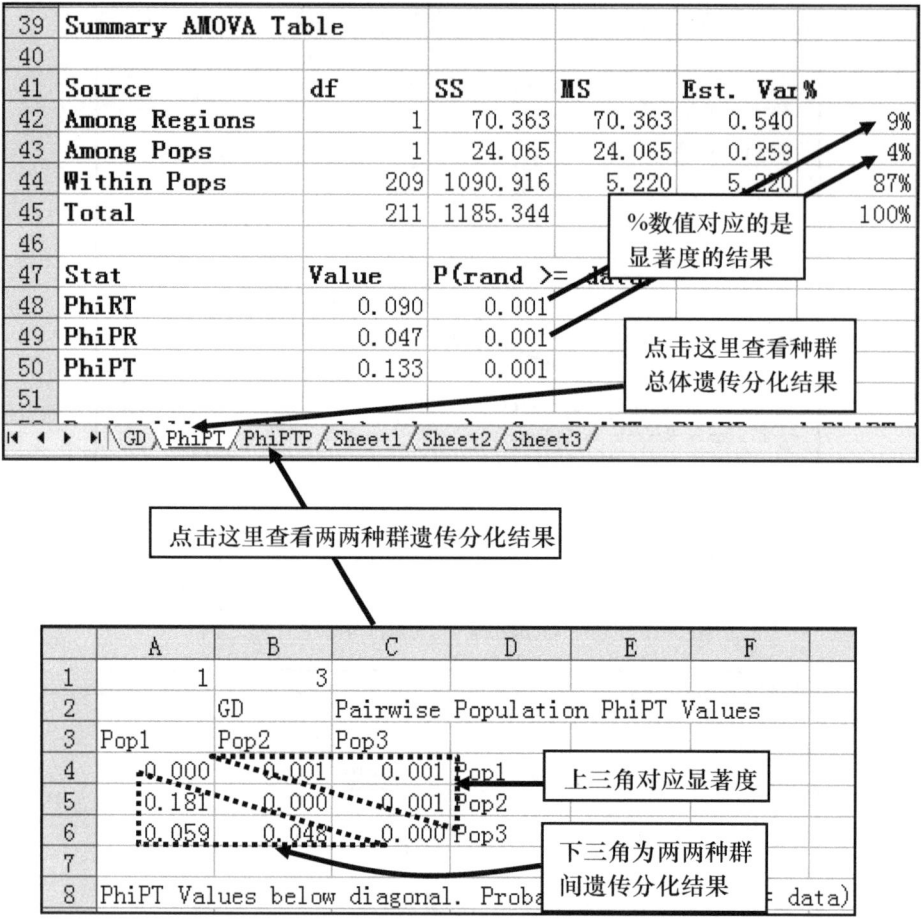

图 5-17　利用 GenAlEx 软件进行 Φ_{ST} 值计算之六（计算结果）

第六章 分组分析

第一节 Structure 软件分析及 CONVERT、Structure Harvester、CLUMPP 软件

Structure 软件（Pritchard et al.，2000）是目前用得较多的个体间分组软件。我们可以从 http：//pritchardlab.stanford.edu/structure.html 这一网址下载后安装。软件安装完成后无需其他更多设置。

这个软件有自己较特殊的数据输入格式，作者个人建议用 CONVERT（Glaubitz，2004）软件把我们的数据转换成 Structure 软件格式后使用。因此先介绍下 CONVERT 软件。CONVERT 软件可以从 http：//www.agriculture.purdue.edu/fnr/html/faculty/Rhodes/Students%20and%20Staff/glaubitz/software.htm 下载。下载后是个压缩文件，解压缩找到随软件附的例子文件"Example_data_file.txt"。作者建议用 Excel 打开这个例子文件，按照它的格式把自己的数据输入，然后在 Excel 中另存为"文本文件（制表符分隔）(*.txt)"格式文件，如图 6-1。

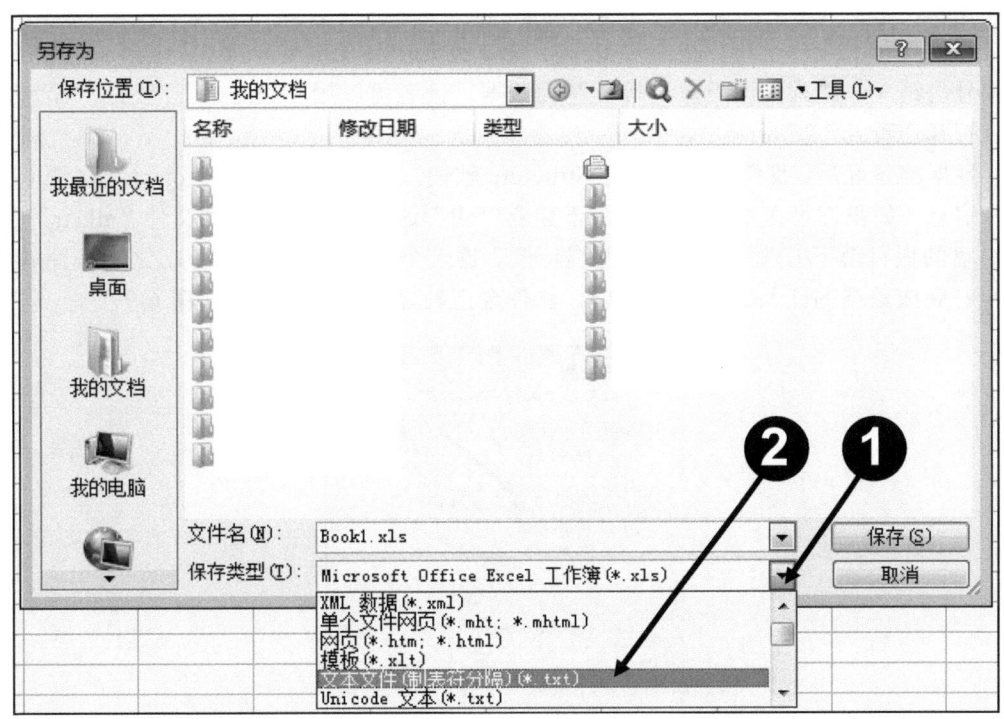

图 6-1 保存 CONVERT 数据文件（按照 1、2 的次序操作）

打开 CONVERT，加载数据，见图 6-2。选择"CONVERT input data file format"。然后按照提示转换成 Structrue 软件的格式就可以。CONVERT 软件的使用后面 TESS 软件分析中还会提到。

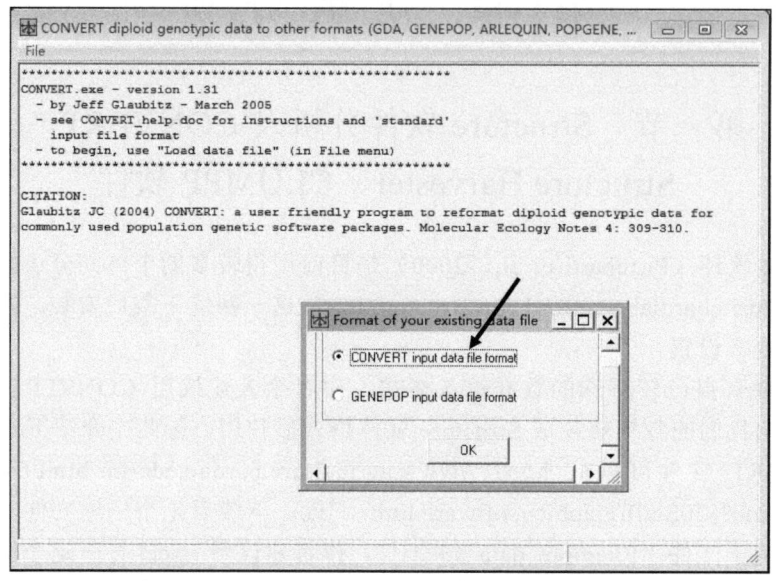

图 6-2　利用 CONVERT 软件进行数据格式转换

在此，附上作者转换好的一个文件"all.str"用作例子。这个文件中包含了 10 个微卫星体位点和 133 个个体。文件共 12 列，第 1 列是个体的编号，第 2 列是个体所在种群的编号，第 3~12 列是微卫星体等位基因数据。读者可以用 Windows 自带的"写字板"工具打开查看。

数据准备好后，我们就可以打开 Structure 软件，点击建立"New Project…"（图 6-3）。输入信息（如我们可在 C 盘的根目录下建立"all"这个文件夹，而把文件"all.str"也放在 C 盘的根目录下），如图 6-4。点击"Next"，输入个体等信息（图 6-5），之后按图 6-6~图 6-8 完成数据的读入。如输入正确，软件会正确显示读入的数据（图 6-9）。

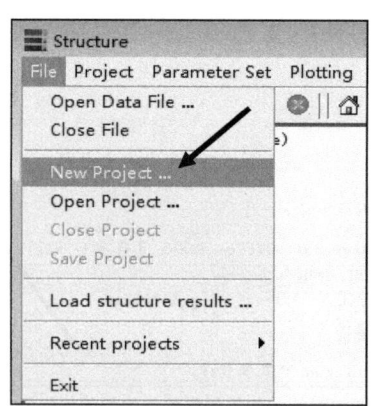

图 6-3　利用 Structure 软件进行分组分析（建立新分析项目之一）

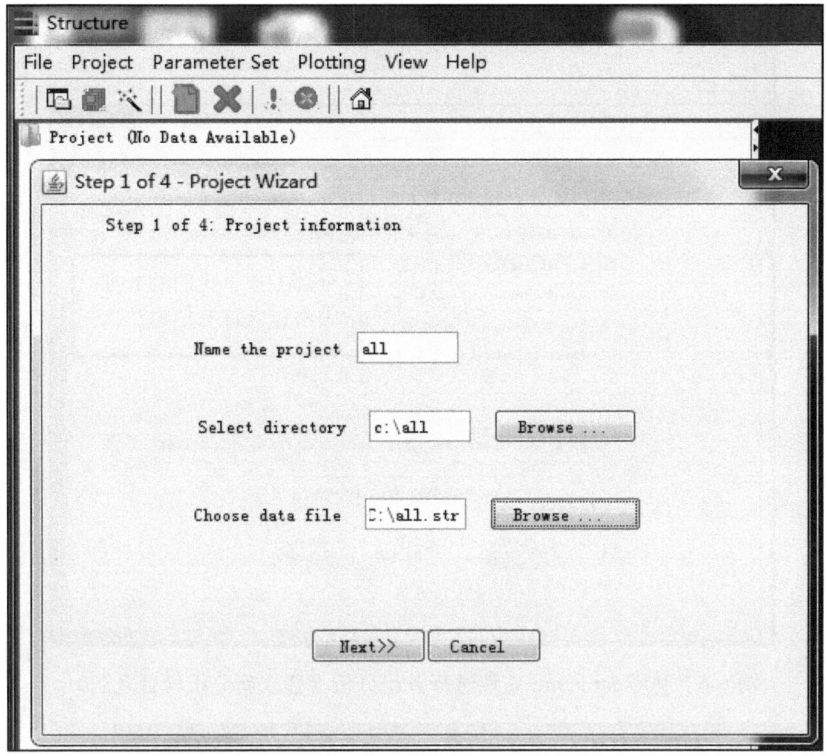

图 6-4 利用 Structure 软件进行分组分析（建立新分析项目之二）

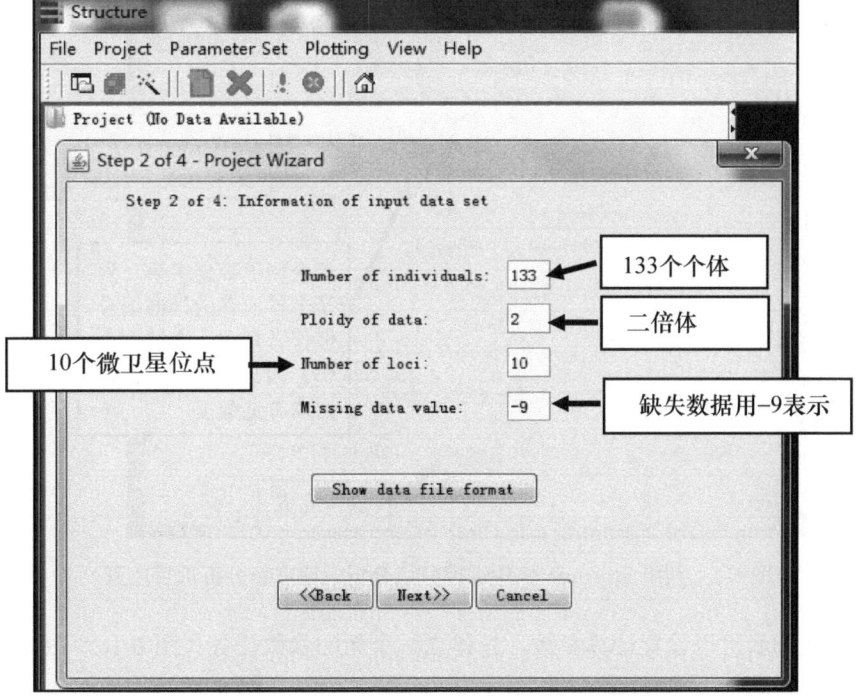

图 6-5 利用 Structure 软件进行分组分析（建立新分析项目之三）

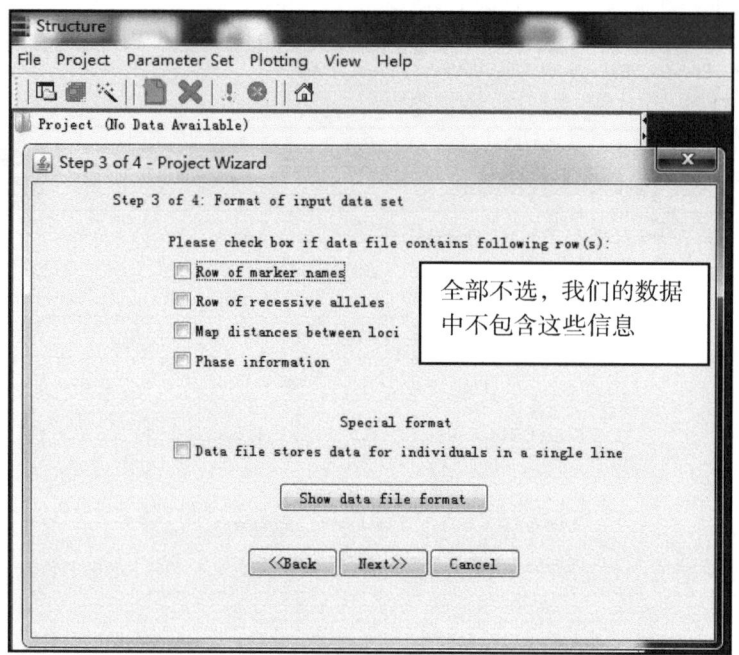

图 6-6　利用 Structure 软件进行分组分析（建立新分析项目之四）

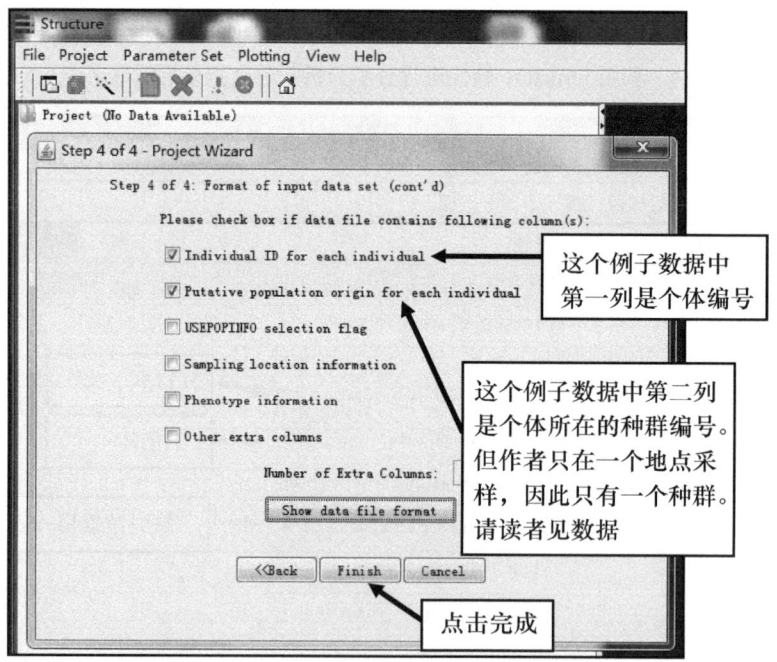

图 6-7　利用 Structure 软件进行分组分析（建立新分析项目之五）

之后，我们就可以设置计算参数，先建立一个新的参数任务（图 6-10，图 6-11）。然后点击菜单的"Project"下的"Start a job"开始任务（图 6-12）。在图 6-13 中"Number of Iterations"输入的是 20 次。但为了演示，作者实际操作没有重复 20 次计算，而是每个分组只计算了一次（图 6-14）。计算过程中如果需要终止，可以选择“Kill Running Job”（图 6-15）。

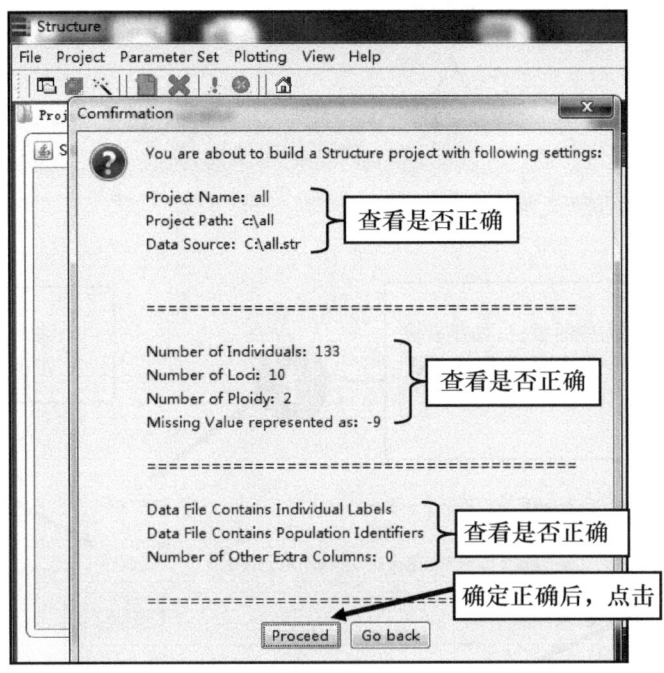

图 6-8　利用 Structure 软件进行分组分析（建立新分析项目之六）

Project Data

Label	Pop ID	Locus 1	Locus 2	Locus 3	Locus 4	Locus 5	Locus 6	Locus 7	Locus 8	Locus 9	Locus 10
D1-1	1	1	3	1	2	2	1	3	2	5	5
D1-1	1	1	3	1	4	2	1	3	2	5	6
D1-2	1	1	3	1	3	3	2	2	2	4	5
D1-2	1	1	3	1	3	3	2	2	2	4	5
D1-3	1	1	3	1	2	2	1	2	2	4	4
D1-3	1	1	3	1	4	2	2	3	2	4	4
D1-4	1	1	3	1	3	3	2	2	2	4	4
D1-4	1	1	3	1	4	3	2	2	2	4	4

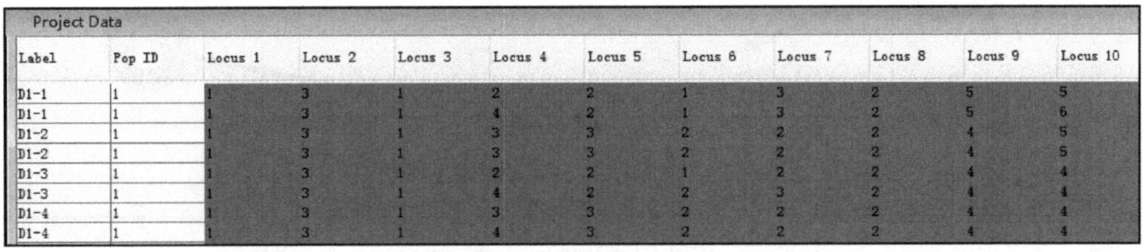

图 6-9　利用 Structure 软件进行分组分析，新分析项目建立成功后显示数据

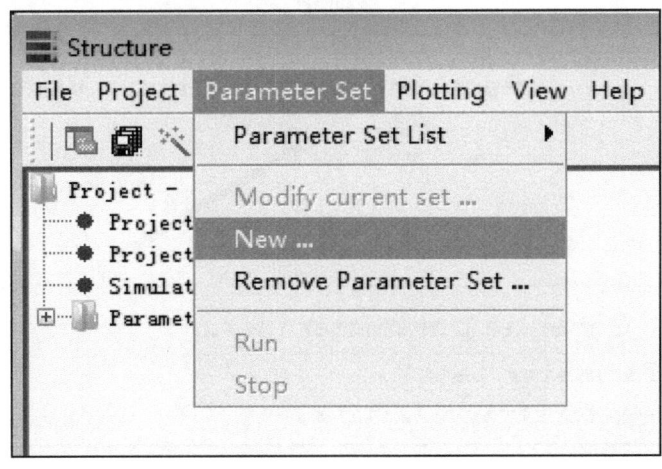

图 6-10　利用 Structure 软件进行分组分析（设置计算参数之一）

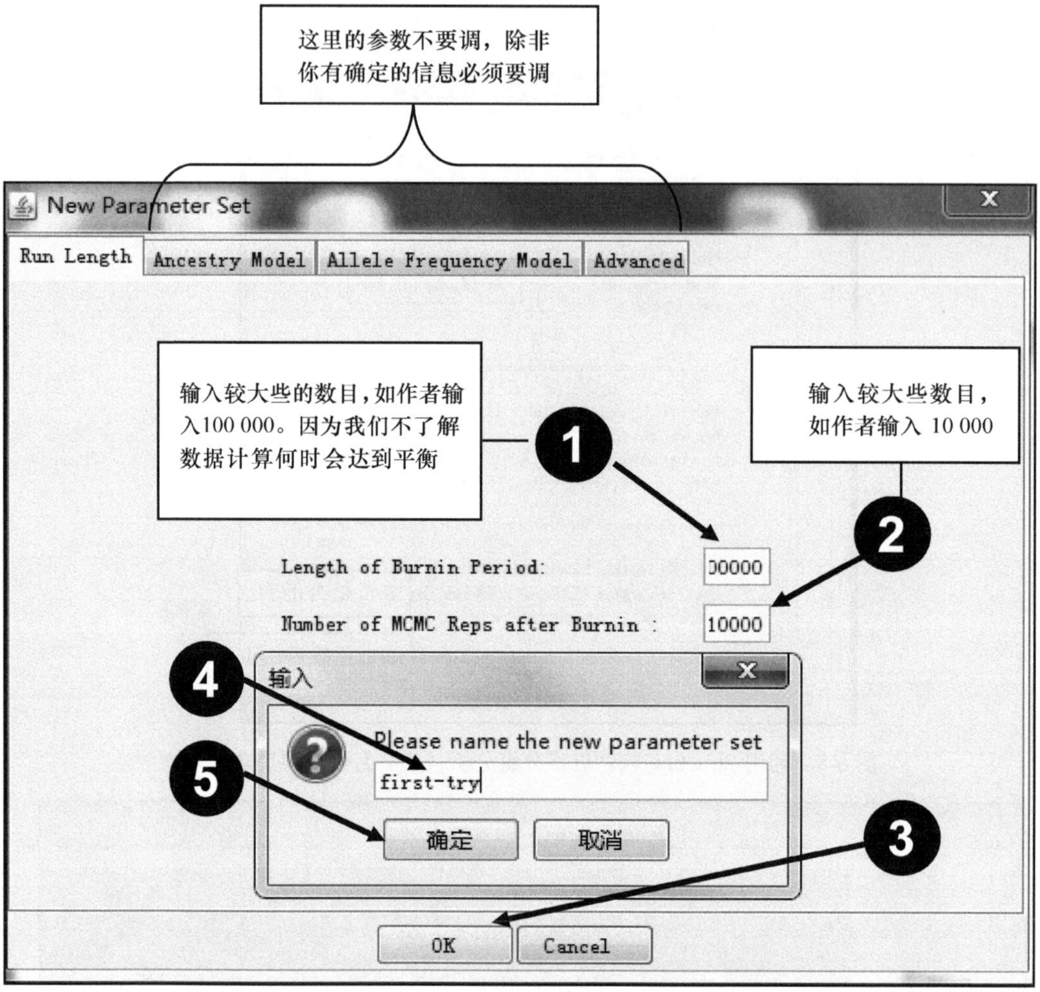

图 6-11　利用 Structure 软件进行分组分析（设置计算参数之二）（按照 1～5 的次序操作）

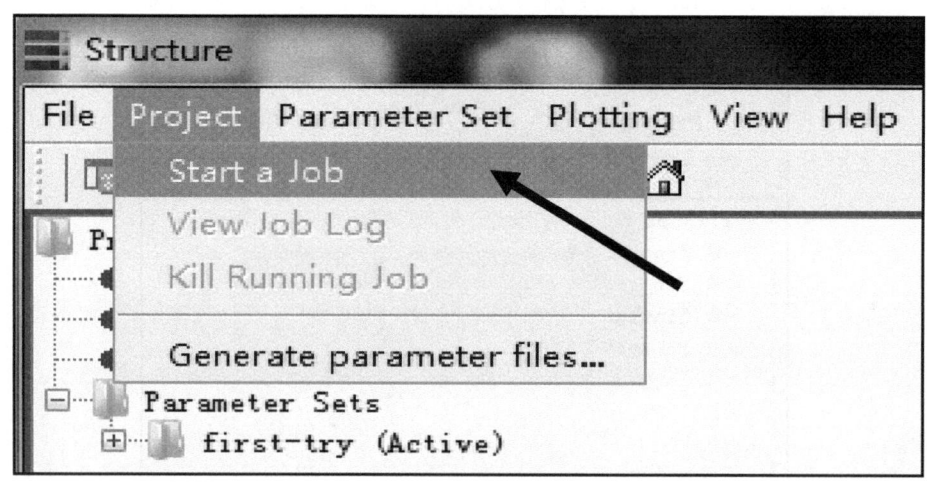

图 6-12　利用 Structure 软件进行分组分析（准备计算之一）

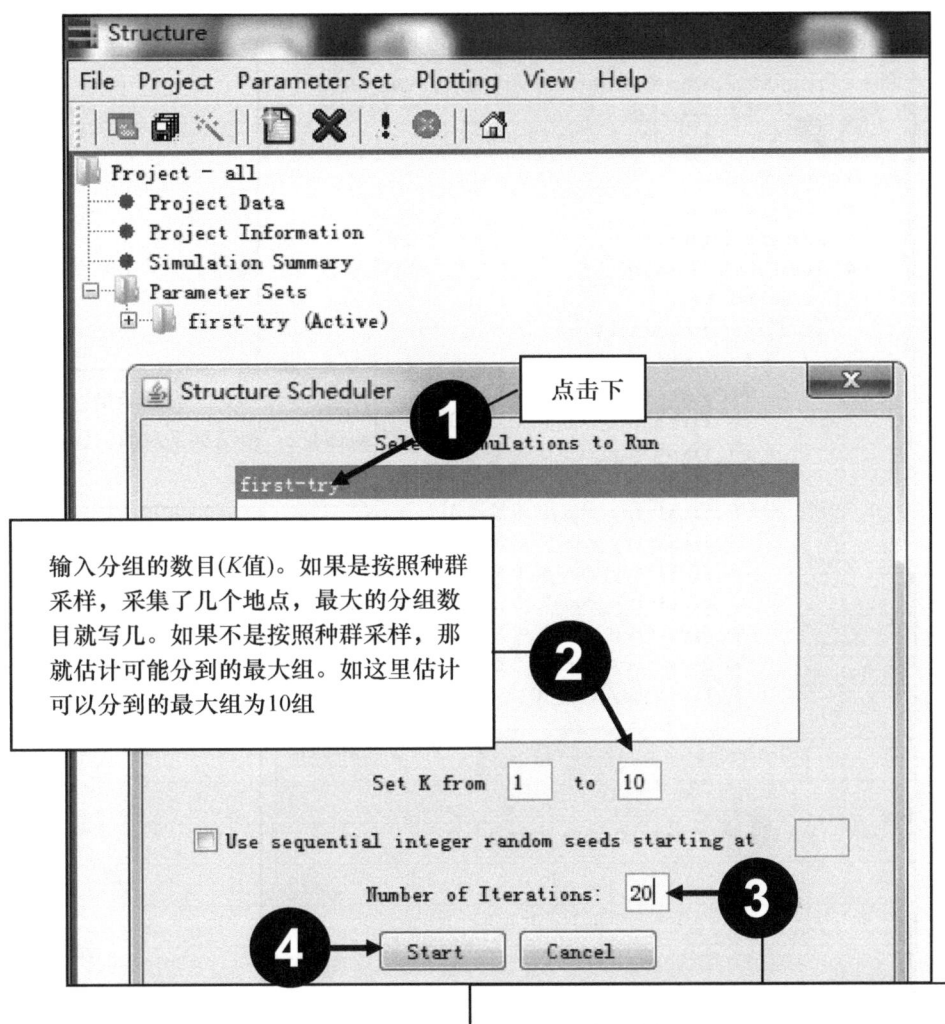

图 6-13　利用 Structure 软件进行分组分析（准备计算之二）（按照 1～4 的次序操作）

那么如何知道设置的参数合适呢？我们可以选择一个结果，如我们选择 $K=9$（分成 9 个组的意思），看下 Alpha 和 Likelihood 值（图 6-16），如果这两个值到后来都达到稳定了（图 6-17，图 6-18），就说明参数设置较合适了，计算的结果可以用。

事实上，对于这个例子的数据，Burnin 和 MCMC 参数各设置很小就能达到平衡点，如我们把这两个参数分别设置为 1000（图 6-19）。运算结束后，我们选 $K=7$ 看下结果，可以看出 Alpha 值很快就可以达到平衡（图 6-20），Likelihood 值也是很稳定（图 6-21）。因此，对于这个例子，我们的 Burnin 和 MCMC 参数设小点就可以得到令人满意的结果，这样运算速度也会加快很多。

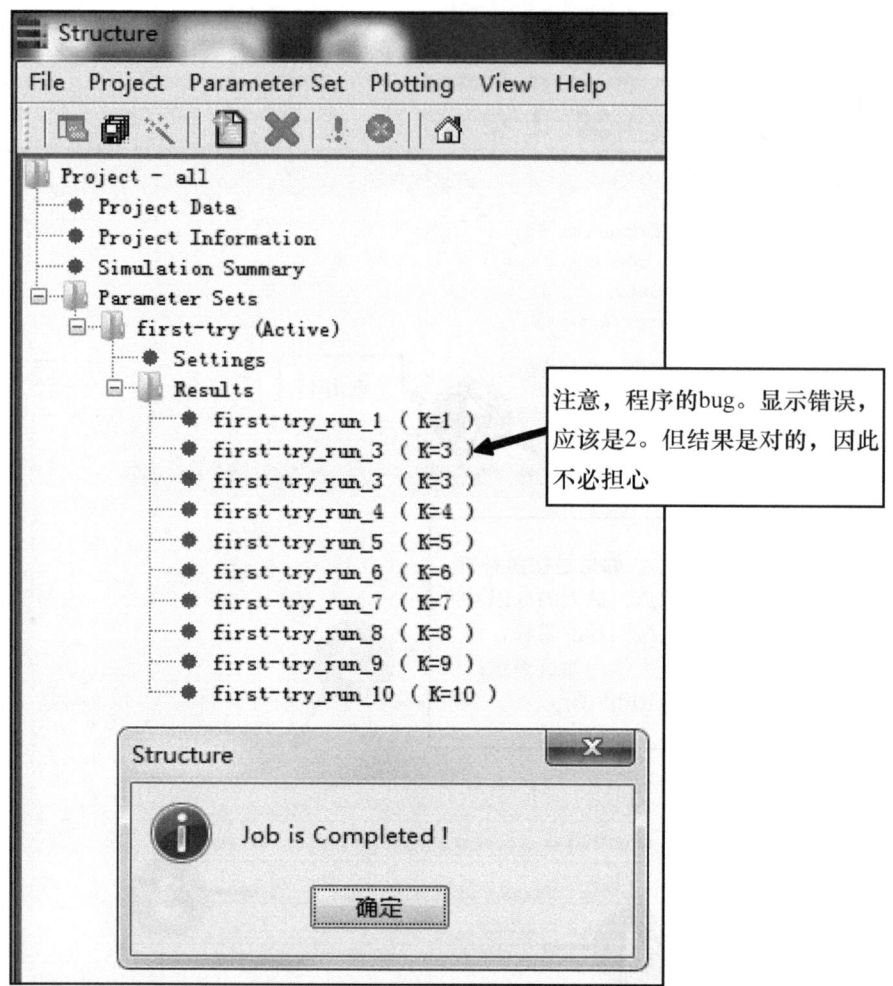

图 6-14　利用 Structure 软件进行分组分析（计算并完成）

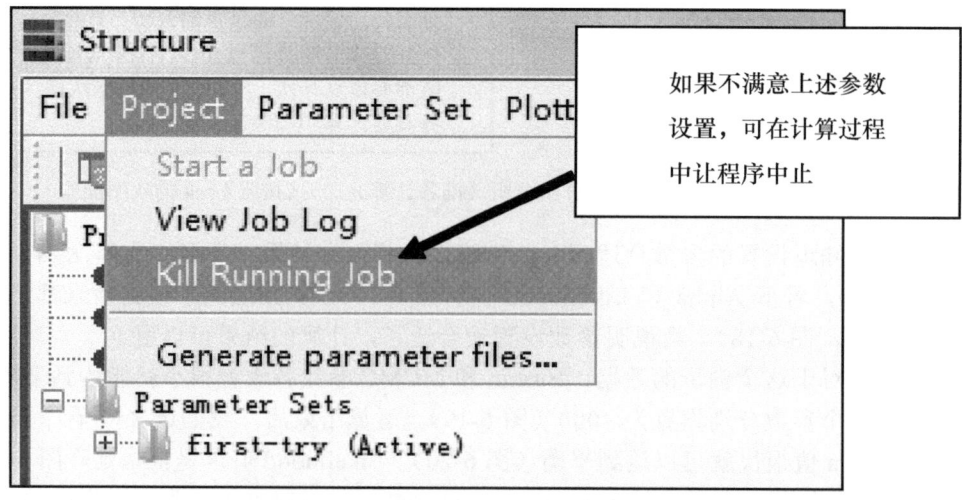

图 6-15　利用 Structure 软件进行分组分析（调试程序）

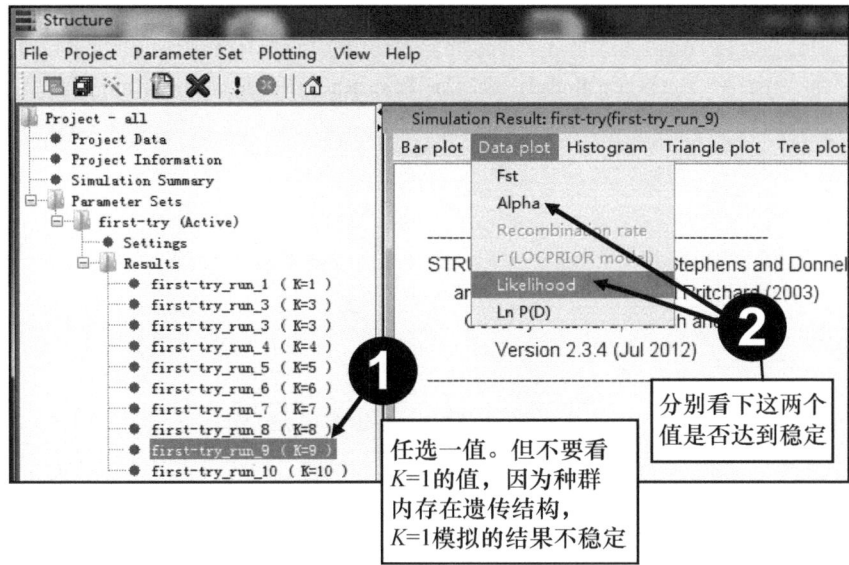

图 6-16 利用 Structure 软件进行分组分析（分析结果之一）（按照 1、2 的次序操作）

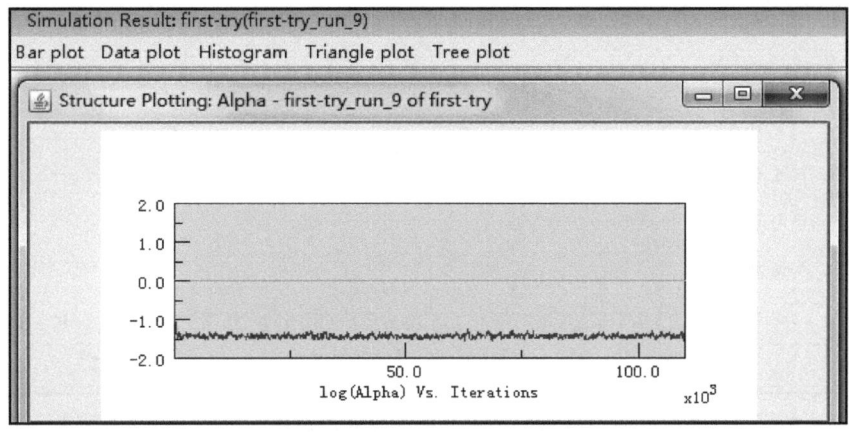

图 6-17 利用 Structure 软件进行分组分析（分析结果之二）

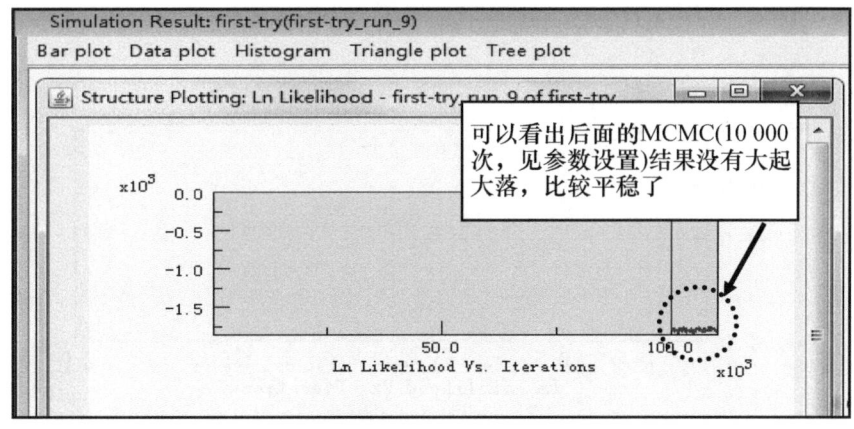

图 6-18 利用 Structure 软件进行分组分析（分析结果之三）

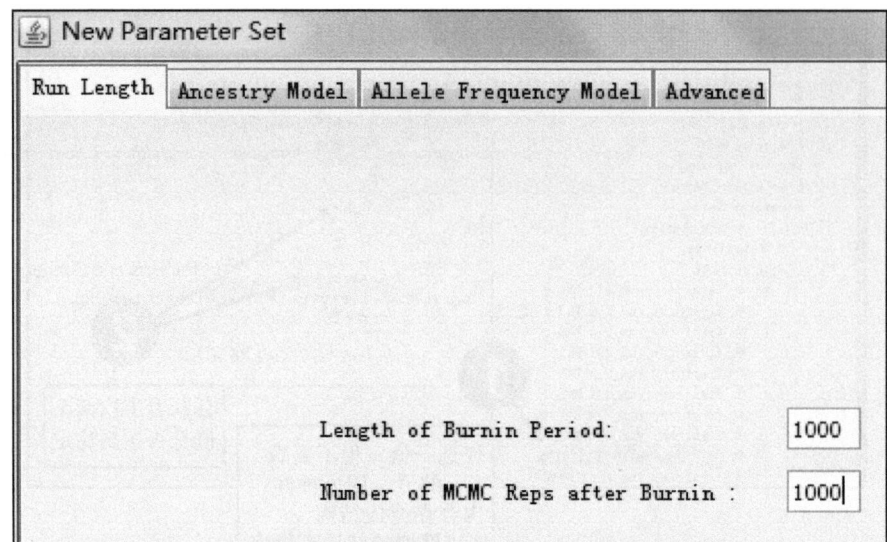

图 6-19　利用 Structure 软件进行分组分析（改变参数进行调试）

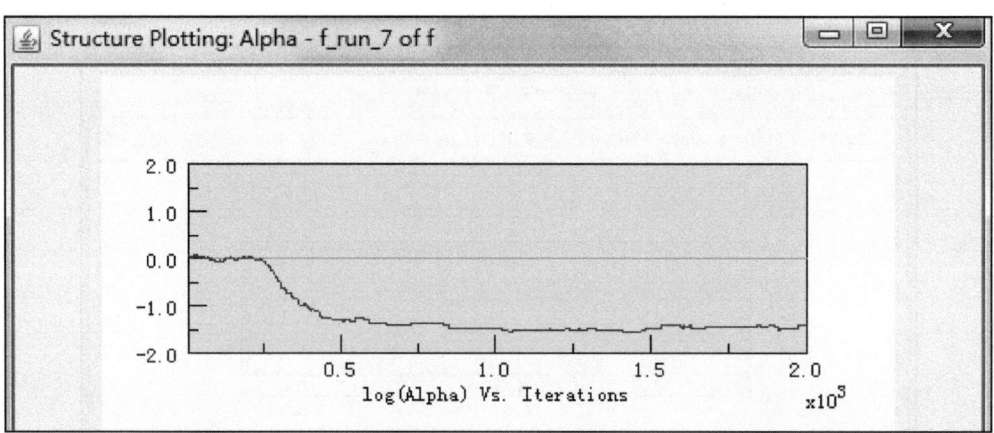

图 6-20　利用 Structure 软件进行分组分析（改变参数进行调试，结果分析之一）

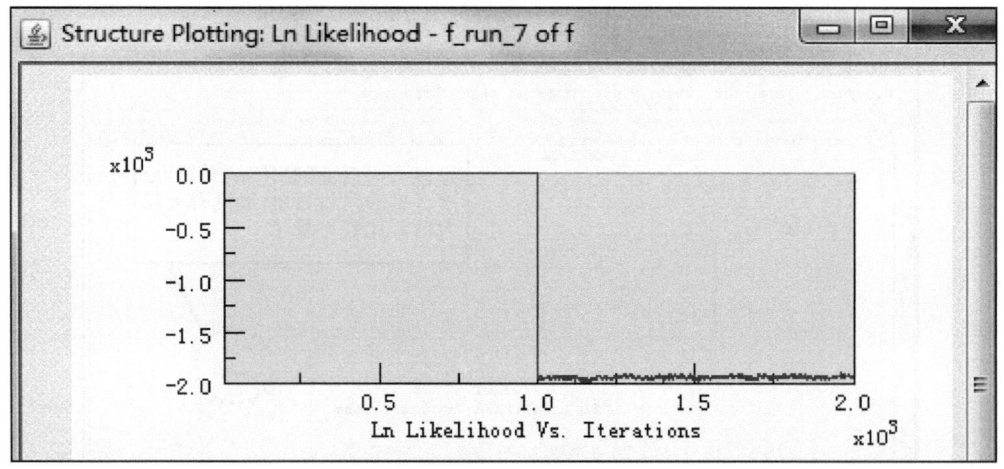

图 6-21　利用 Structure 软件进行分组分析（改变参数进行调试，结果分析之二）

有了结果，应该分几组呢？我们可以点击"Simulation Summary"大致看下（图6-22）。按照 Structure 计算原理，其中的 Ln Pr（$X|K$）[即 Ln P（D）] 值最大时所对应的数目就是我们想要的分组数。但实际情况中很难找到这个数，如此时的情况就是这样。随着 K 值（分组数）增大 Ln Pr（$X|K$）值也一直增大（图6-23），无法确定合适的分组值。在这种情况下，我们就需要其他方法辅助进行分组的判断，后文会有介绍。

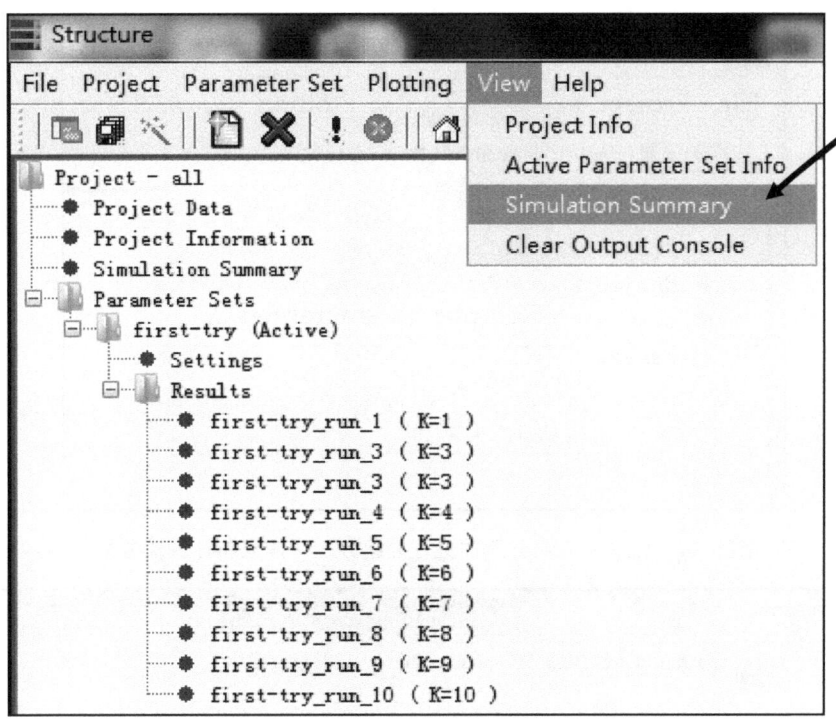

图 6-22 利用 Structure 软件进行分组分析（查看结果之一）

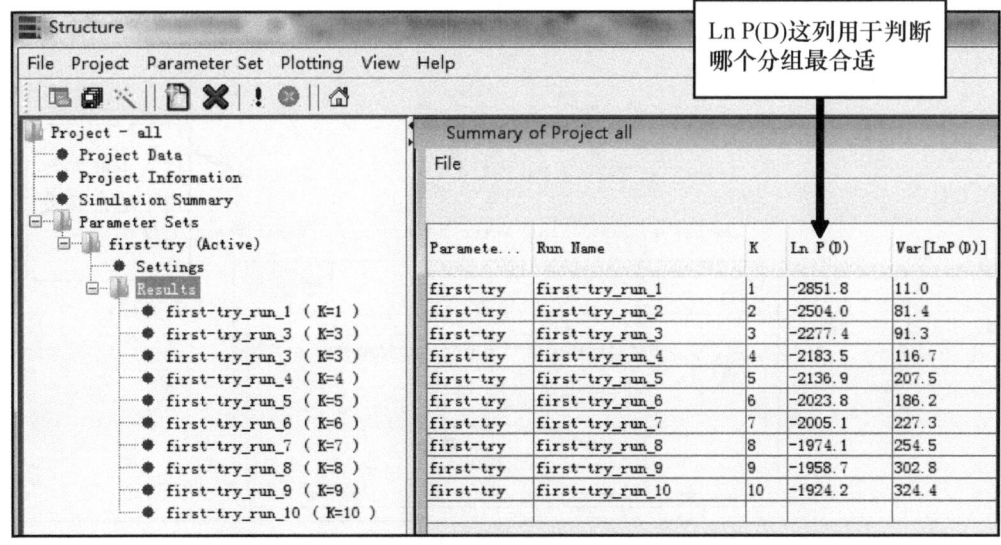

图 6-23 利用 Structure 软件进行分组分析（查看结果之二）

结束 Structure 软件说明之前，提示一下，对于参数条件的摸索我们可以重新建立个新的任务（图 6-24），输入不同的参数（图 6-25），然后选择新任务进行计算（图 6-26，图 6-27），对比不同的任务然后确定哪个参数最合适，使得计算节省时间。当然别忘了时刻保存我们的任务。在这里的例子中，计算结果被保存在了我们开始时定义的目录，即 C：\all 这个目录下了。

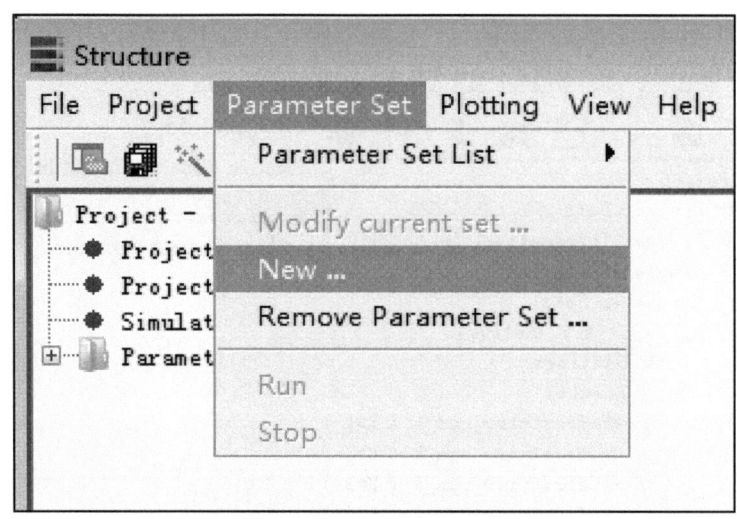

图 6-24　利用 Structure 软件进行分组分析（建立新计算任务）

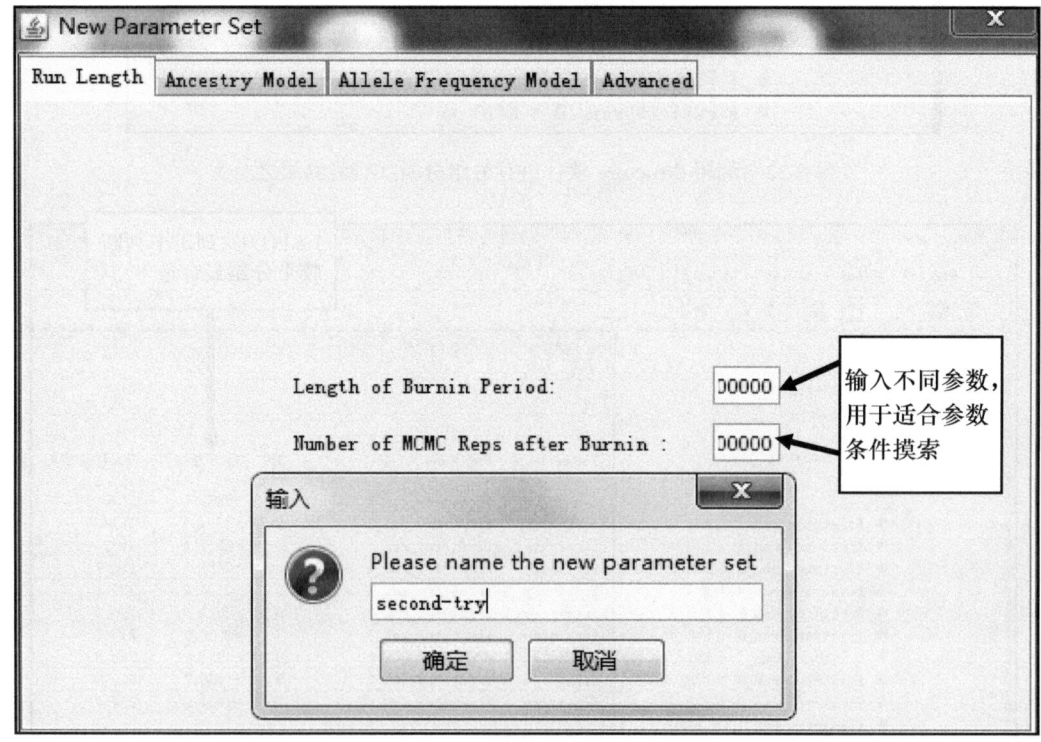

图 6-25　利用 Structure 软件进行分组分析（对新任务进行设置）

第六章 分组分析

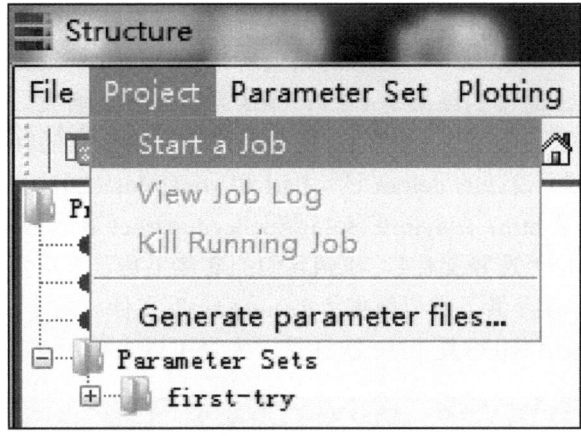

图 6-26　利用 Structure 软件进行分组分析（开始新任务之一）

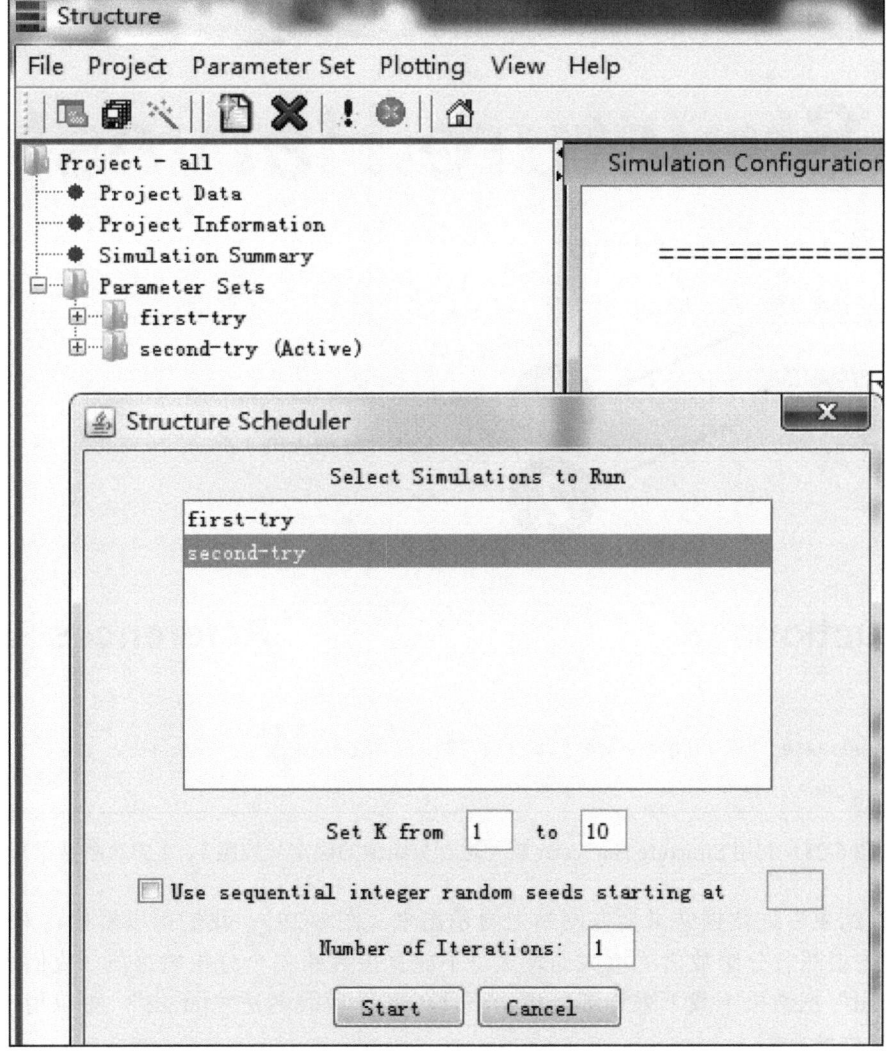

图 6-27　利用 Structure 软件进行分组分析（开始新任务之二）

Structure 分析的原始结果出来后,我们就需要进行分组的判断。如果数据结果非常理想,那么最大的 Ln Pr ($X|K$) 所对应的数值就是所要的分组数目。但实际情况下这种理想状况非常少出现,通常的结果是 Ln Pr ($X|K$) 值会一直增大,无法很好判断哪个数值是合适的分组值。这就需要通过其他方法辅助进行分组数目的判定。目前最常用的方法是 Evanno 等(2005)设计的 delta$K$ 法。Earl 和 vonHoldt(2012)依此开发了相关分析程序。这一程序需登录 http://taylor0.biology.ucla.edu/struct_harvest/ 在线计算。连接这个网站后,首先我们点击"选择文件",找到我们的文件上传,之后按"Harvest!"进行在线计算,如图 6-28。作者提供了模拟数据"Results.zip"文件。这个文件是用 Structure 软件分 1~9 组进行计算,每组重复了 10 次计算。大家可以上传后实践。

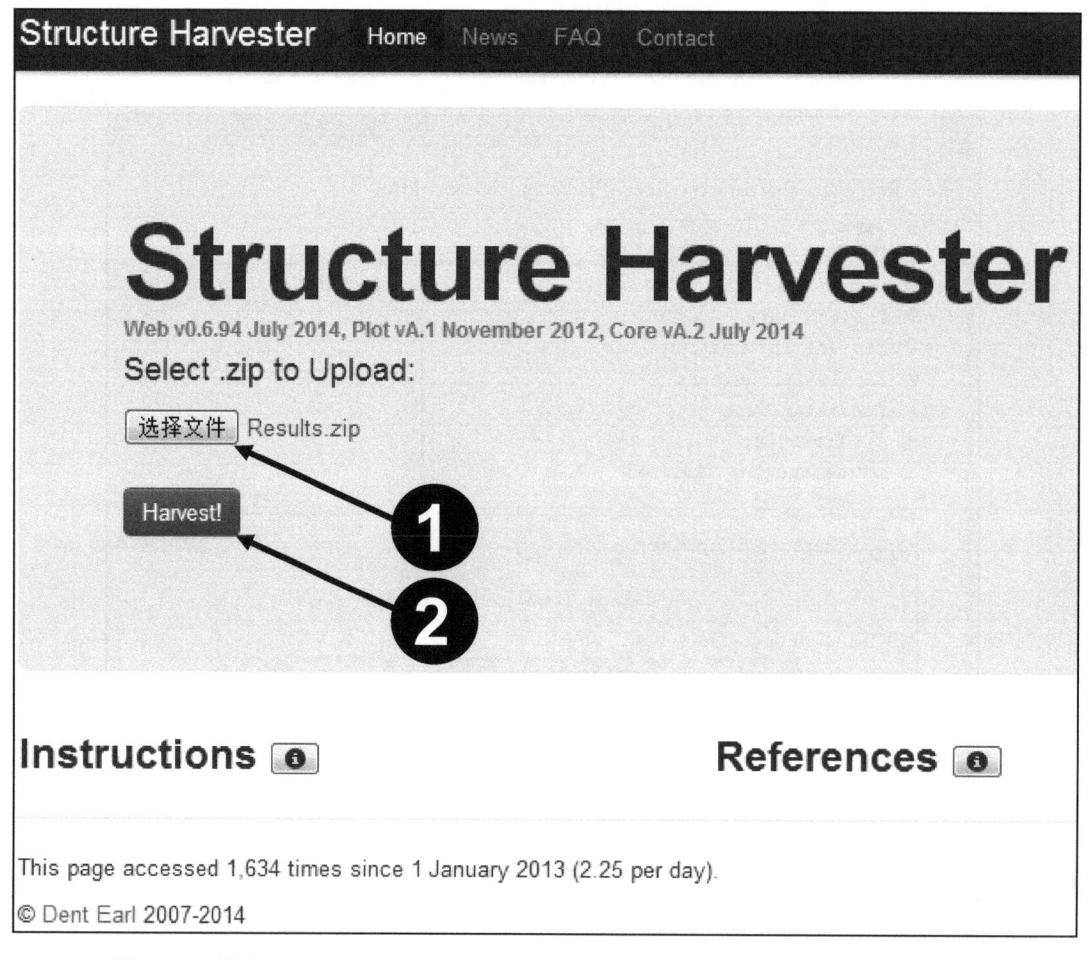

图 6-28　利用 Structure Harvester 软件进行分组值的确定(按照 1、2 的次序操作)

计算结束后,数据结果会在网站上显示出来(图 6-29)。我们可以看出,对于 Ln Pr ($X|K$),结果随着分组数值的增大而增大,不能直接判断哪个分组值最好。我们可以点击"download"把结果下载下来详细分析。下载的文件后缀名是"tar.gz",可以用 WinRAR 等解压软件解压缩。

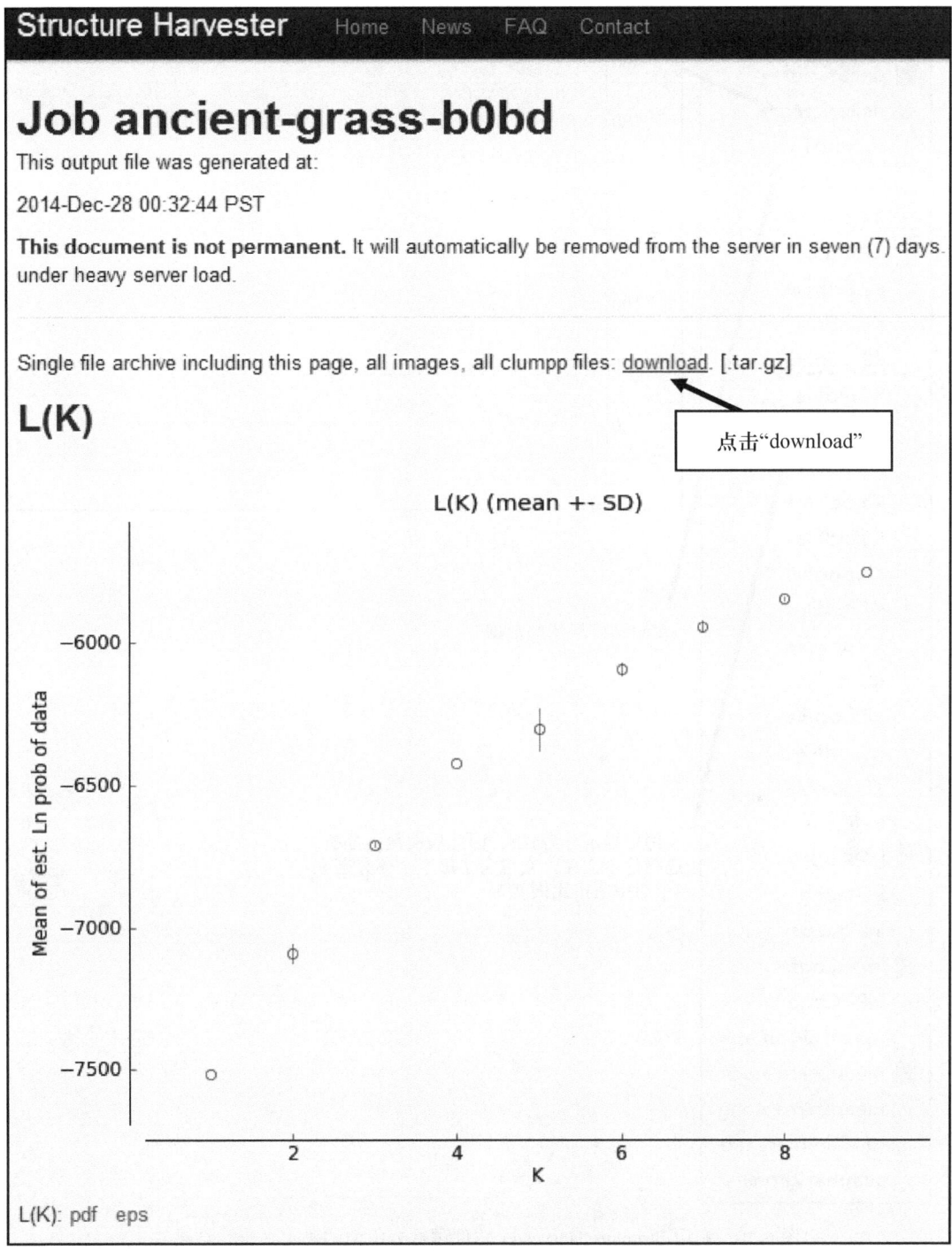

图 6-29　利用 Structure Harvester 软件进行分组值的确定（计算完成，下载结果）

解压缩后可以看到一系列文件，其中 deltaK.eps、deltaK.pdf、deltaK.png 文件中的任一个就是采用 Evanno 等（2005）方法辅助得到的分组结果（图 6-30）。对于演示的数据，deltaK 最大时对应的 K 值是 4，因此可以认为 4 组是较合适的分组值。

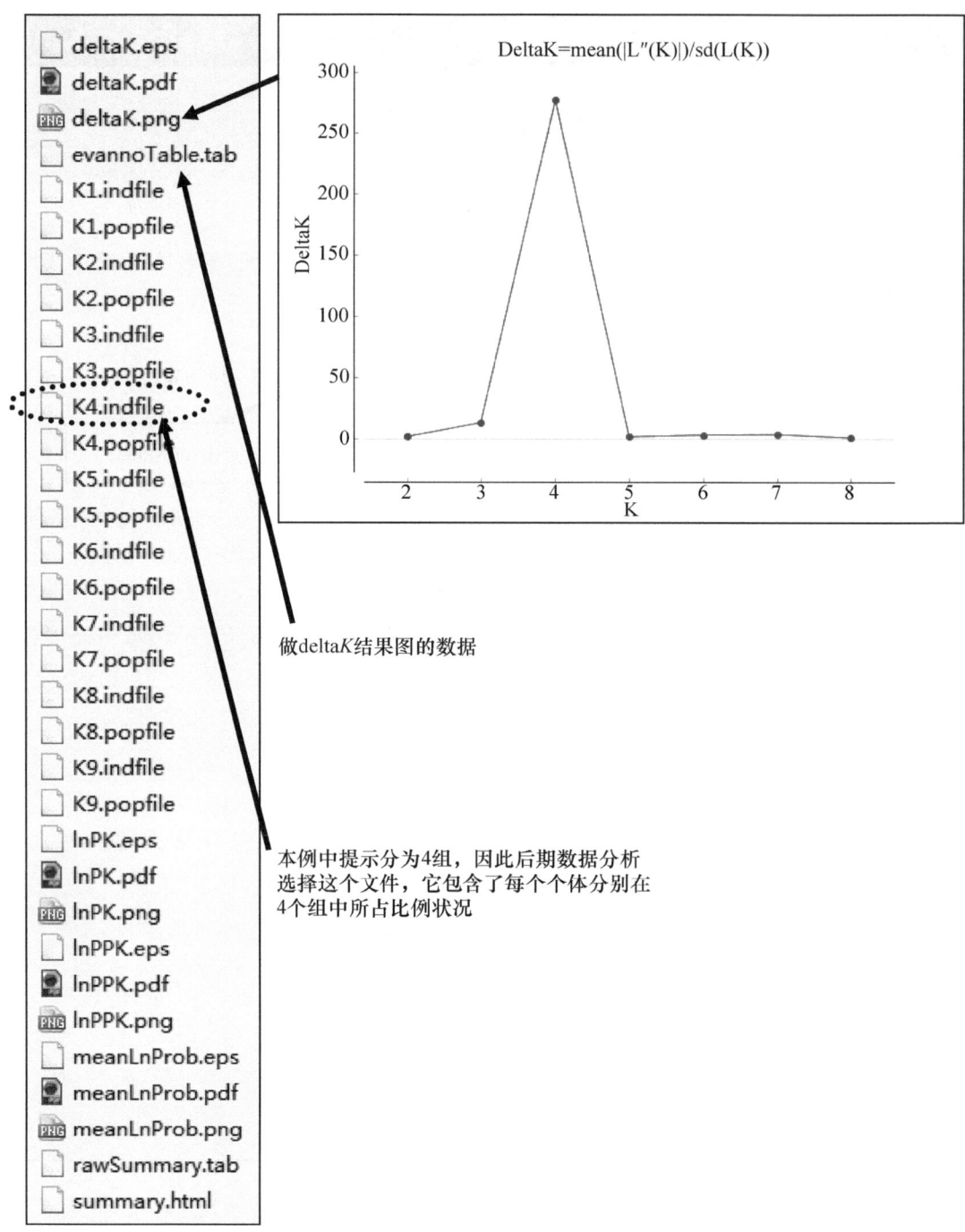

图 6-30　利用 Structure Harvester 软件进行分组值的确定（查看结果）

发表文章时，杂志可能需要 Ln Pr（$X|K$）（对应图 lnPK.eps、lnPK.pdf、lnPK.png 三个文件）和 delta$K$ 的图，我们可以直接用 Structure Harvester 提供的结果，也可以自己用计算结果重新作图。这时，我们找到"evannoTable.tab"这个文件，用 Excel 打开。即先建立一个空 Excel 表，再通过"打开"这个命令找到文件后打开（图 6-31）（作者演示

用的是 Excel 2003 版本）。然后按图 6-32～图 6-47 的操作过程进行操作。图 6-48 是基本完成后的状况，读者可以根据自己的需要继续加工、美化，如图 6-49 就是最终加工好的一幅图。

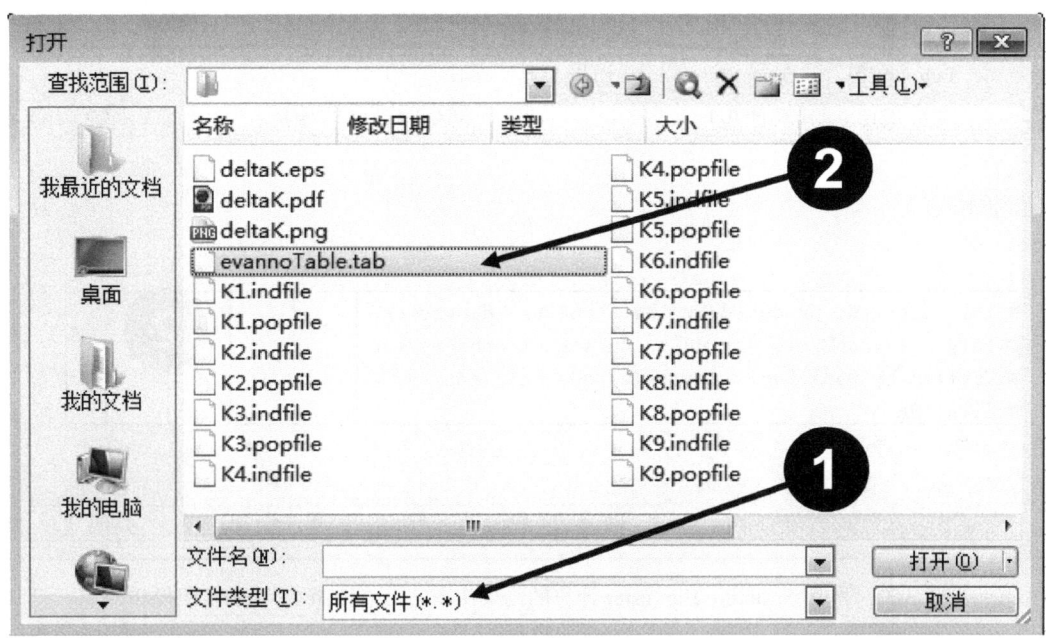

图 6-31　利用 Structure Harvester 计算的结果作图之一（按照 1、2 的次序操作）

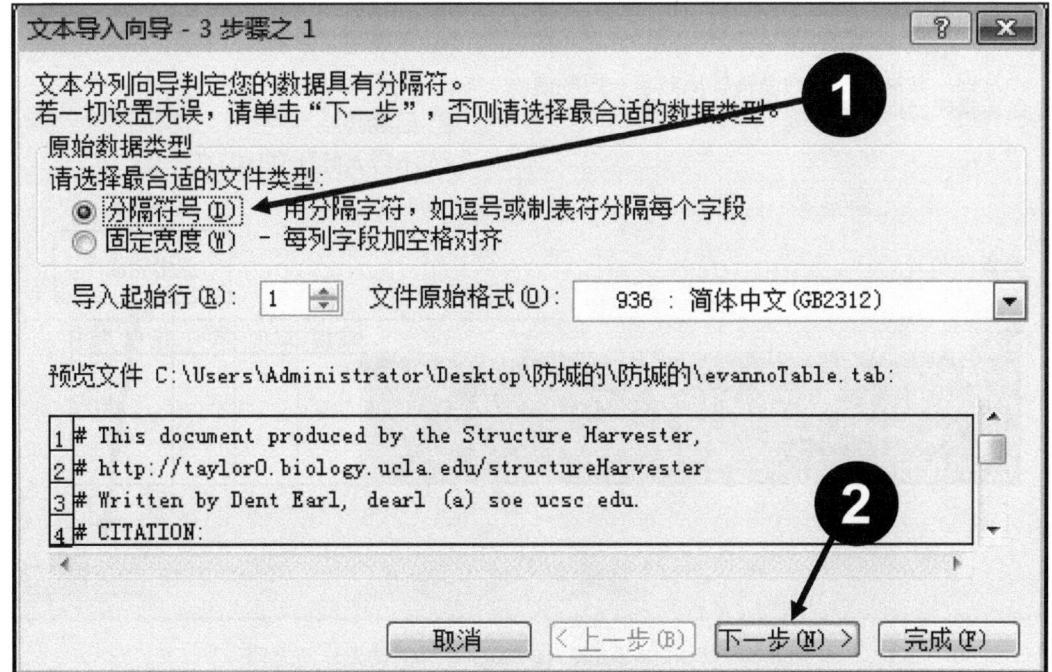

图 6-32　利用 Structure Harvester 计算的结果作图之二（按照 1、2 的次序操作）

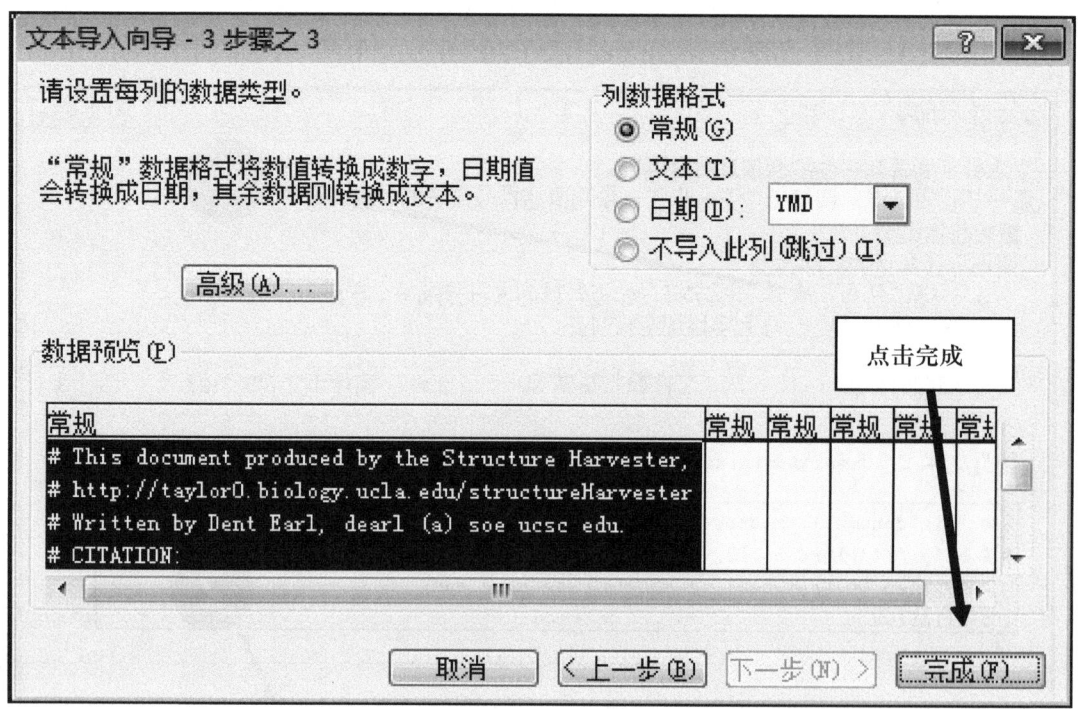

图 6-33 利用 Structure Harvester 计算的结果作图之三（按照 1、2 的次序操作）

图 6-34 利用 Structure Harvester 计算的结果作图之四

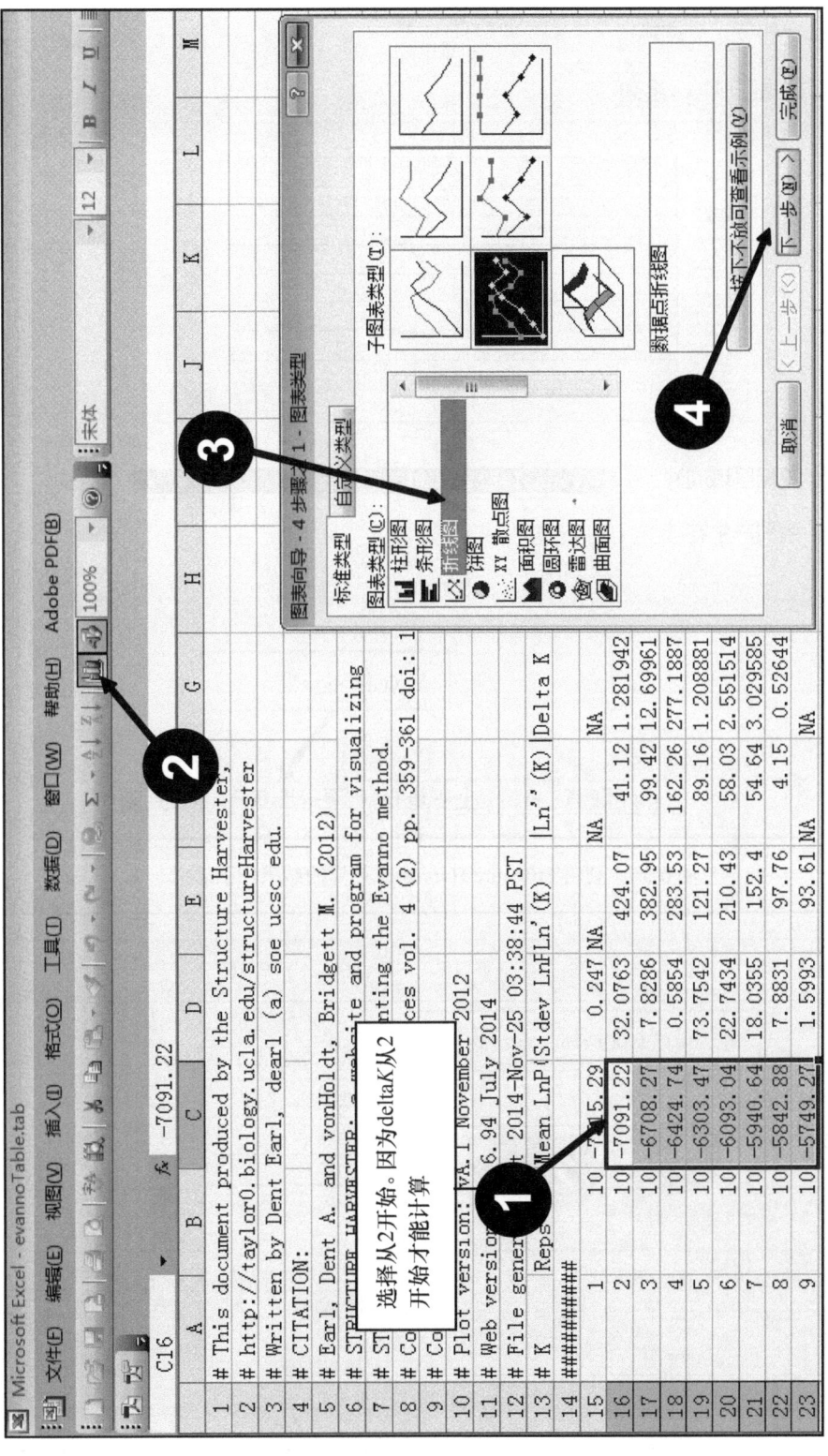

图 6-35 利用 Structure Harvester 计算的结果作图之五（按照 1~4 的次序操作）

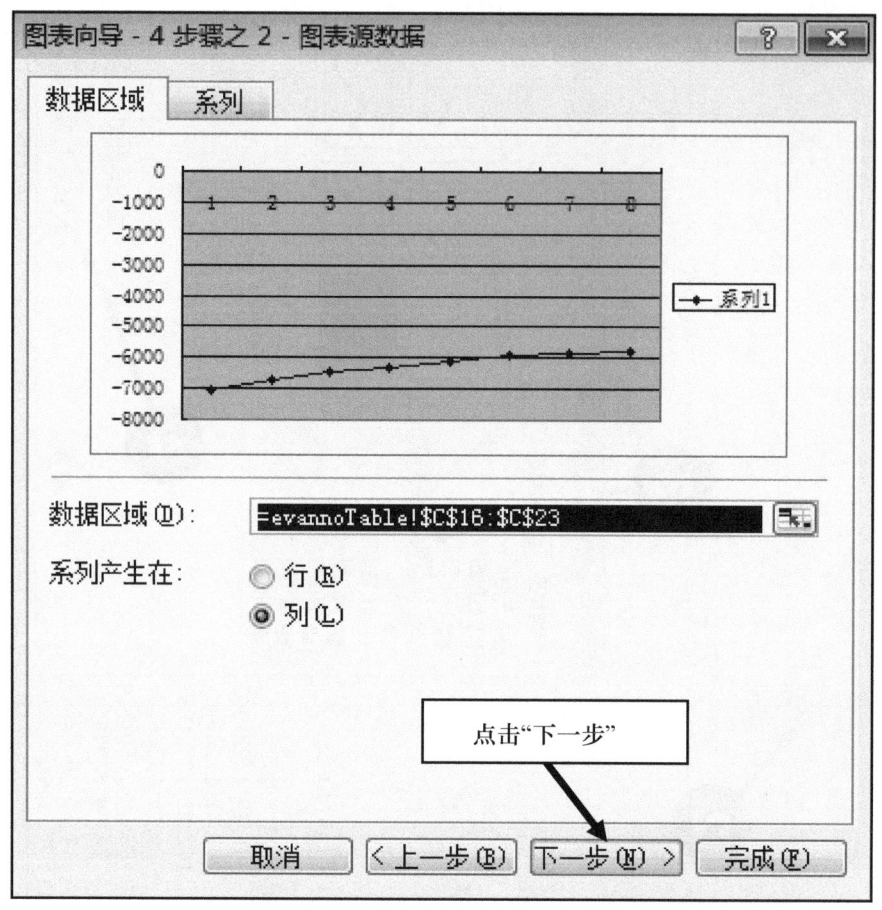

图 6-36 利用 Structure Harvester 计算的结果作图之六

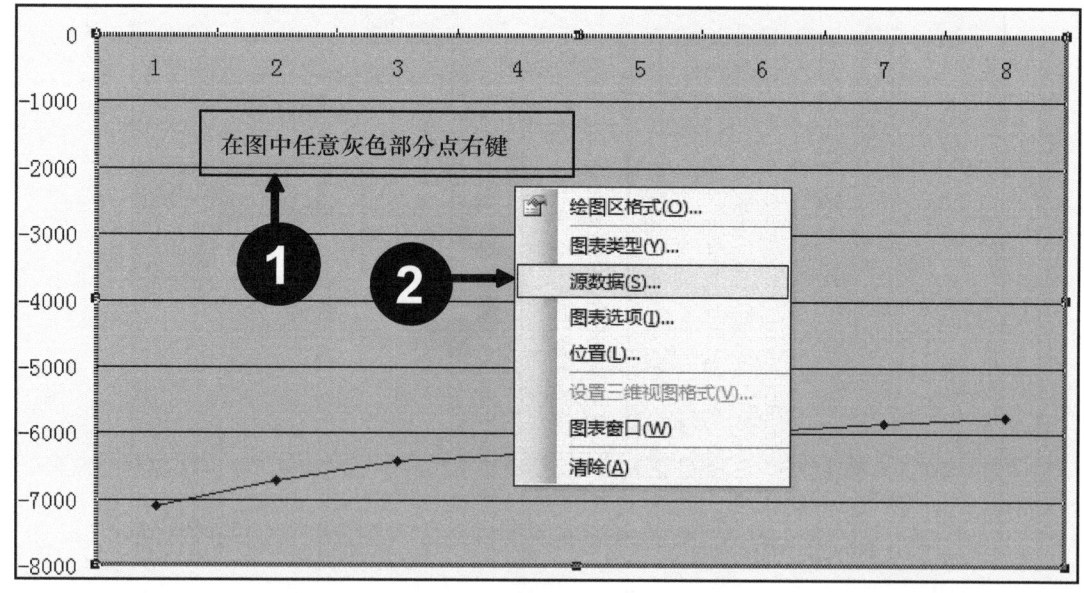

图 6-37 利用 Structure Harvester 计算的结果作图之七（按照 1、2 的次序操作）

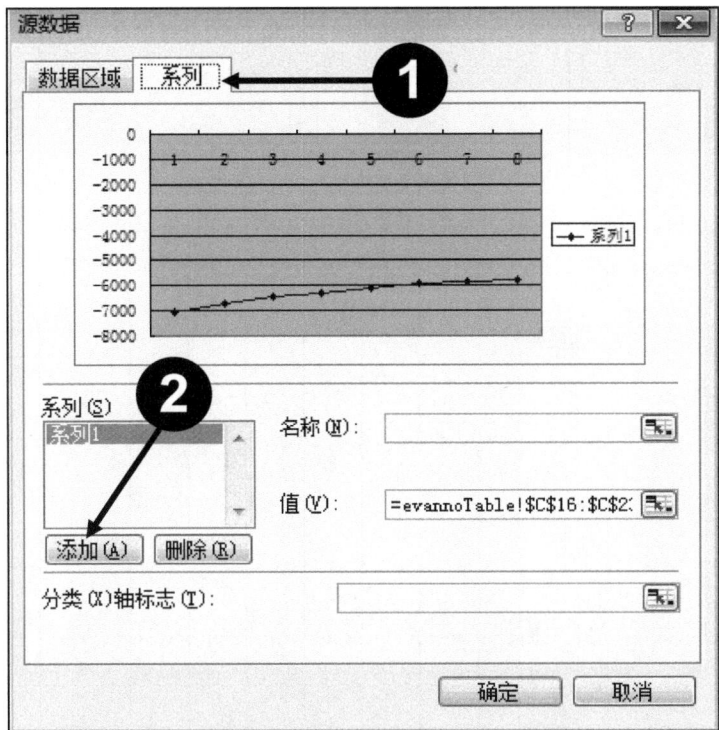

图 6-38　利用 Structure Harvester 计算的结果作图之八（按照 1、2 的次序操作）

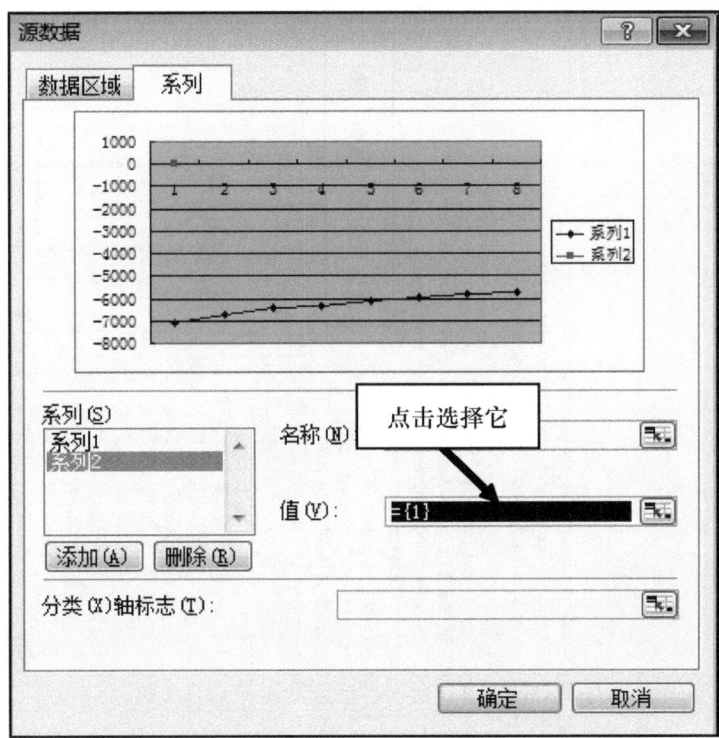

图 6-39　利用 Structure Harvester 计算的结果作图之九

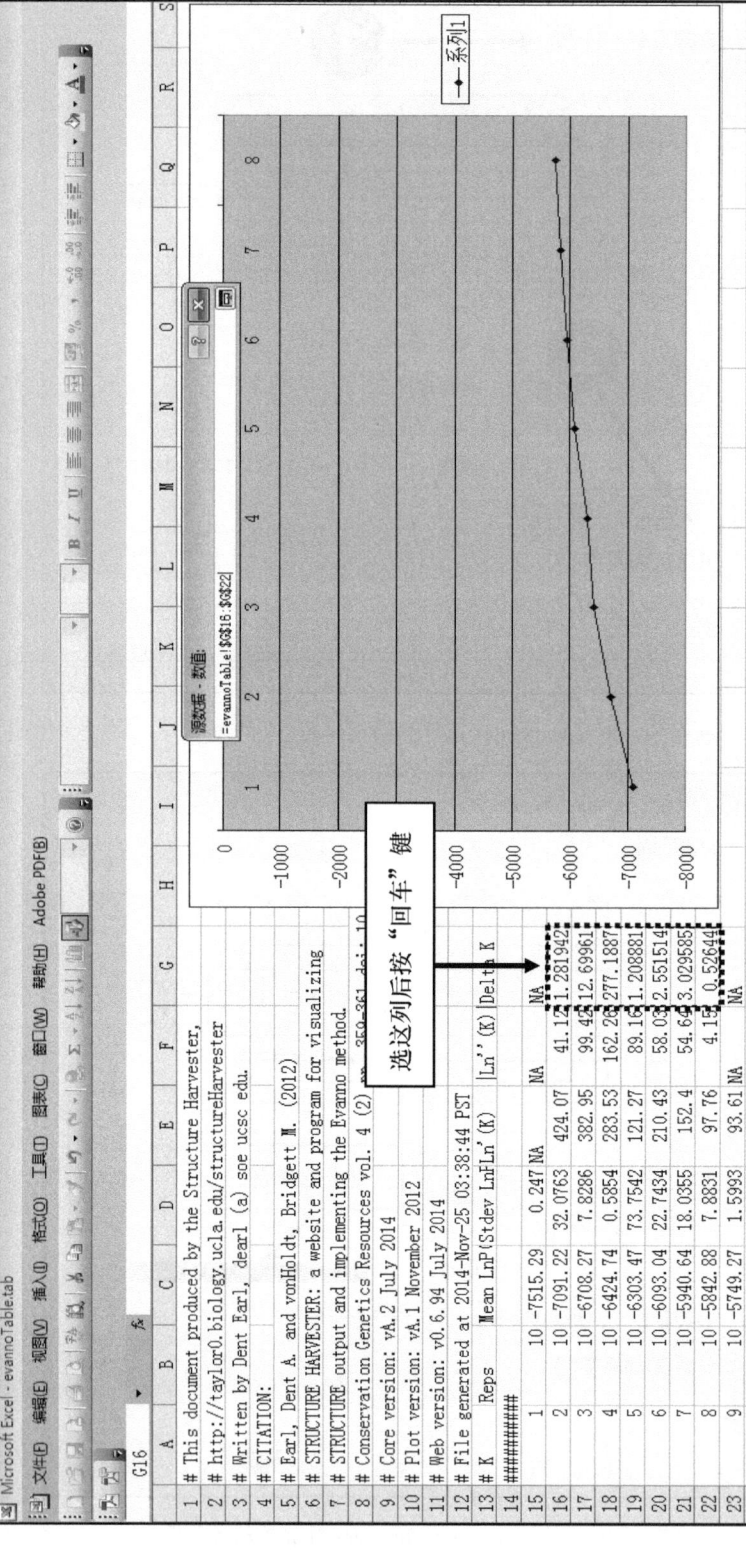

图 6-40 利用 Structure Harvester 计算的结果作图之十

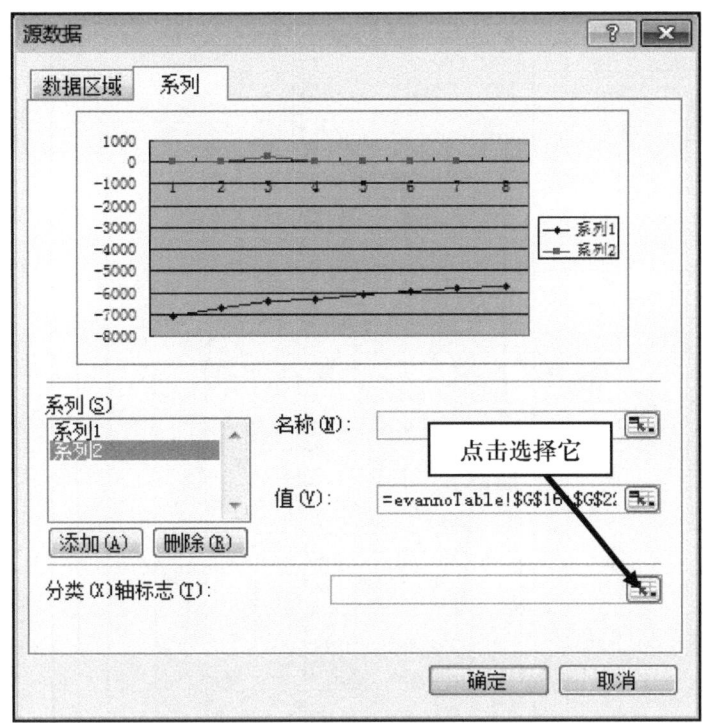

图 6-41 利用 Structure Harvester 计算的结果作图之十一

有时候，并非一定是最大 deltaK 就是我们最终的分组结果。例如，在图 6-49 中，deltaK 值提示可以分三组，但实际情况下分出的三组并不能把个体间的差异完全表现出来，我们可以再选择如第 11 组，这是第二个高峰。也有研究是把从第 2 组到所需要的组的结果全部显示出来（如 2～11 组的全部结果），以更好表现个体间的遗传关系。

确定了分组的数目，接下来就要对每个个体具体分到哪个组进行分析。此时一个需要注意的问题是，在 Structure 软件分析中，每个可能的分组是重复了若干次计算进行的，我们 "Structure Harvester" 中的例子就是每个组重复计算了 10 次。因此有 10 个分 4 组的结果，那到底用 10 个重复中的哪个呢？比较常用的解决方法是把 10 次的结果进行平均化处理。为此 Jakobsson 和 Rosenberg（2007）开发了 CLUMPP 软件对重复的结果进行平均化处理。软件可到 http：//rosenberglab.stanford.edu/clumpp.html 网址下载。

针对我们的例子，首先把 Structure Harvester 计算得到的分 4 组的结果（文件名是 "K4.indfile"）的文件拷到和 CLUMPP 软件同样的目录下（图 6-50）。如作者是把程序和文件都放在 C：\CLUMPP 下，记住要把"paramfile"这个文件也拷到这个目录下（图 6-50）。"paramfile" 这个文件是下载后软件包中自带的。

在程序运行前，要对 "paramfile" 这个文件中的参数进行修改后才能运行我们的数据（图 6-51）。"paramfile" 可用 Windows 自带的 "记事本" 工具打开。参考图 6-51，我们只需对其中注明需调整的参数进行调整就可，其他参数不用调整。

双击 "CLUMPP.exe" 运行程序。运算结束后，CLUMPP 会给出一个 H'值，最大是 1。这里约为 0.998，表明个体在 10 次重复分组过程中分组状况没有很大差异，所分的 4 组可信度较大（图 6-52）。

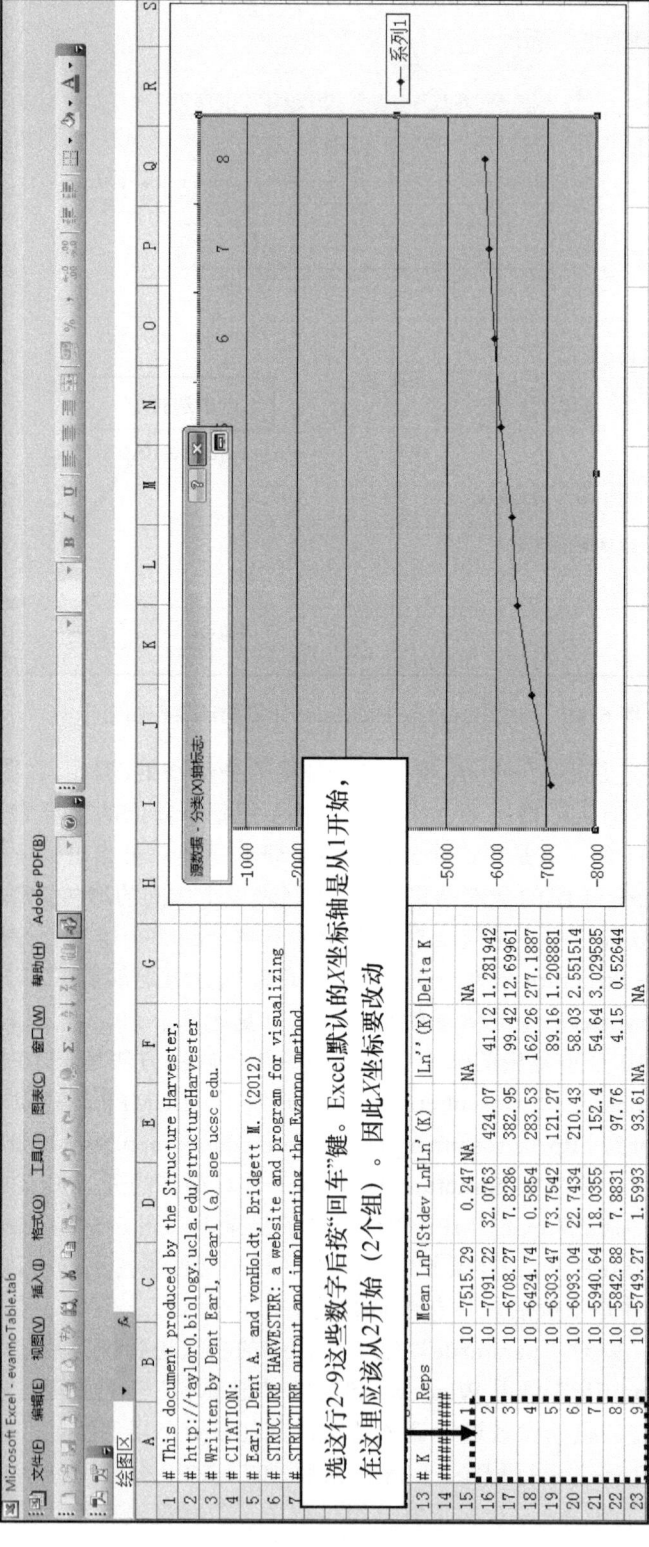

图 6-42 利用 Structure Harvester 计算的结果作图之十二

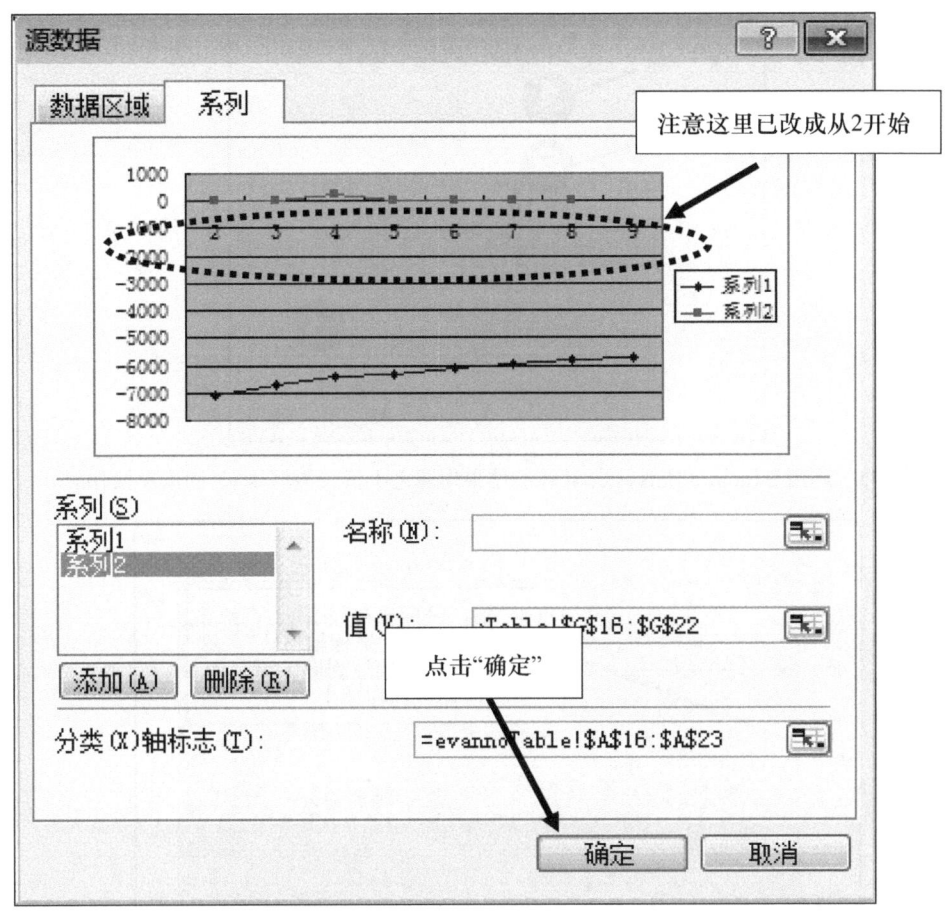

图 6-43　利用 Structure Harvester 计算的结果作图之十三

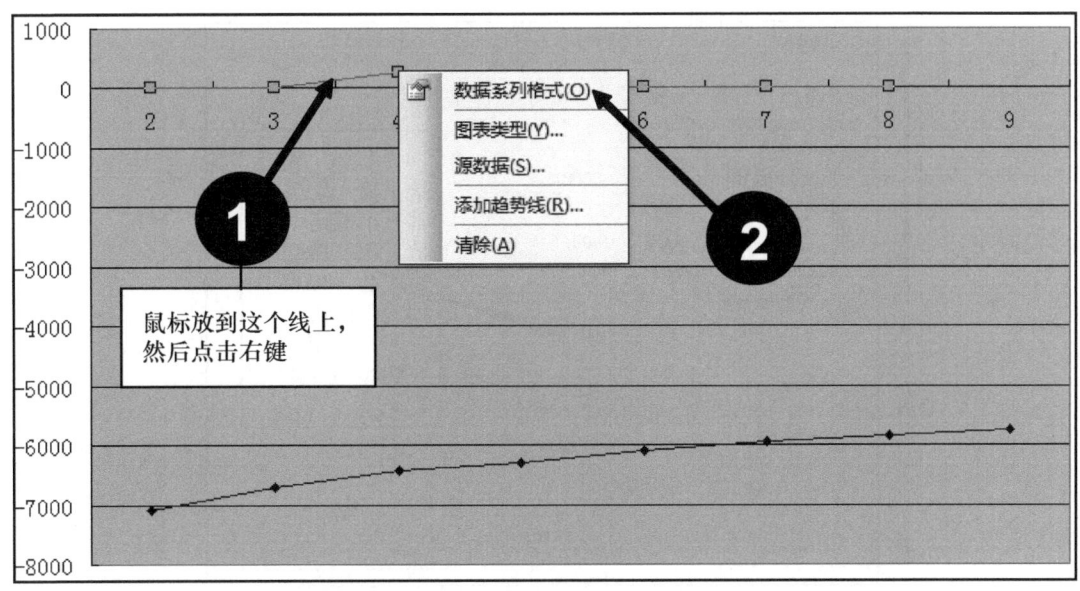

图 6-44　利用 Structure Harvester 计算的结果作图之十四（按照 1、2 的次序操作）

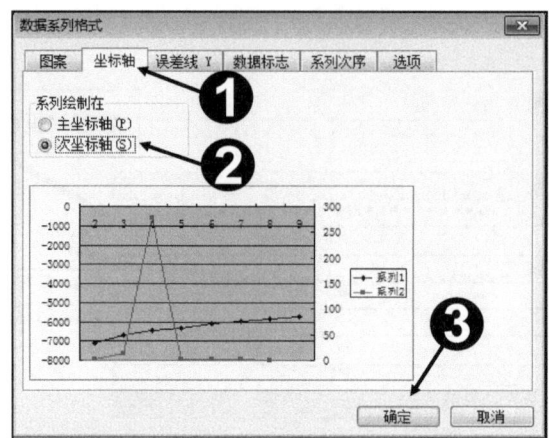

图 6-45　利用 Structure Harvester 计算的结果作图之十五（按照 1～3 的次序操作）

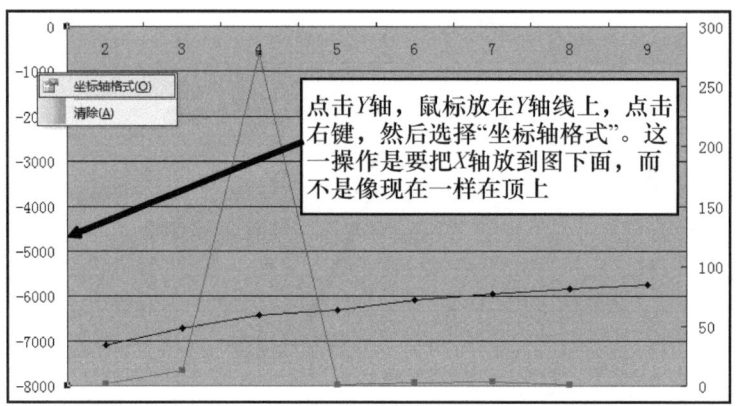

图 6-46　利用 Structure Harvester 计算的结果作图之十六

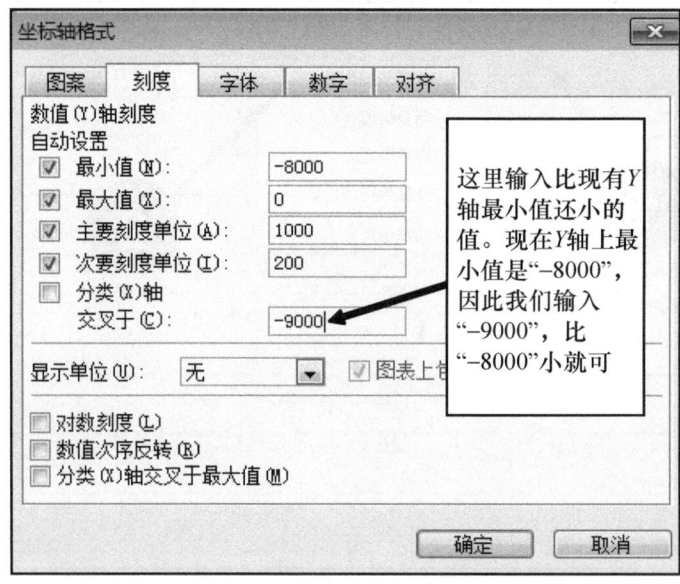

图 6-47　利用 Structure Harvester 计算的结果作图之十七

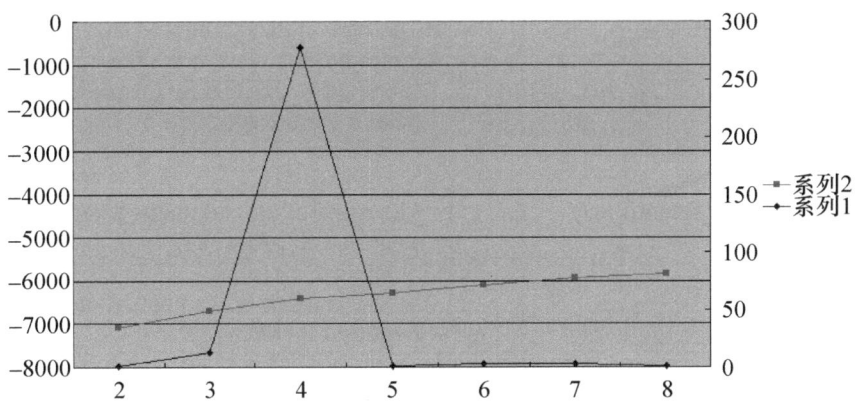

图 6-48　利用 Structure Harvester 计算的结果作图（初步完成）

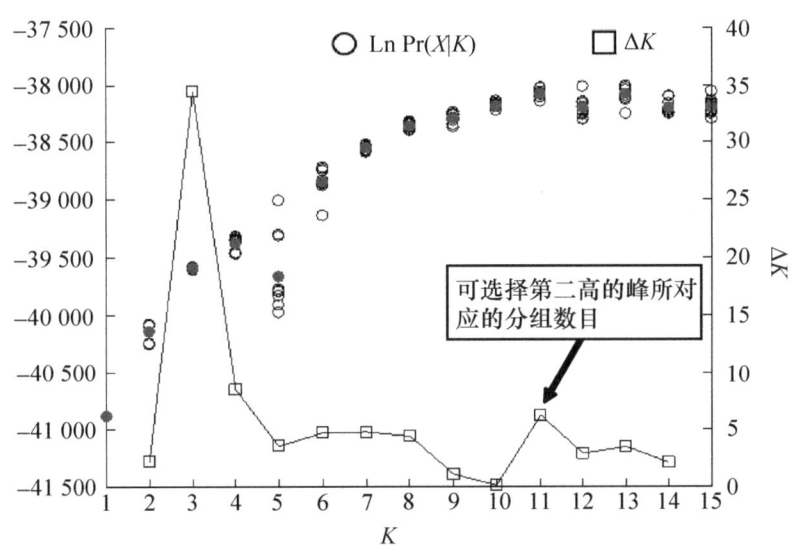

图 6-49　一个美化后的分组 K 值和 delta$K$ 值的关系图

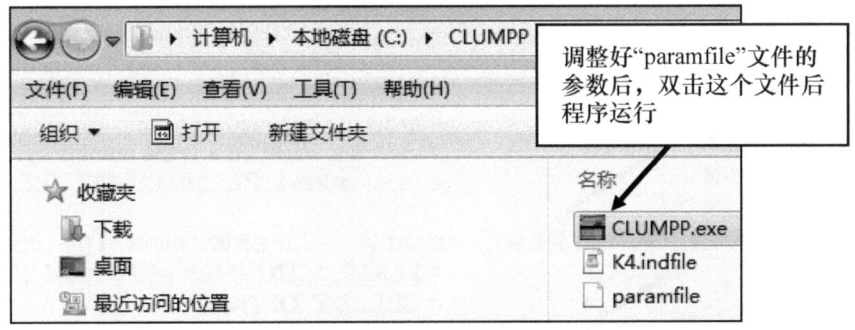

图 6-50　利用 CLUMPP 软件对 Structure 结果进行处理（数据准备）

计算结束后，10 次重复计算结果的平均值保存在了 CLUMPP 软件同一目录下的"K4.outfile"中了（图 6-53）。我们可以用 Excel 打开这个文件后作图查看分组状况。图 6-54～图 6-58 显示操作过程。

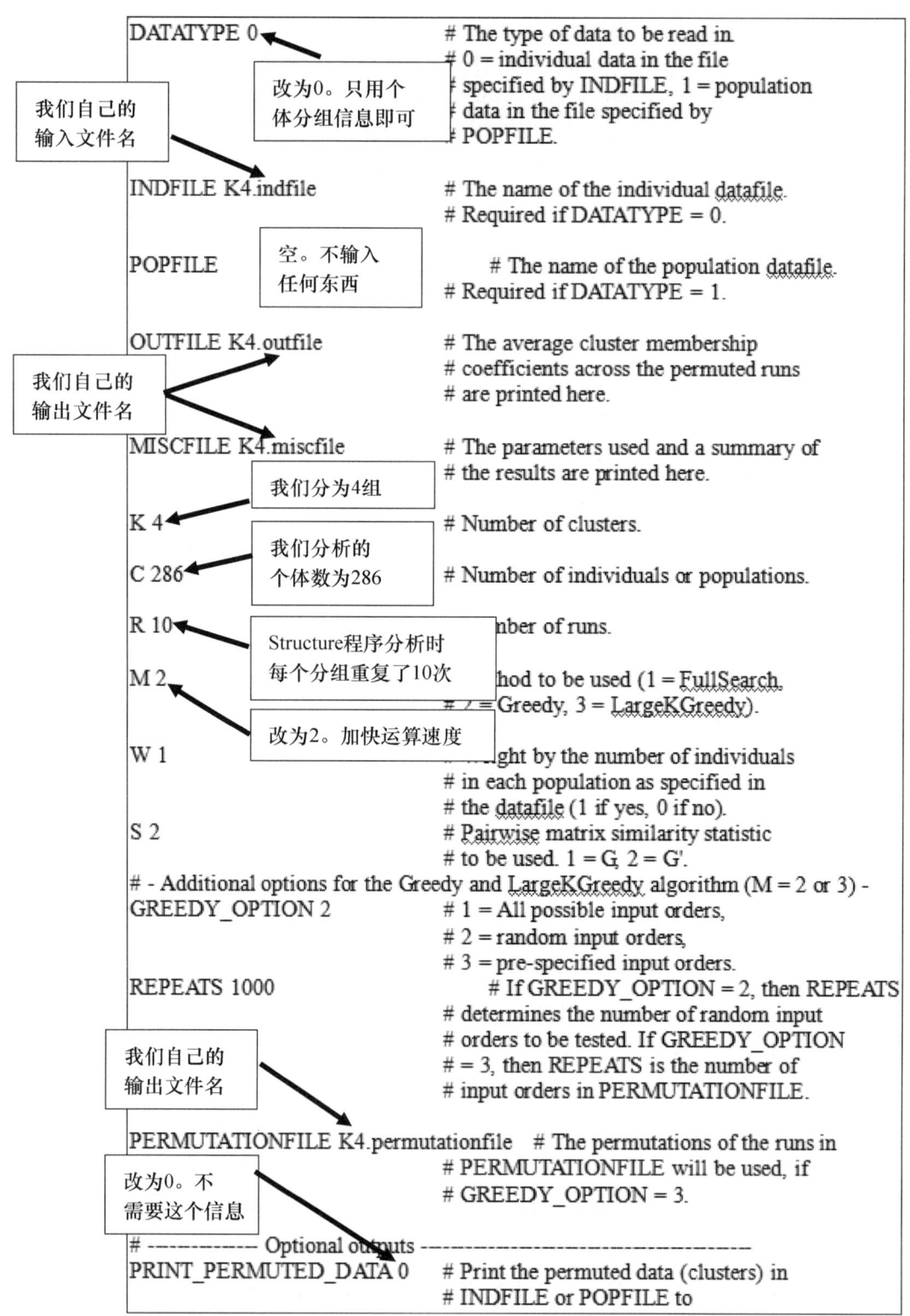

图 6-51 利用 CLUMPP 软件对 Structure 结果进行处理（参数设置）

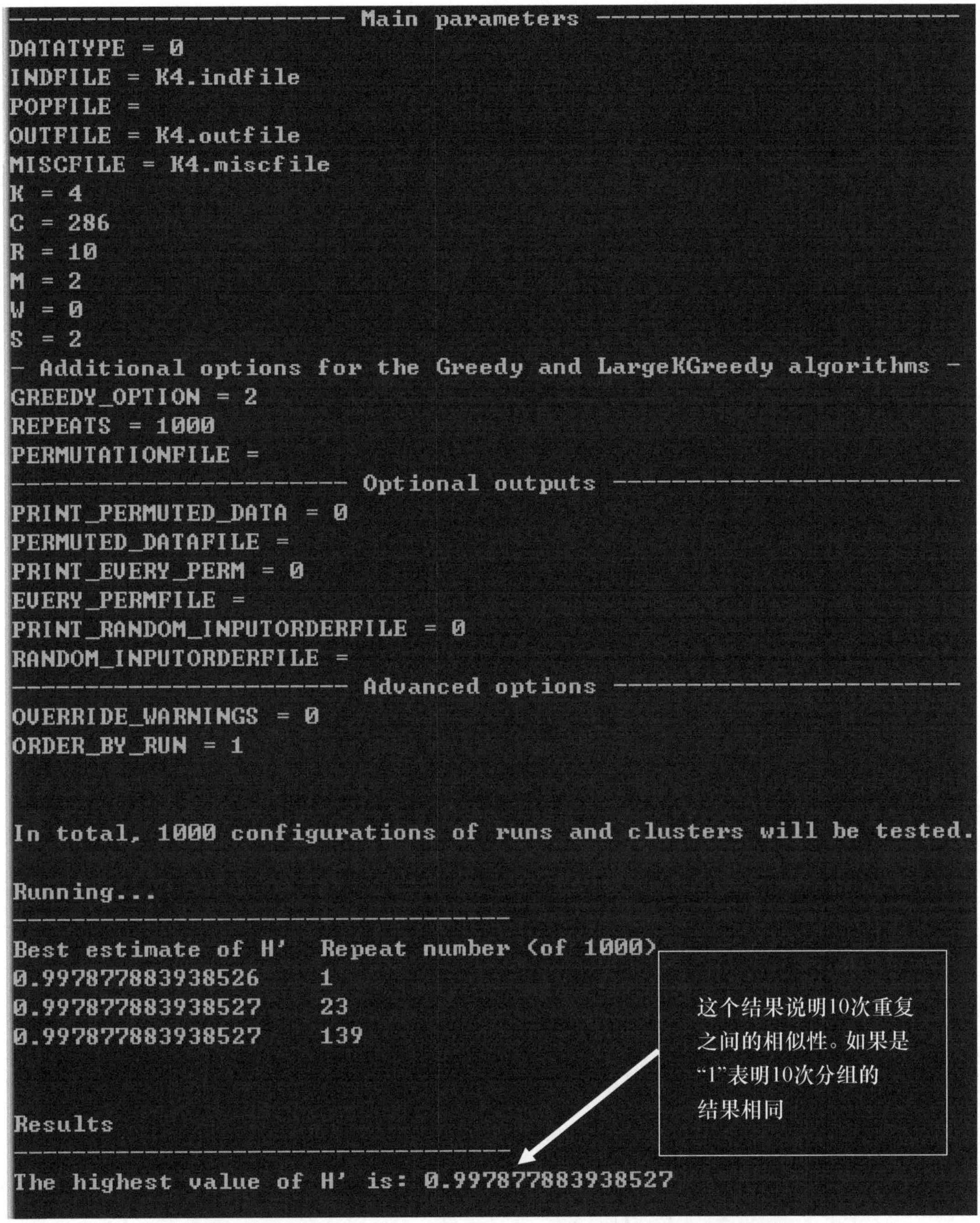

```
------------------------ Main parameters ------------------------
DATATYPE = 0
INDFILE = K4.indfile
POPFILE =
OUTFILE = K4.outfile
MISCFILE = K4.miscfile
K = 4
C = 286
R = 10
M = 2
W = 0
S = 2
- Additional options for the Greedy and LargeKGreedy algorithms -
GREEDY_OPTION = 2
REPEATS = 1000
PERMUTATIONFILE =
------------------------ Optional outputs ------------------------
PRINT_PERMUTED_DATA = 0
PERMUTED_DATAFILE =
PRINT_EVERY_PERM = 0
EVERY_PERMFILE =
PRINT_RANDOM_INPUTORDERFILE = 0
RANDOM_INPUTORDERFILE =
------------------------ Advanced options ------------------------
OVERRIDE_WARNINGS = 0
ORDER_BY_RUN = 1


In total, 1000 configurations of runs and clusters will be tested.

Running...
--------------------------------------------------
Best estimate of H'       Repeat number (of 1000)
0.997877883938526         1
0.997877883938527         23
0.997877883938527         139



Results
--------------------------------------------------
The highest value of H' is: 0.997877883938527
```

这个结果说明10次重复之间的相似性。如果是"1"表明10次分组的结果相同

图 6-52 利用 CLUMPP 软件对 Structure 结果进行处理（运算结束）

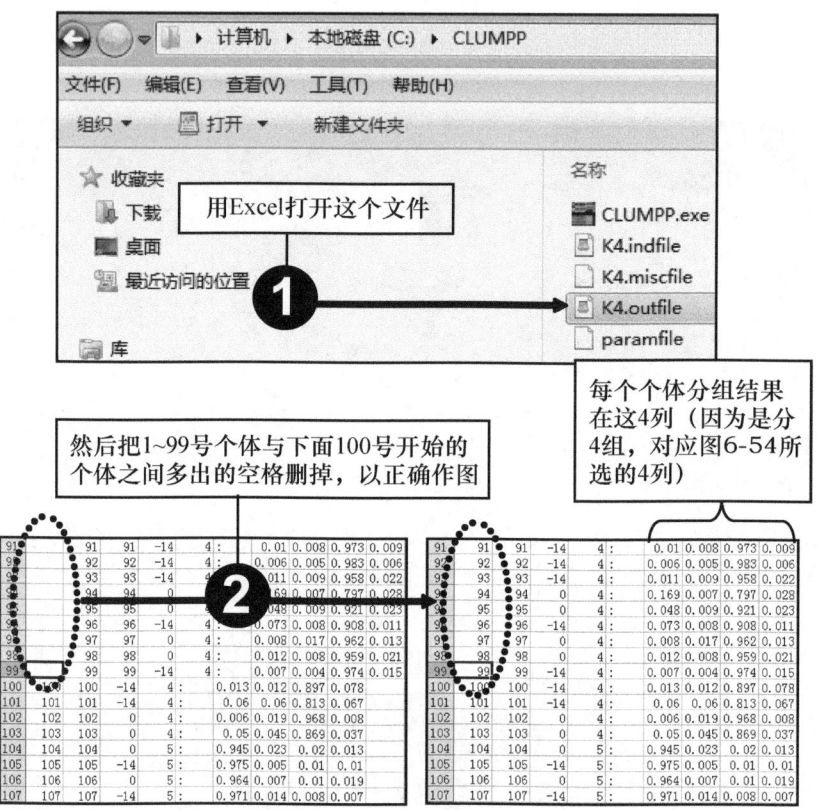

图 6-53　CLUMPP 结果整理（按照 1、2 的次序操作）

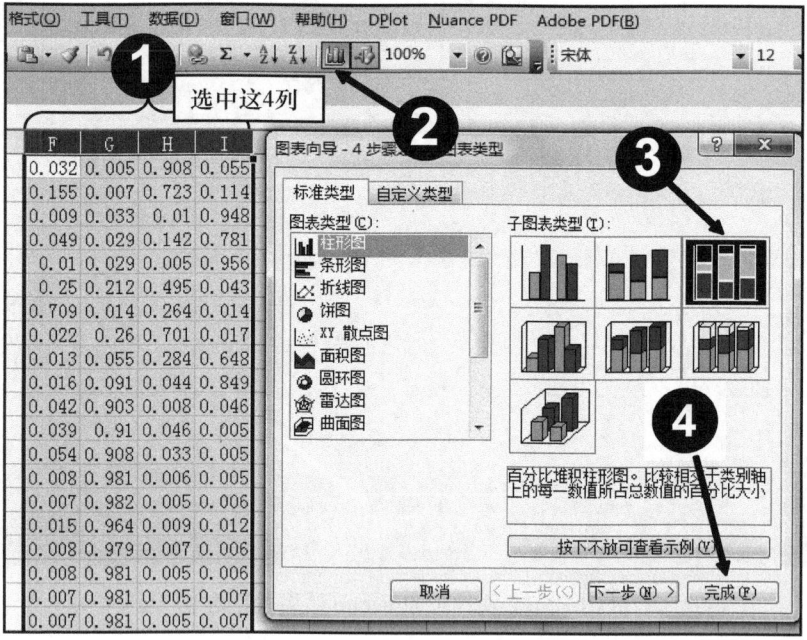

图 6-54　CLUMPP 结果作图之一（按照 1~4 的次序操作）

第六章 分组分析

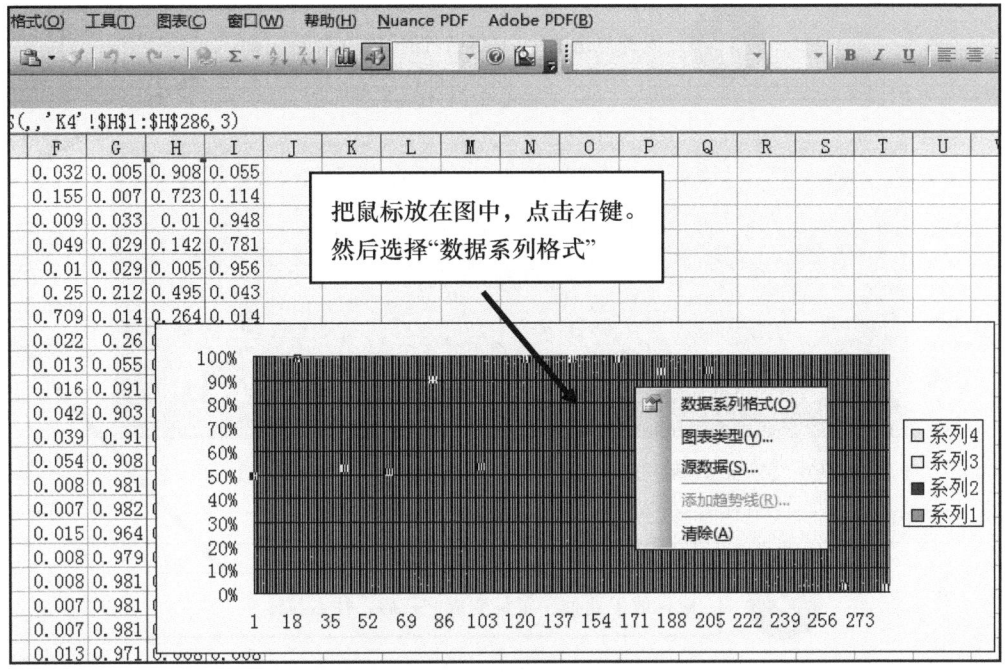

图 6-55 CLUMPP 结果作图之二

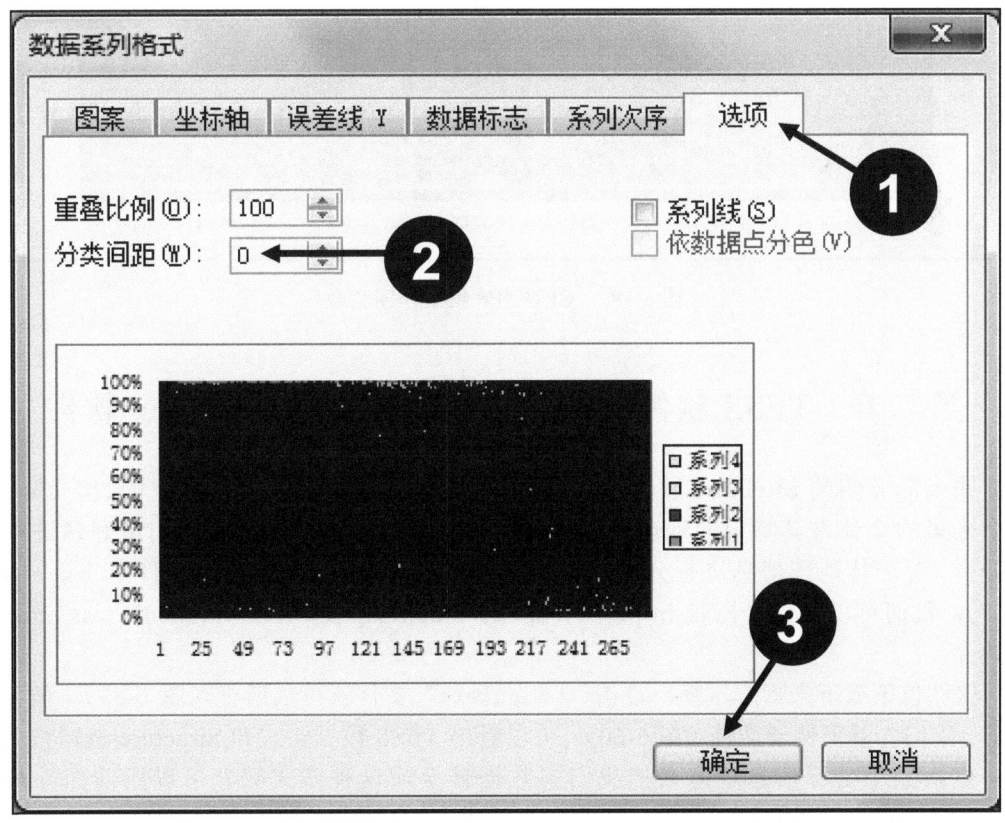

图 6-56 CLUMPP 结果作图之三（按照 1~3 的次序操作）

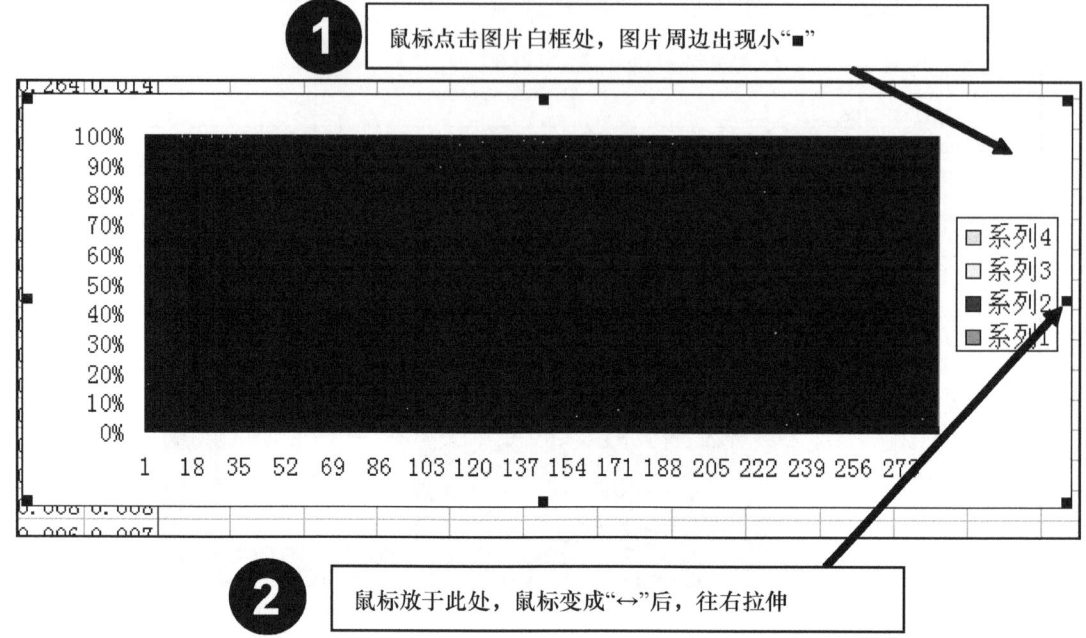

图 6-57　CLUMPP 结果作图之四（按照 1、2 的次序操作）

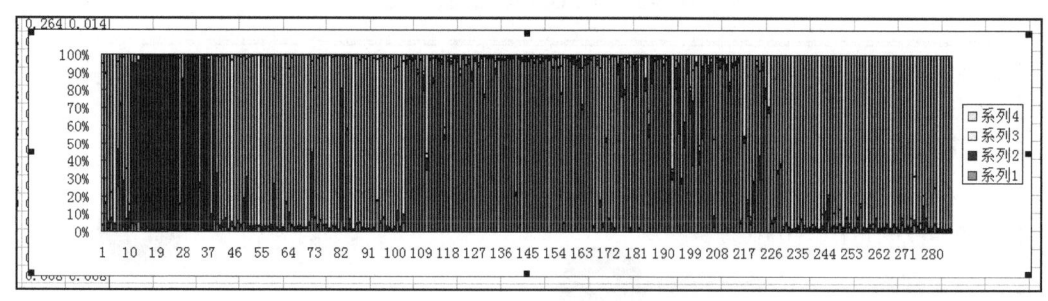

图 6-58　CLUMPP 结果作图完成

第二节　TESS 软件分析及 PAST、TESS Ad-Mixer 软件

在上面介绍的 Structure 软件,其分组分析时是不考虑个体空间位置的。但实际上,每个采集的个体有其特定的地理位置。这些地理坐标位置可以帮助我们更好地进行分组分析。对个体地理信息进行分组分析的软件中,比较好的是 TESS 软件（Chen et al.,2007）。我们可以从这个网址 http://membres-timc.imag.fr/Olivier.Francois/tess.html 下载软件。

软件包下载下来后解压缩,点击"tessgui.exe"文件就可以运行（图 6-59）。但在运行前,我们先看下例子文件（图 6-60）。可以看出 TESS 数据格式和 Structure 数据格式一样,但增加了坐标信息。怎么把我们的数据转换成这种格式呢？可以用前面介绍的 CONVERT 软件来帮助我们。

第六章 分组分析

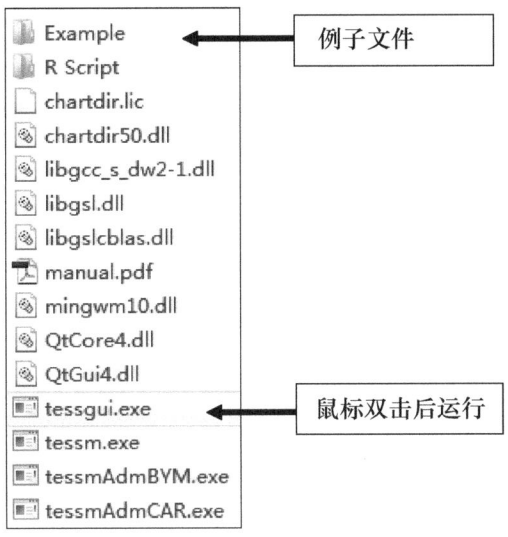

图 6-59 TESS 软件的各个文件

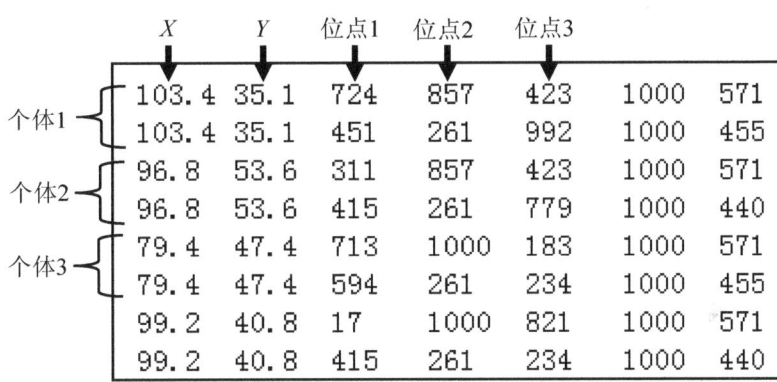

图 6-60 TESS 软件的数据文件

首先,我们创建一个 CONVERT 格式文件,如图 6-61,对应上图的数据。用 CONVERT 转换成 Structure 格式,这样就可以形成一个 TESS 需要的大致格式了。然后用 Excel 表格打开这个".str"格式的文件,删除多余的数据,就转换成 TESS 格式数据了(图 6-62)。这样我们就可以进行 TESS 分组分析了。

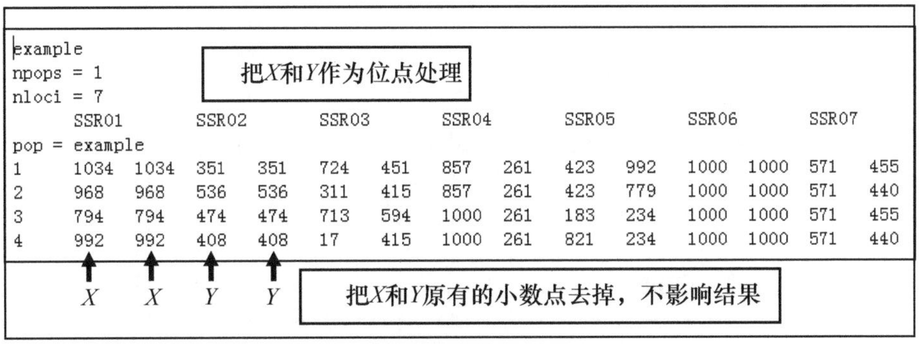

```
example
npops = 1          把X和Y作为位点处理
nloci = 7
      SSR01    SSR02   SSR03    SSR04    SSR05    SSR06    SSR07
pop = example
1     1034  1034  351  351  724  451  857  261  423  992  1000 1000 571  455
2     968   968   536  536  311  415  857  261  423  779  1000 1000 571  440
3     794   794   474  474  713  594  1000 261  183  234  1000 1000 571  455
4     992   992   408  408  17   415  1000 261  821  234  1000 1000 571  440
       X     X    Y    Y      把X和Y原有的小数点去掉,不影响结果
```

图 6-61 TESS 软件数据格式的转换之一

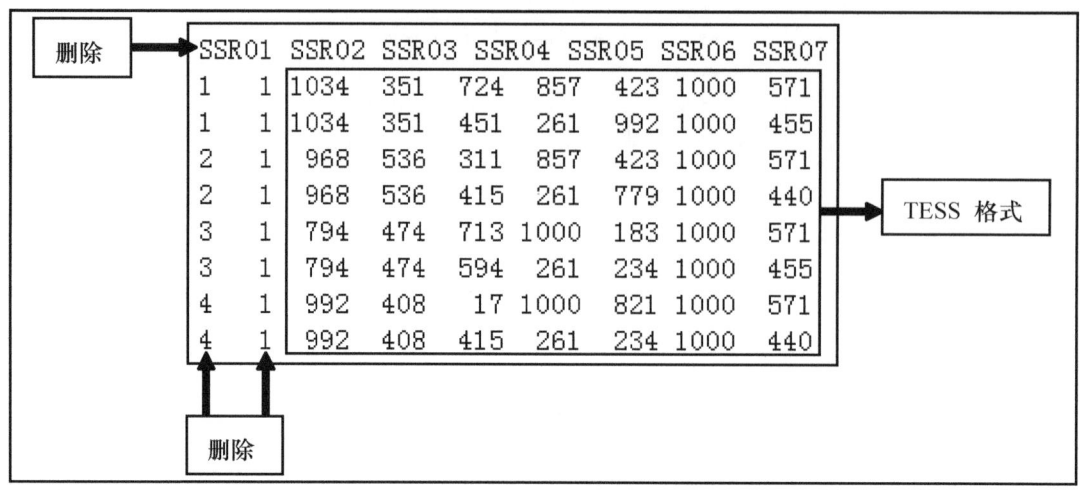

图 6-62 TESS 软件数据格式的转换之二

首先建立"New Project"（图 6-63），输入相关信息（图 6-64，作者用 TESS 软件自带的例子文件进行示范，但把名字改为了"exam.dat"），读入正确后数据显示在软件界面中（图 6-65）。点击"Voronoi…"选项可以看到个体的空间分布状况。然后点击"Run…"（图 6-66），输入参数（图 6-67），就可以进行运算了。运算结束后，打开任意一个运算结果，找到"Log-Likelihood History…"后查看这一结果。如果前面的"Total Number of Sweeps"和"Burn In Number of Sweeps"参数设置合适，那么"Log-Likelihood"值计算到一定数值后趋向稳定（图 6-68），表明参数设置合适，计算结果可用。

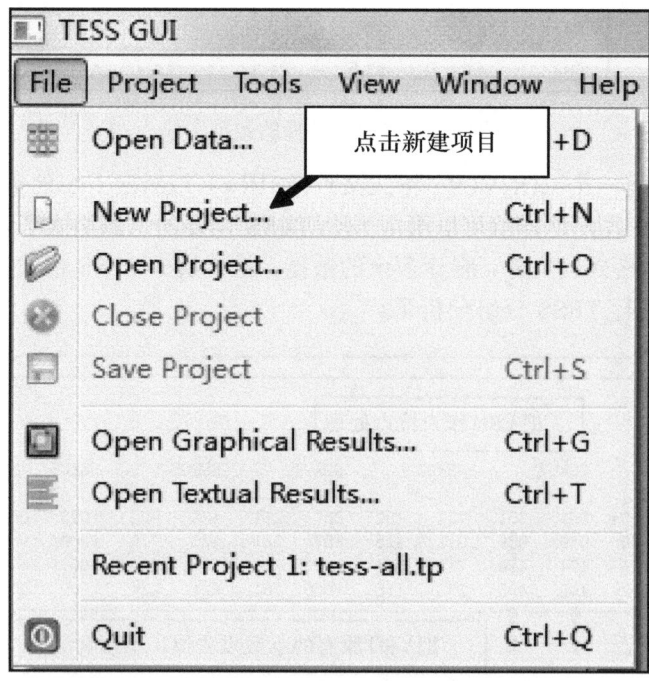

图 6-63 利用 TESS 软件进行分组分析（新建项目）

第六章 分组分析

图 6-64 利用 TESS 软件进行分组分析（设置项目参数）

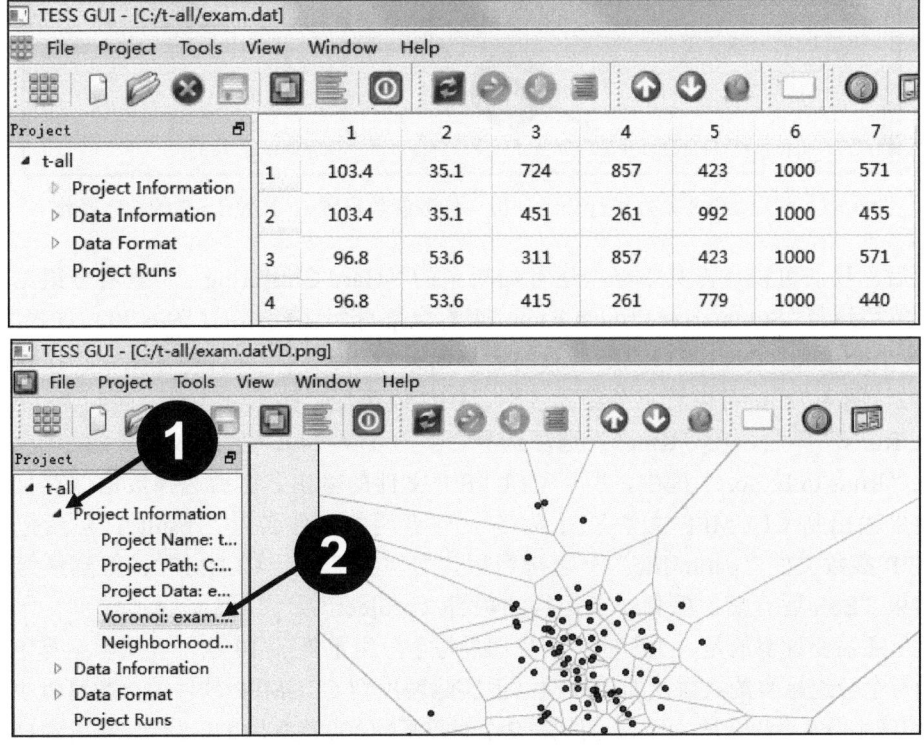

图 6-65 利用 TESS 软件进行分组分析（查看数据）（按照 1、2 的次序操作）

图 6-66 利用 TESS 软件进行分组分析（运行任务）

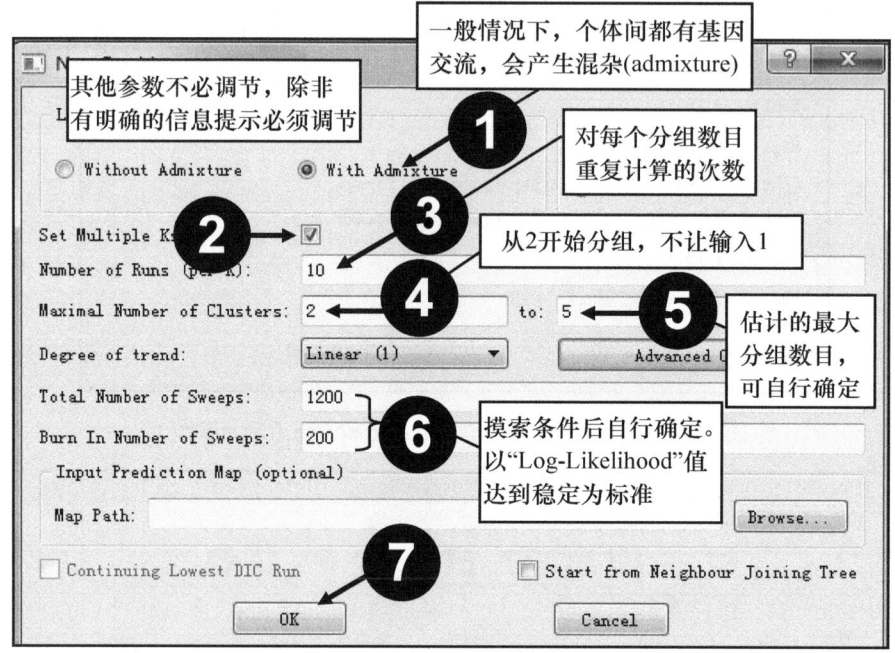

图 6-67 利用 TESS 软件进行分组分析（任务参数设置）（按照 1~7 的次序操作）

然后，我们可以点击其中一个运行结果中的"Hard Clustering…"查看分组结果（图 6-69）。然后选择"Summarize Project Runs"查看全部分组运行结果（图 6-70）。选择"Export Table to Text File"（图 6-71），把汇总的运算结果输出到一个文件，用 Excel 打开，作图（图 6-72，图 6-73），可以看出分组为 3 时，DIC 值最低，提示分 3 组。回到"Summarize Project Runs"界面，在"Kmax"选项选择"3"（图 6-74），把 $K=3$ 运算的 10 次重复结果输入"Runs to Export"框中，用于 CLUMPP 文件的输出。然后选择数据保存目录，把数据结果输出到 CLUMPP 文件（图 6-75），作者用的文件名为"result"，然后把结果和 CLUMPP 参数文件"paramfile"一起拷到相关文件夹下运行 CLUMPP，得到最终分组结果。结束 TESS 运行后，保存一下运行的项目（project）。

这里还需要说明的是，上面的例子我们是每个分组重复了 10 次，在实际运算中我们可以增加每个分组重复的次数，如 100 次。但实际输出到 CLUMPP 软件的次数可以少些。例如，我们确定分 9 个组合适，可以不必把在 9 个组重复的 100 次都用 TESS 软件输出到 CLUMPP 运算，我们可以选择这 100 次中 DIC 值最低的 20 次输出到 CLUMPP 中进行计算。

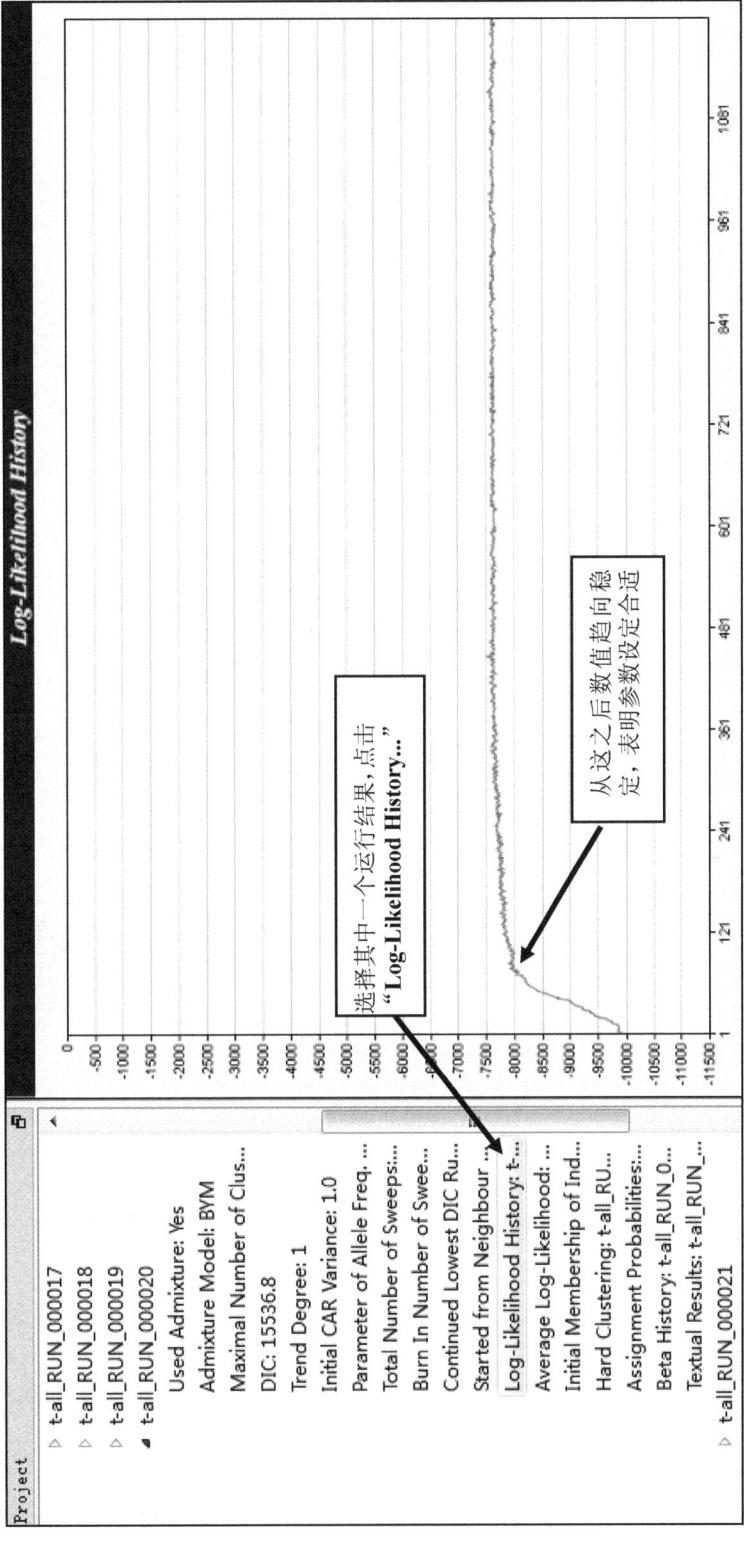

图 6-68 利用 TESS 软件进行分组分析（运行结束后查看运行结果）

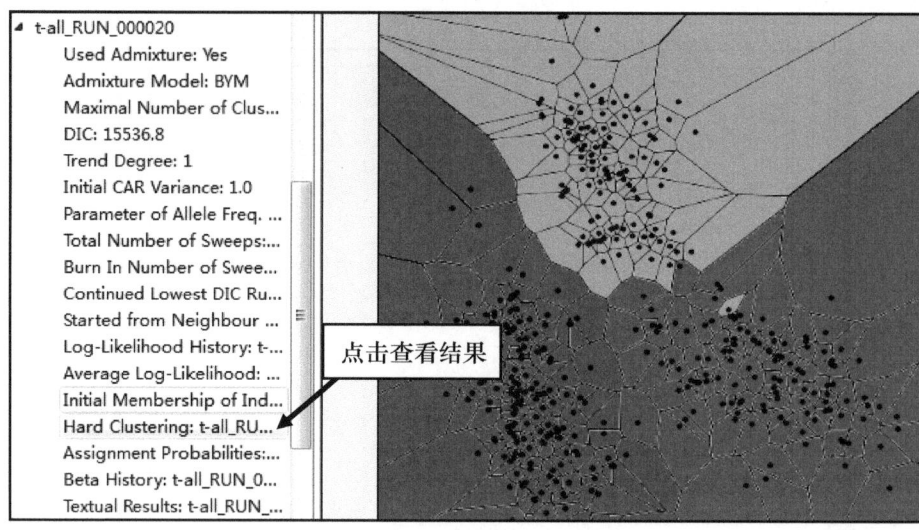

图6-69　利用TESS软件进行分组分析（查看其中某个分组结果）

图6-70　利用TESS软件进行分组分析（查看汇总的所有结果）

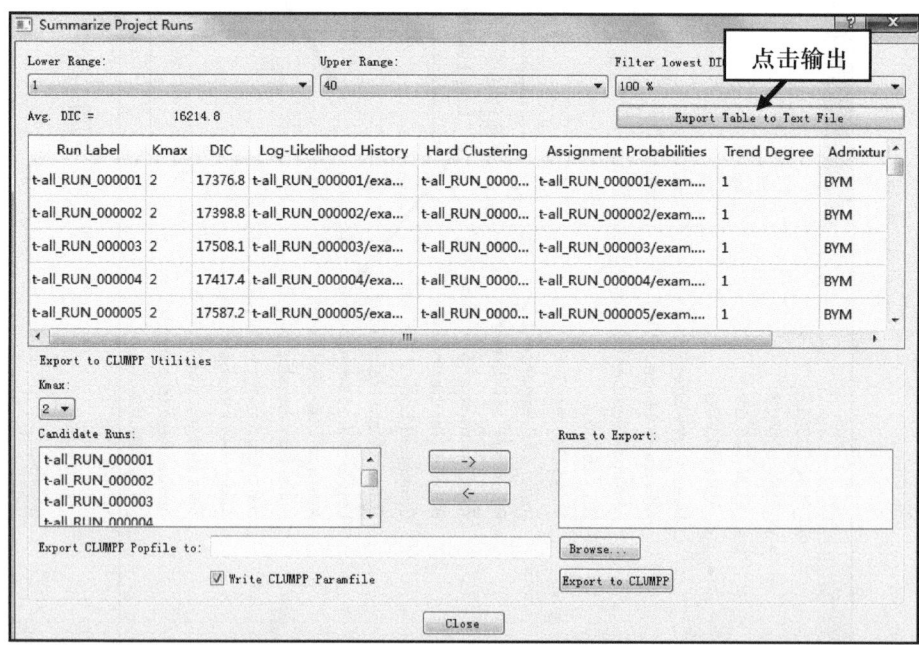

图6-71　利用TESS软件进行分组分析（汇总的结果输出以确定分组数目）

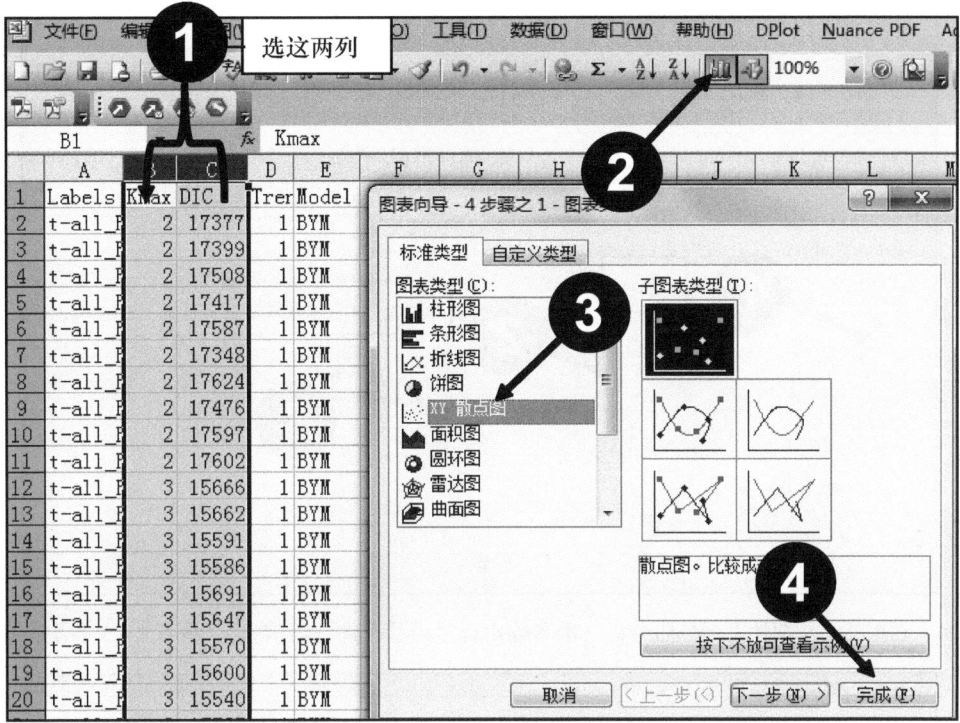

图 6-72 利用 TESS 软件进行分组分析（打开汇总结果以确定分组数目）（按照 1~4 的次序操作）

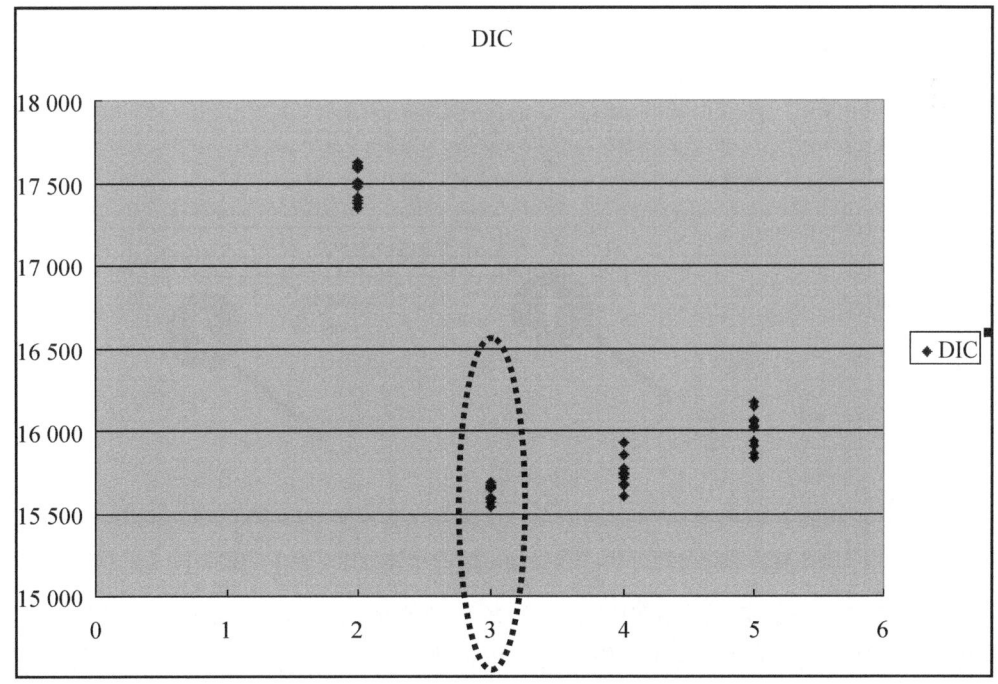

图 6-73 利用 TESS 软件进行分组分析（判定分组数目）

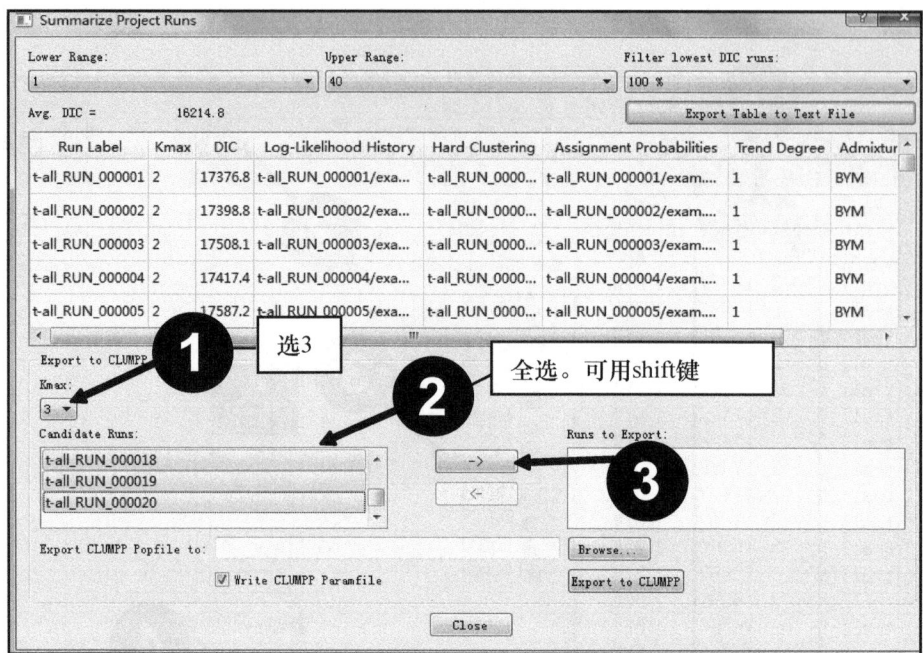

图 6-74 利用 TESS 软件进行分组分析（准备输出确定后的个体分组信息）（按照 1~3 的次序操作）

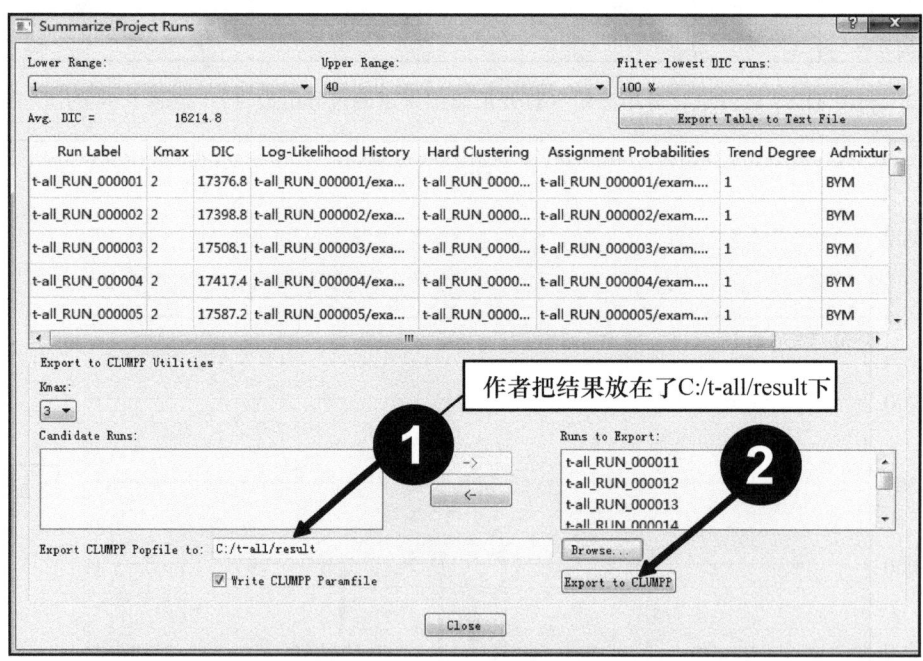

图 6-75 利用 TESS 软件进行分组分析（输出确定后的个体分组信息）（按照 1、2 的次序操作）

但在实际情况下，我们会发现随着分组数目的增加，图 6-72 和图 6-73 显示的 DIC 值会随着分组数目的增大而逐渐降低，很难出现像图 6-73 那样的理想状况（即在分组为 3 时有明显的最小 DIC 值）。那么这时应该如何选择分组的数目呢？

例如，图 6-76 就出现了这种情况，很难判断合适的分组值是多少。这时我们可以用

“Tukey's pairwise comparisons”方法进行判断，即通过统计分析找到两个分组值（K）之间刚刚没有差异时的K值，把这个值定义为较合适的分组值。“Tukey's pairwise comparisons”可用 PAST（Hammer et al.，2001）这个软件辅助计算。软件下载地址为 http：//folk.uio.no/ohammer/past/。

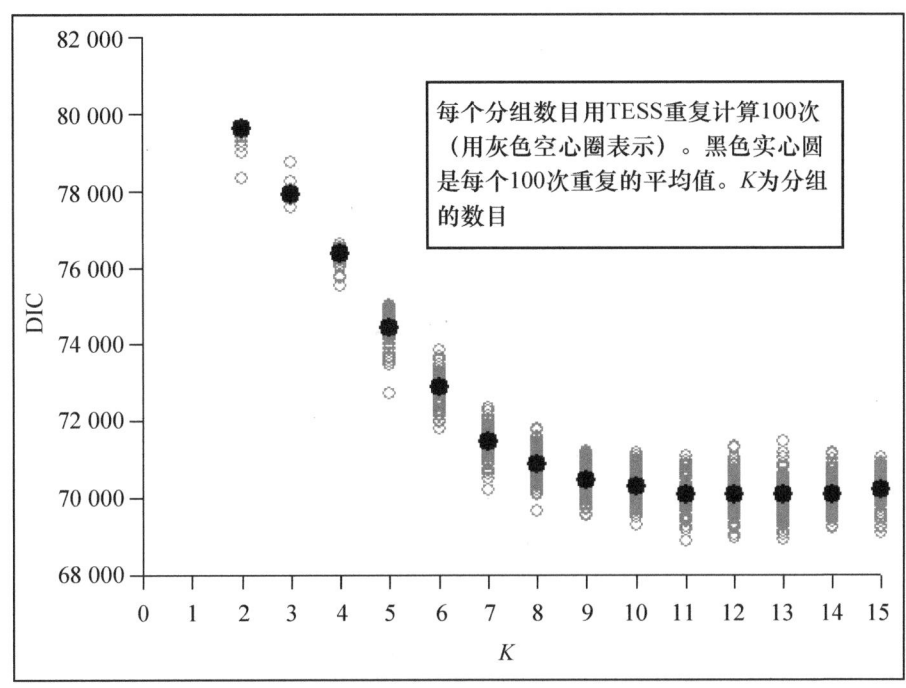

图 6-76 利用 TESS 软件进行分组分析（分组K值和 DIC 值的关系）

在此用 “past-tess”文件作为例子。用 PAST 软件打开这个文件（如需编辑这个文件，可用 Windows 自带的记事本打开）（图 6-77）。其中，A 至 N 列分别代表分组值K=2～15 的 TESS 计算的 DIC 值，每个K重复了 100 次，因此每个K值下有 100 个数据。选中数据（图 6-78），点击“Several-sample tests（ANOVA，Kruskal-Wallis）”（图 6-79），在结果栏选择“Tukey's pairwise”查看得出的计算结果（图 6-80）。

	A	B	C	D	E	F	G	H	I	J	K	L	M	N
1 ●	79644.1	77814	76382.4	74904	72797.8	71551	70808.7	70302.1	69971.3	70548.1	70744.2	70013.4	70501.2	70087.5
2 ●	79612	77936.8	76376	74962.2	73221.4	71725.6	71780.9	70484.9	69892.4	70548	69640.5	70339.6	70505.3	70402.7
3 ●	79619.1	77841.3	76525.1	74857.1	73085	71757.6	71143.8	70466	70112.5	69454.5	69281.4	70383.4	69448.3	69571.8
4 ●	79621.1	77868.5	76287.8	75004	72131.7	71842.7	70124.5	70565.8	69700.9	69426.5	69955.1	70883.1	70645.8	70339.9
5 ●	79669.5	77884.1	76411.4	73651.9	73108.4	72010	71010.1	71035.9	70365.9	70510.2	69774.9	70244.6	70413	70235.6
6 ●	79652.6	77905.6	76396.3	74689.4	71818.5	71344.8	70304.7	70017	70442.2	70301.3	70956.3	70574.4	70518.5	69664

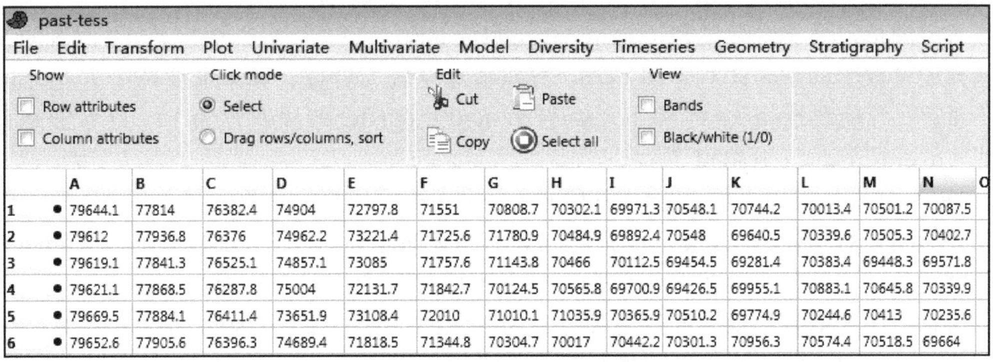

图 6-77 利用 PAST 软件进行数据分析（打开文件）

图 6-78　利用 PAST 软件进行数据分析（选中数据准备分析）

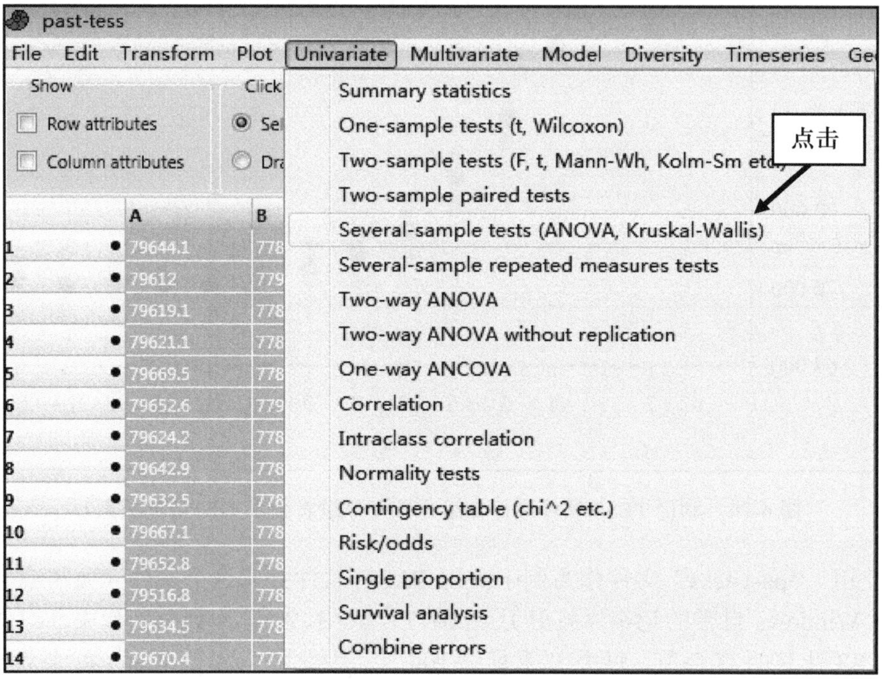

图 6-79　利用 PAST 软件进行数据分析（数据计算）

从图 6-80 可以看出从 $K=9$ 和 $K=10$ 两者 DIC 值之间差异为 0.041 22，只刚刚小于 0.05 的显著度阈值，属于边际显著（marginal significant），可以认为 $K=9$ 和 $K=10$ 两者的 DIC 值差异还是较小的。因此对于图 6-76，分组值选 9 较为合适。如果非要两个 K 值之间完全不显著，那就要选择 $K=11$ 组了（$K=11$ 和 $K=12$ 的 DIC 差异 P 值为 1）。这可能是有点高估（overestimate）分组值了。

TESS 分组结果出来后，我们可以和 Structure 软件计算的结果一样作图（见图 6-54～图 6-58）。但这一作图方式没有用到研究对象的空间坐标信息。TESS 分组的优势就在于以研究对象的空间信息作为分组依据，以利于更有效进行分组。因此结合分组值和个体坐标信息作图能更好地反映研究对象分组与其空间位置的关系。为此，Mitchell 等（2013）编写了 TESS Ad-Mixer 软件帮助作图。软件可以从 http：//www.pages.drexel. edu/～mkg62/software.html 这一网址下载。下载后解压缩。

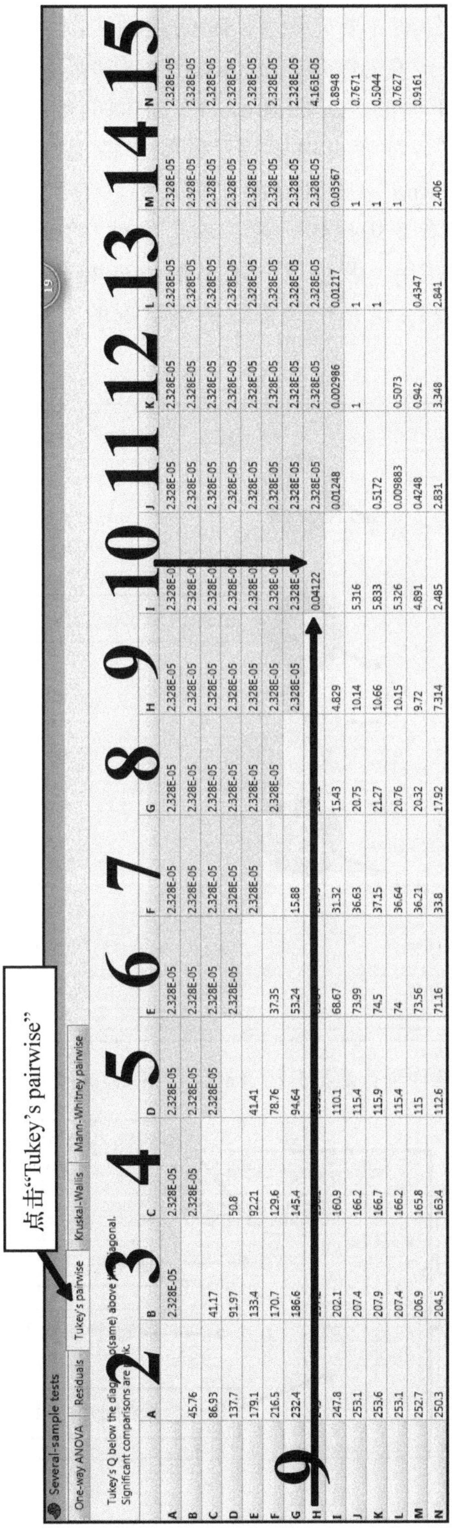

图 6-80 利用 PAST 软件进行数据分析（查看结果）

由于这个软件是在 DOS 环境下运行的，为方便，我们把这个解压缩后的文件拷到 C 盘根目录下。在运行这个软件前，要先用 TESS 创建预测图"prediction map"。因此我们还是用前面分 3 组的那个例子（文件名"exam.dat"）作为示范。

首先打开项目（"File"下面的"Open Project"，上面的例子作者保存在了 C 盘"t-all"目录下，文件名为"t-all.tp"。读者可根据自己的操作情况找到自己的文件），然后在菜单处选择"Project"下面的"Run"，得到界面如图 6-81。在"Map Path"处输入需要 TESS 软件计算的文件名。如果读者不想操作一遍，这个文件（"map-grid.txt"）作者放在了随书附的数据中，读者可以直接用。我们可以用 Windows 自带的记事本打开、查看和编辑"map-grid.txt"文件（图 6-82）。这是一个描述栅格状况的文件。图 6-83 就是一个栅格图的例子。

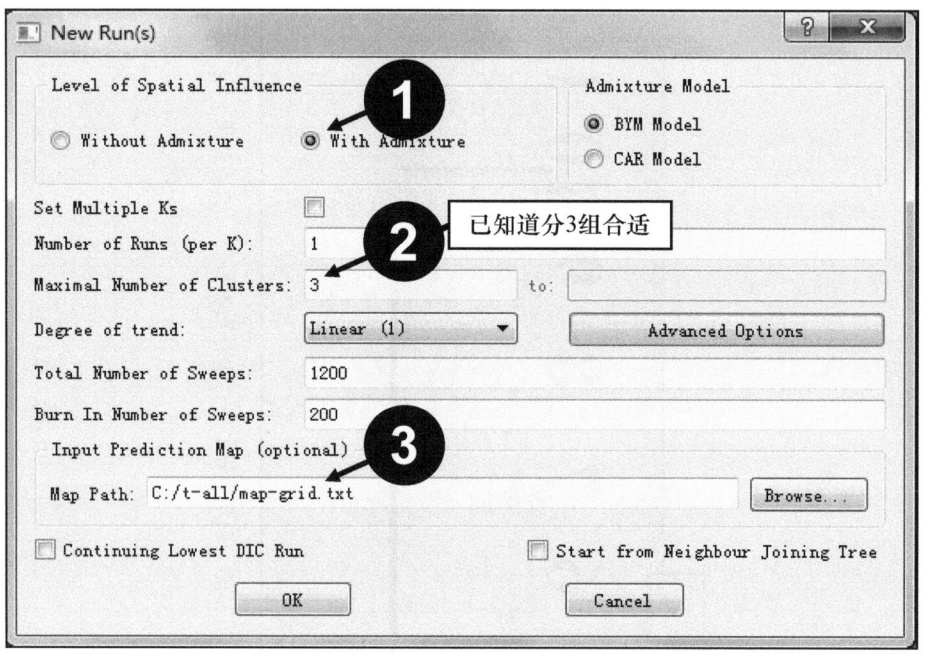

图 6-81　利用 TESS 软件进行数据分析（制作栅格图）（按照 1~3 的次序操作）

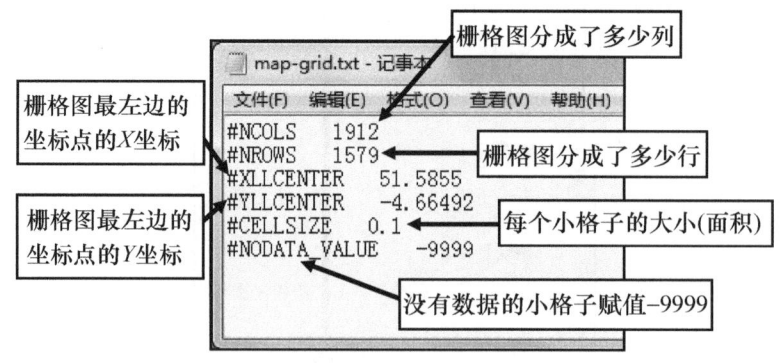

图 6-82　栅格图的数据格式

第六章 分组分析

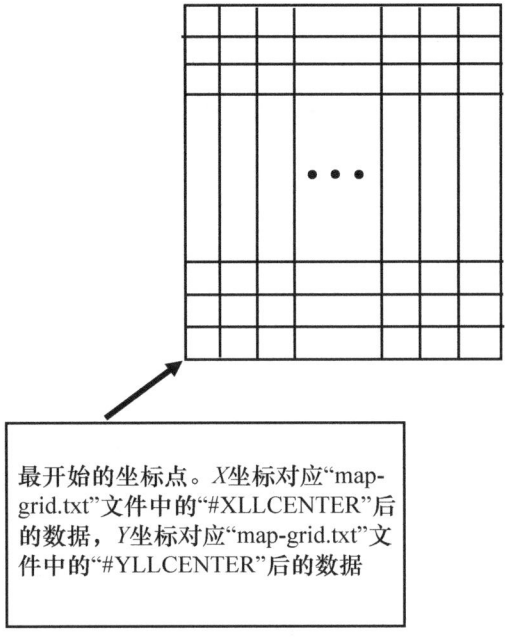

图 6-83 栅格图

计算结束后找到计算结果文件（图 6-84，作者的是在 C 盘"t-all"目录下），然后把计算结果拷到 TESS Ad-Mixer 软件的目录下，TESS Ad-Mixer 作者放在了 C 盘（图 6-85）。

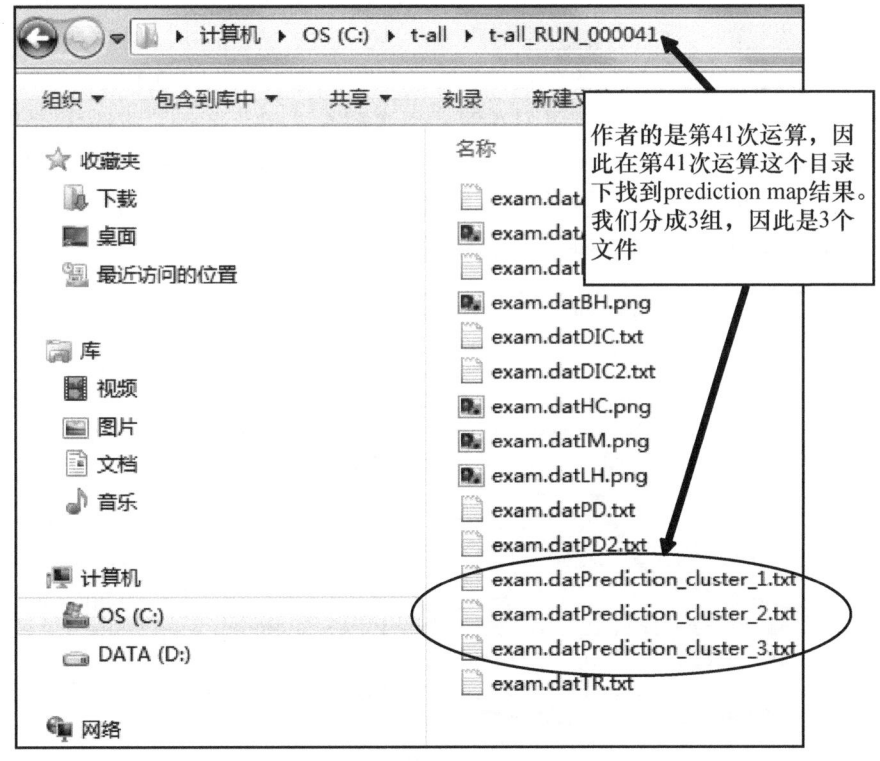

图 6-84 利用 TESS 软件进行数据分析（制作栅格图，计算结果文件）

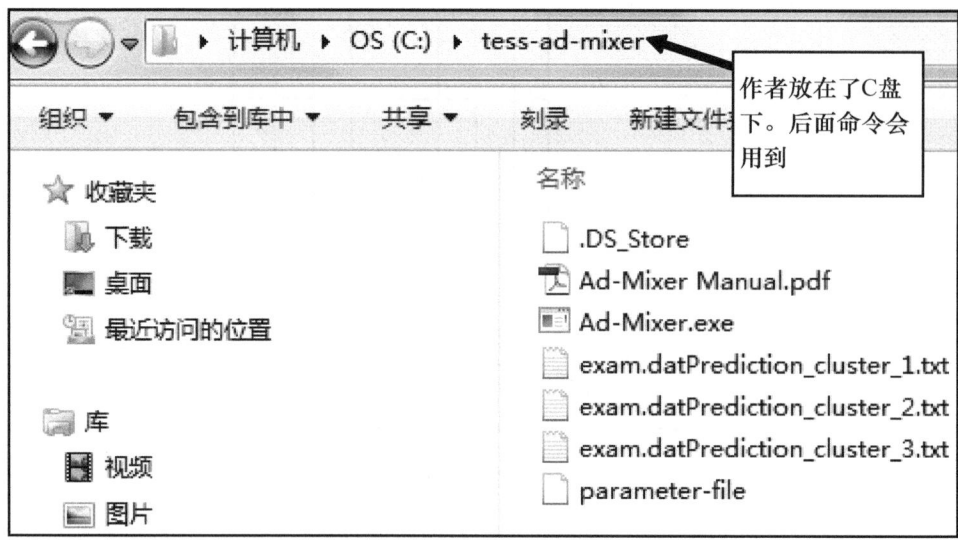

图 6-85　利用 Ad-Mixer 软件作图（文件系统）

进入 TESS Ad-Mixer 目录，用写字板打开"parameter-file"，可以编辑内容（图 6-86）。这个文件每行开头是上面 TESS 计算结果的文件名，每个文件名后面跟的三个数字是某种颜色标记。这个颜色标记所代表的颜色我们可以用 Windows 自带的"画图"工具查看（"画图"工具在 Windows 的"附件"工具集中，图 6-87）。在"编辑颜色"的对话框最右边，在"红"、"绿"和"蓝"对应的小格中输入数字，就会出现相对应的颜色了。如输入"49 49 83"（第一个组的颜色），对应的就是灰蓝色（图 6-88，图 6-89）。

完成"parameter-file"文件的参数设置后，就可以运行 TESS Ad-Mixer 了。首先进入 DOS 模式（图 6-90）。然后按照图 6-91，依次键入"cd\"（"cd\"的意思是回到根目录）、"cd tess-ad-mixer"（"cd tess-ad-mixer"的意思是进入 tess-ad-mixer 这个目录）等进行操作，完成后的结果是一幅图。但遗憾的是这幅图并没有把个体表示出来，只有分组状况。因此后期还需要进一步添加个体。在这里作者不介绍了。

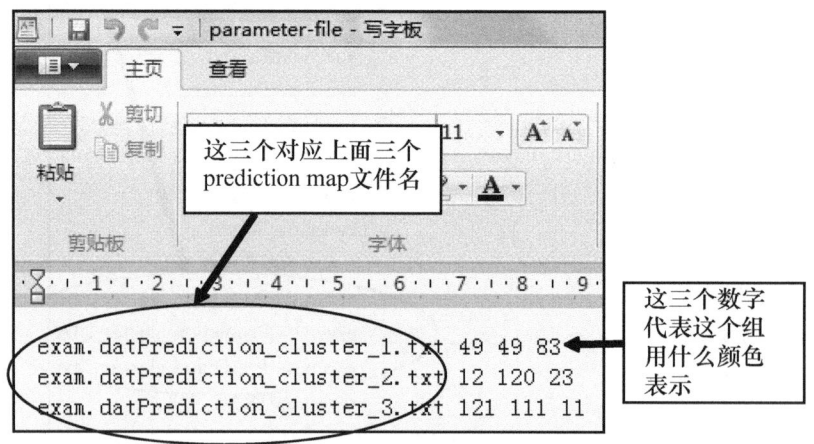

图 6-86　利用 Ad-Mixer 软件作图（参数文件设置）

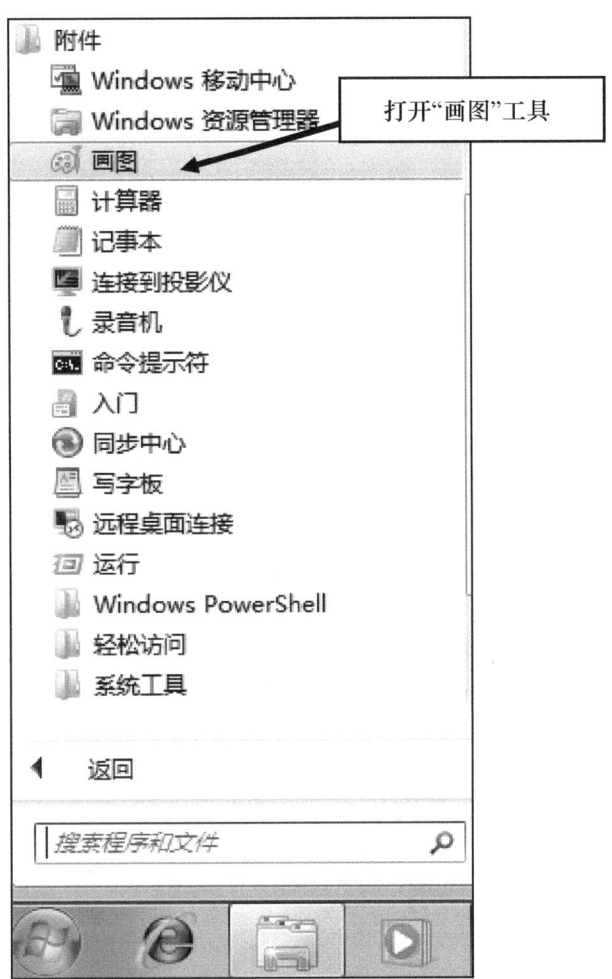

图 6-87　利用 Ad-Mixer 软件作图（利用画图工具设置各组对应的颜色之一）

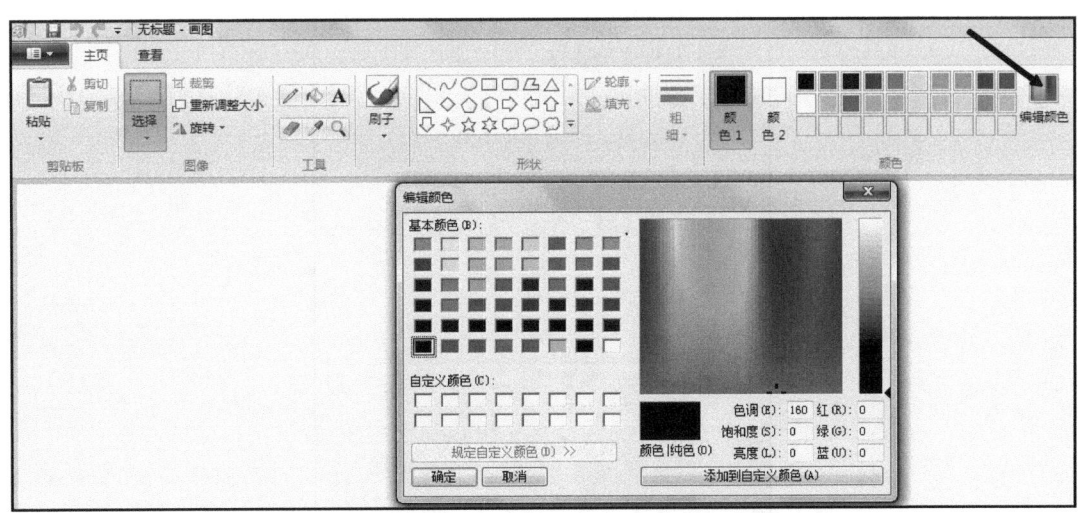

图 6-88　利用 Ad-Mixer 软件作图（利用画图工具设置各组对应的颜色之二）

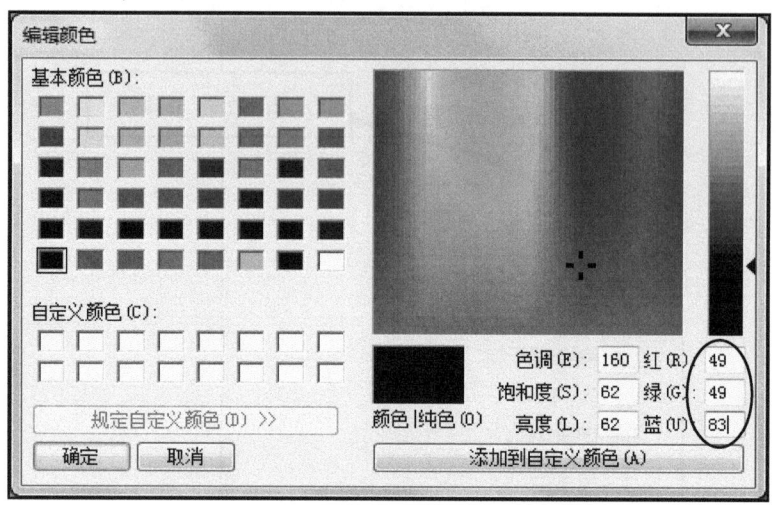

图 6-89　利用 Ad-Mixer 软件作图（利用画图工具设置各组对应的颜色之三）

图 6-90　利用 Ad-Mixer 软件作图（在 DOS 下运行程序之一）

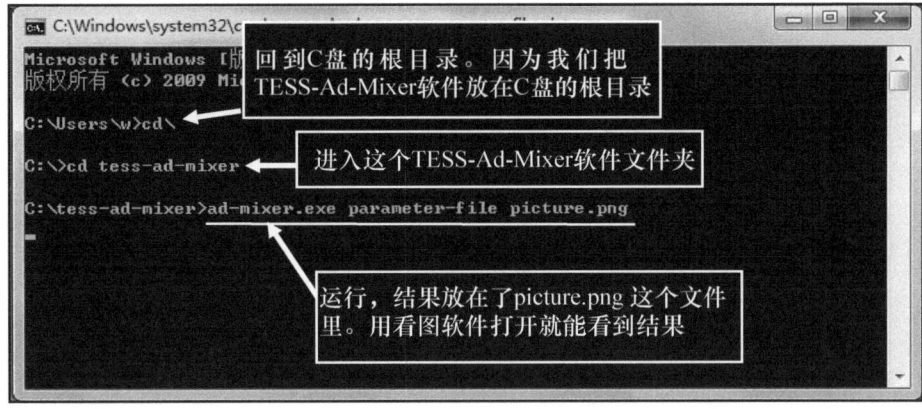

图 6-91　利用 Ad-Mixer 软件作图（在 DOS 下运行程序之二）

第七章 空间遗传结构分析

第一节 sPCA 分析

上一章介绍的 Structure 和 TESS 软件进行的分组分析都是基于模型检测，要求实验数据符合一定的条件（如位点需要处于 Hardy-Weinberg 平衡等）。如果数据不符合这些要求，计算所得的结果可能不太准确。但由于多数情况下数据并不能完全满足模型要求，限制了利用这种分组方法进行物种空间遗传结构分析。因此，Jombart 等（2008）设计了非模型依赖的 sPCA（spatial analysis of principal components）方法对数据进行分析，并设计了 sPCA 软件。

sPCA 是在 R 语言平台下运行的软件。因此我们首先要下载安装 R 软件（http://cran.r-project.org/）（图 7-1）。安装时按照 32 位或者 64 位 Windows 版本进行选择（图 7-2，图 7-3）。

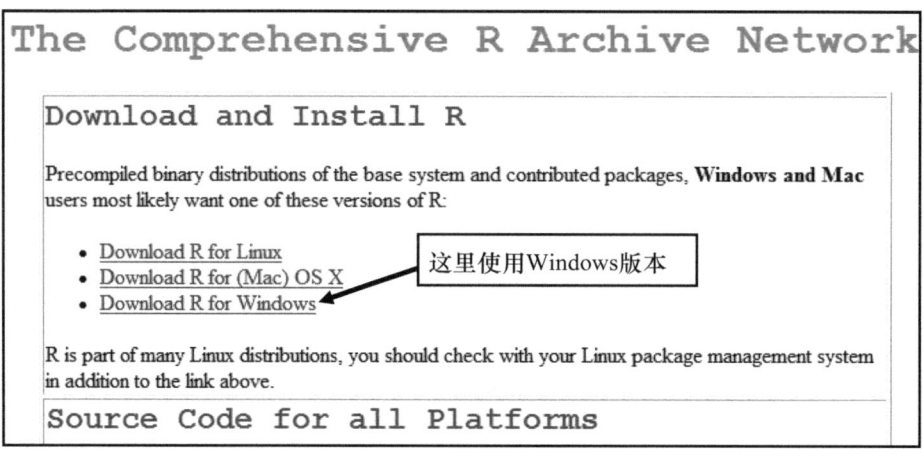

图 7-1 下载 R 软件之一

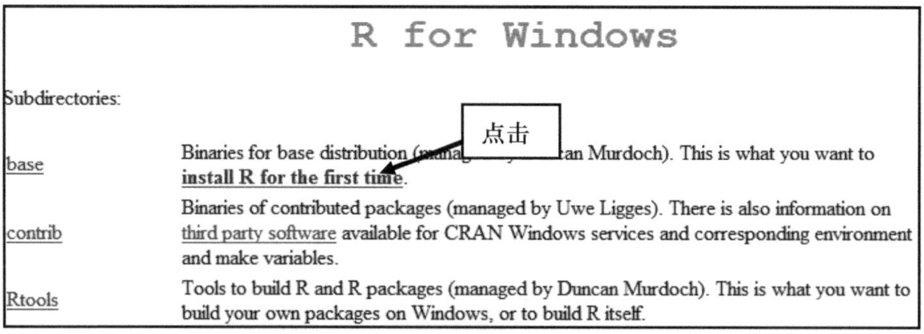

图 7-2 下载 R 软件之二

图 7-3 下载 R 软件之三

sPCA 是在"adegenet"这个软件包中,因此运行 R 软件后,我们在">"符号后面键入"install.packages("adegenet", dependencies=T)",回车(图 7-4),软件提示选择从哪个服务器进行安装,读者自己选择一个就可以。这个命令中"dependencies"是让安装软件时把它所需要的其他软件包也一起安装了,因为它要调用其他的软件才能运行(图 7-5),"T"是"TURE"的意思,表示要把这个程序依赖的其他程序都安装上。

图 7-4 安装 R 软件程序

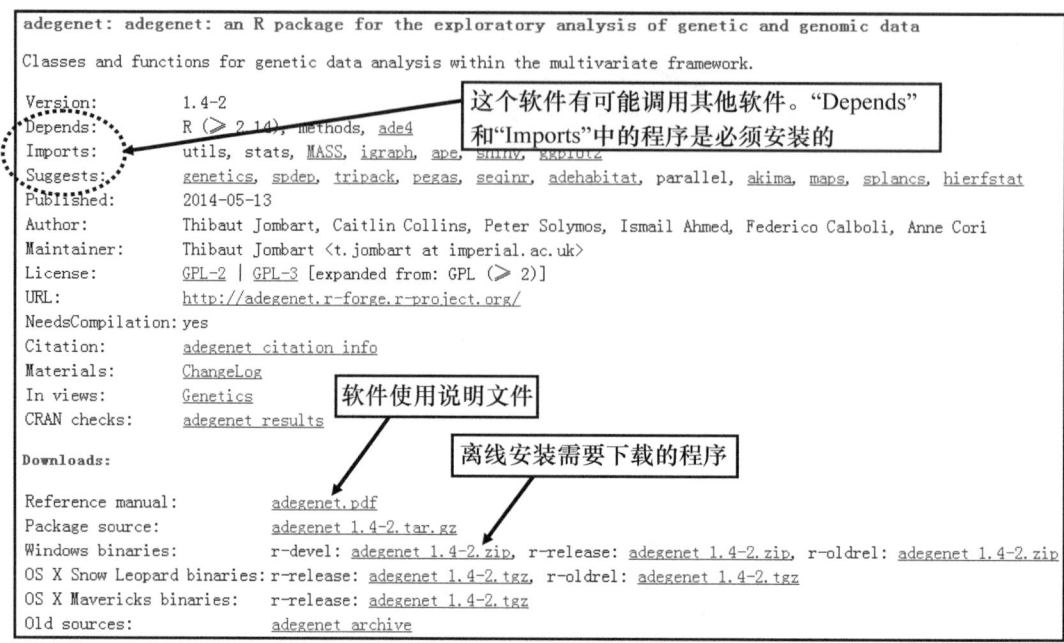

图 7-5 R 软件的程序包下载、安装说明

如果上面所说的"install.packages"命令执行不了，不能安装程序，重新启动电脑就可以了。如还不行那就只能手动一个程序一个程序安装了，软件查找可按图 7-6。然后下载，下载后可自己安装（图 7-7）。此时，建议把所有"Depends"、"Imports"和"Suggests"都安装上。由于某个程序可能又依赖另一个程序，这样嵌套下来手动安装也会很费事。当然，用"install.packages"安装完软件后，在程序运行过程中可能还会要调用其他嵌套的程序，此时程序运行中会提示，我们手动安装即可。

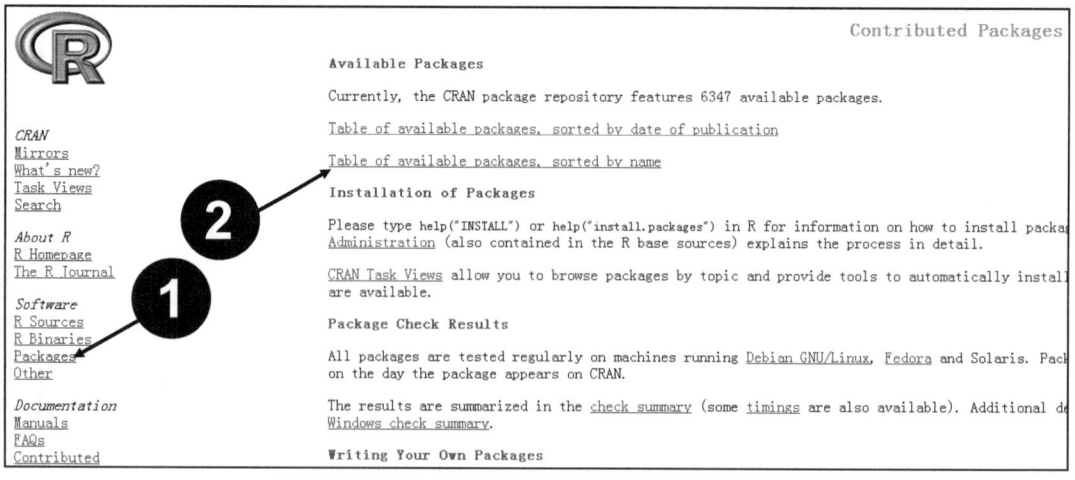

图 7-6 手动安装 R 软件的程序包（按照 1、2 的次序操作）

第七章　空间遗传结构分析

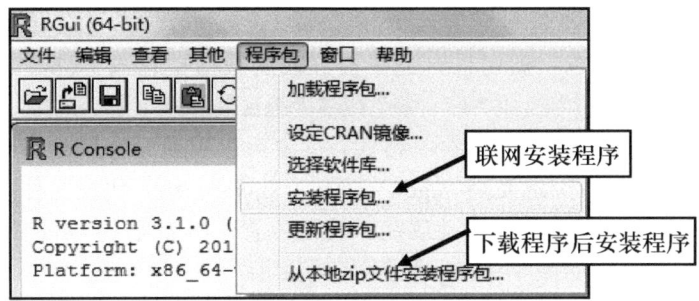

图 7-7　联网或手动安装 R 软件程序包

"adegenet"安装完成后，程序会提示"程序包'×××'打开成功，MD5 和检查也通过"，表示程序已经正确安装了，可以使用了。我们用"library(adegenet)"就可以了，注意这里的括号是"()"不要用中文的括号"（）"（图 7-8）。

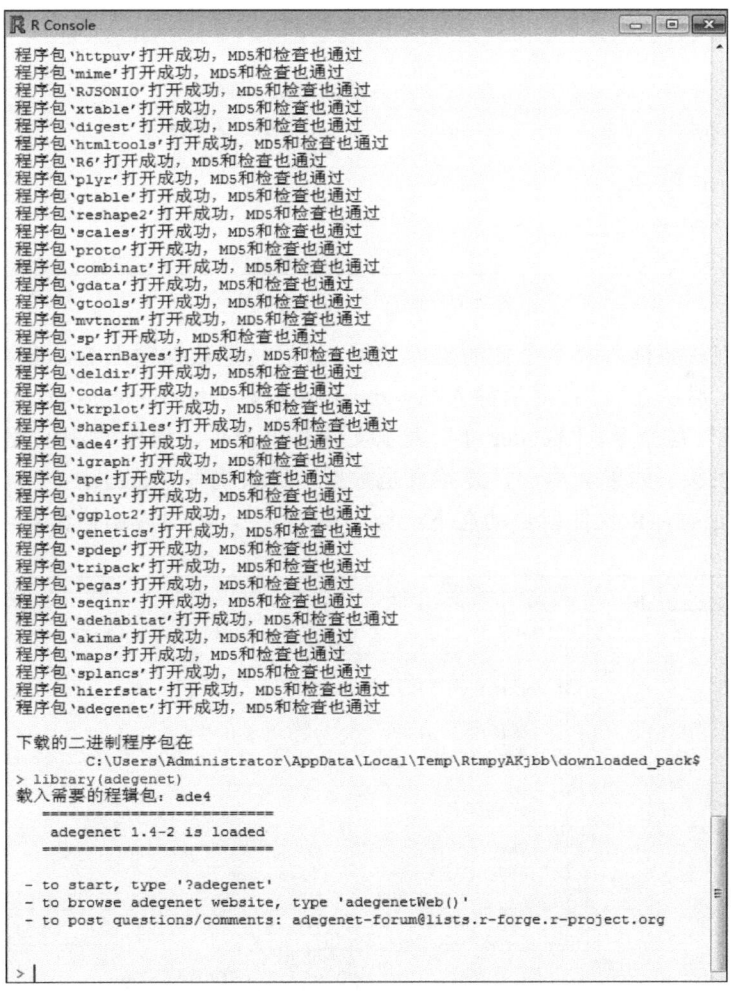

图 7-8　运行 sPCA 程序之一（加载程序包）

首先读取数据，在">"符号后键入"obj <-read.genepop（"c：/ shiyan.gen"，(package="adegenet"))"命令后回车，就可以。这里被读取的数据被存入"obj"这个变量中，当然读者也可以自己把"obj"改成"x"、"y"或者"datafile"等，自己取名。"read.genepop"是个命令，表示读的数据是"genepop"格式，读者可以用前面介绍的GenAlEx软件进行格式转换，别忘了后缀名一定要是".gen"。"c：/ shiyan.gen"代表文件"shiyan.gen"是放在了C盘的根目录下，如果文件是放在了其他位置，如D盘的data目录下，就写"d:/data/shiyan.gen"即可。如图7-9表示数据读入成功。

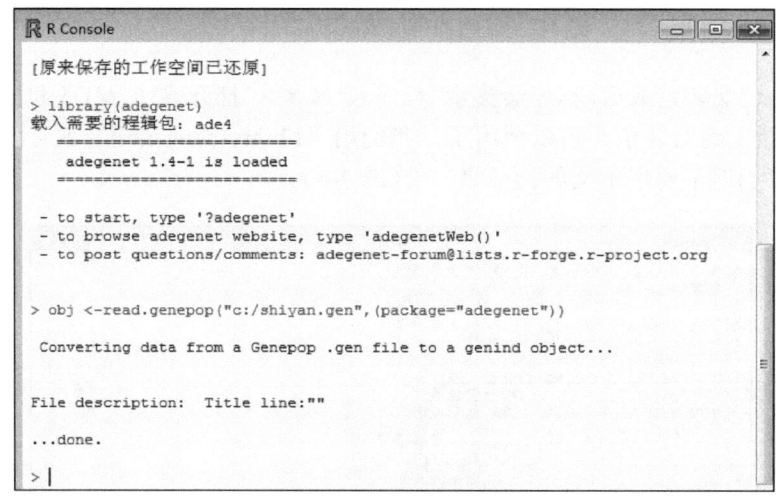

图7-9 运行sPCA程序之二

之后，我们就要读入每个个体的坐标数据。最好是把数据输入Excel，然后另存为.csv格式（图7-10）。然后在">"符号后键入"xy_data<-read.csv("c:/shiyan-xy.csv",header=T)"。其中"read.csv"是命令，"header=T"表示文件有个表头，如图 7-10，数据的第一行是"x"、"y"的表头。如果从第一行开始就是数据，那么就写"header=F"，F代表FALSE。如果数据读入正确，R软件就自动在下一行出现">"，不出现出错信息。

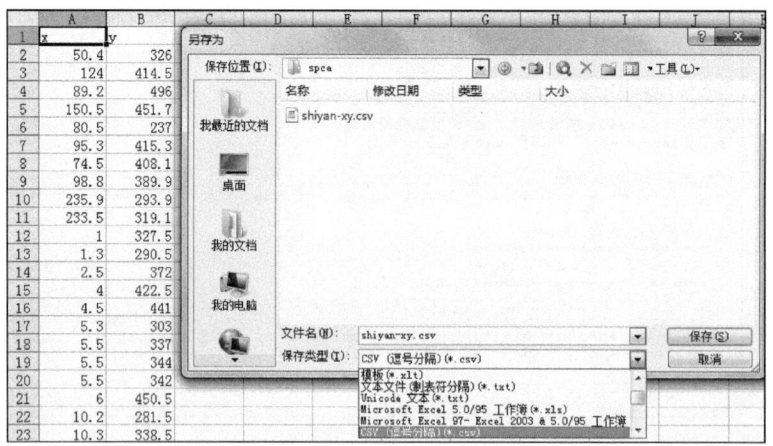

图7-10 运行sPCA程序之三（准备坐标数据）

之后进行 sPCA 的计算，键入"mySpca <- spca(obj, xy=xy_data)"。其中，"spca"是命令，读取"obj"和坐标变量，spca 计算结果被存在"mySpca"变量中（读者也可以把"mySpca"改为其他名字，如"resultout"等，可自己取名字）。命令运行后，会出现提示要求选择个体连接方式（图 7-11）。可以用"Delaunay triangulation"这个邻近三角连接方式，键入"1"后回车。R 软件界面右边出现连接结果的图（图 7-12）。继续运

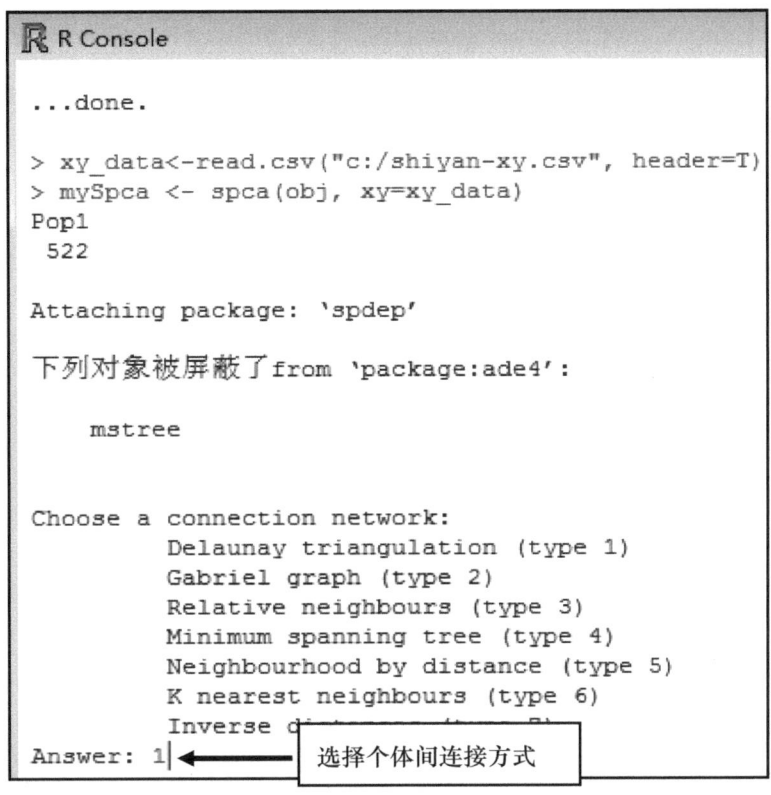

图 7-11　运行 sPCA 程序之四

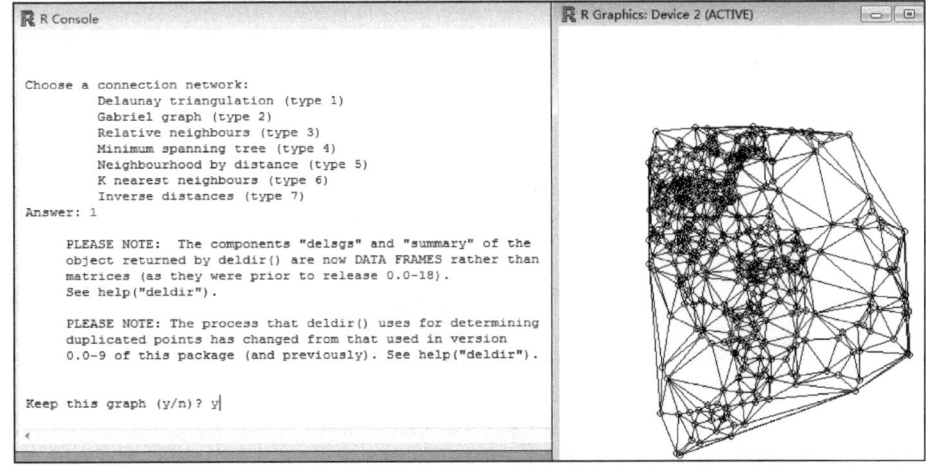

图 7-12　运行 sPCA 程序之五

行,程序提示出错了(图 7-13)。原因是数据有 522 个个体,sPCA 软件要求每个个体有一个独立的名称,而用 GenAlEx 软件转换过程中,作者用的"shiyan.gen"文件中每个个体都被标为"Pop1"了。因此我们需要把"shiyan.gen"进行格式处理。首先我们打开 Excel,找到"shiyan.gen",读入(图 7-14)。按照图 7-15~图 7-18 操作,然后保存文件,关闭 Excel,用"写字板"打开"shiyan.gen"(图 7-19)。然后按照图 7-20~图 7-22 进行数据格式整理,整理完成后,我们可以保存为"shiyan-revise.gen"。重新运行 sPCA 程序,这次用"shiyan-revise.gen"这个文件。重新读入"obj <-read.genepop("c:/shiyan-revise.gen",(package="adegenet"))",再运行"mySpca <- spca(obj, xy=xy_data)",数据处理正确了(图 7-23)。

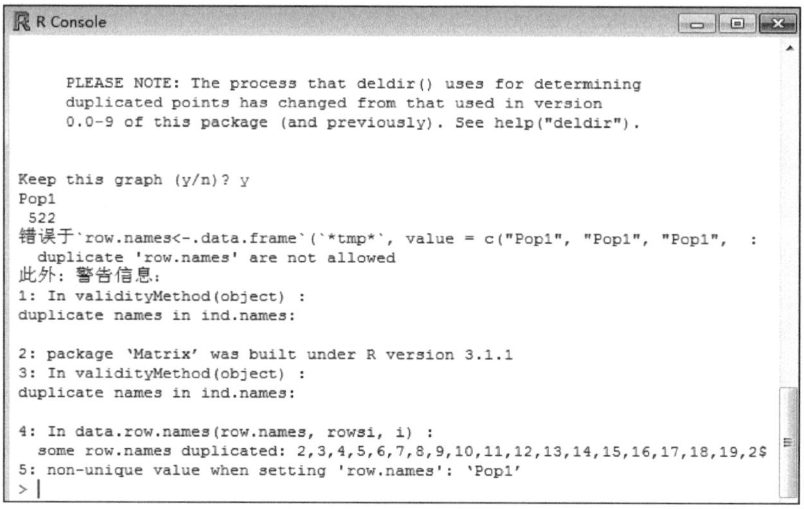

图 7-13 运行 sPCA 程序之六(程序报错)

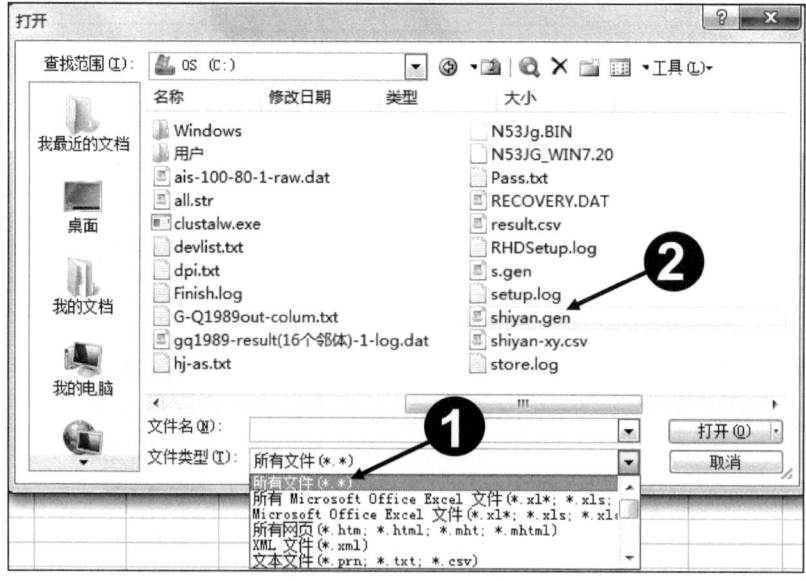

图 7-14 修正数据错误之一(按照 1、2 的次序操作)

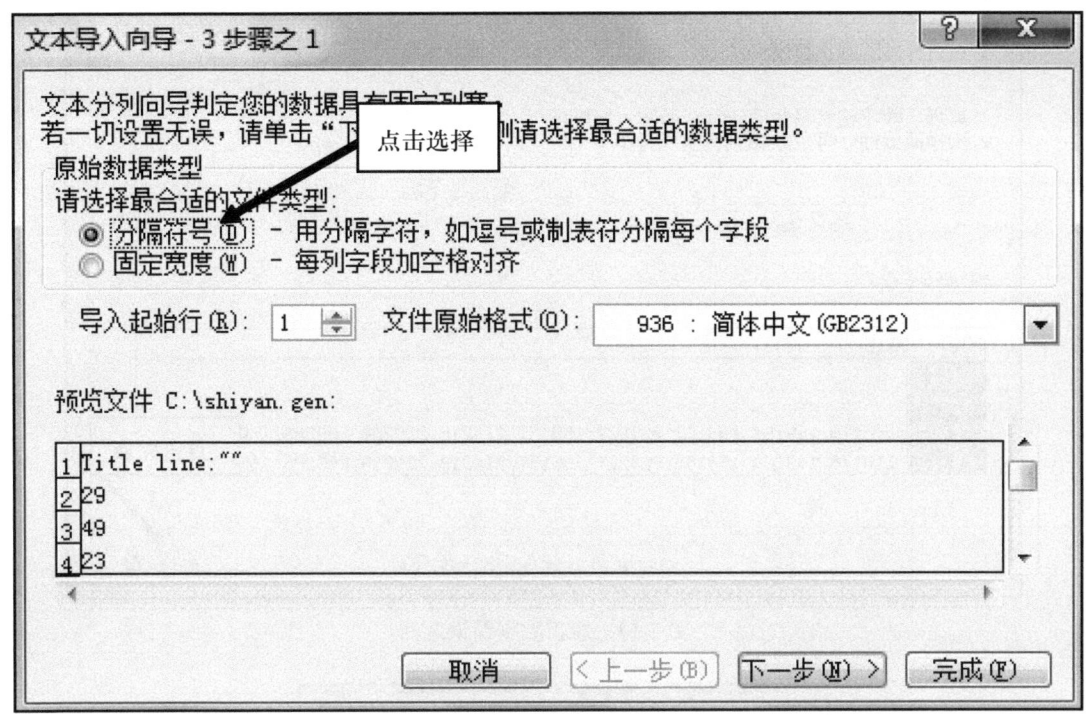

图 7-15　修正数据错误之二

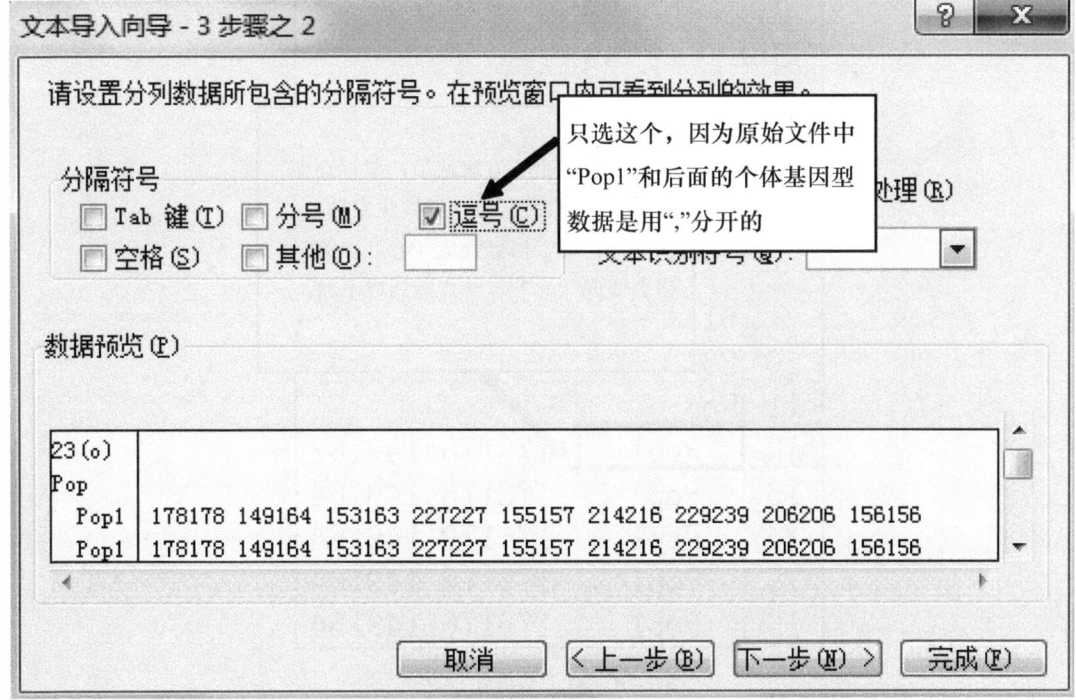

图 7-16　修正数据错误之三

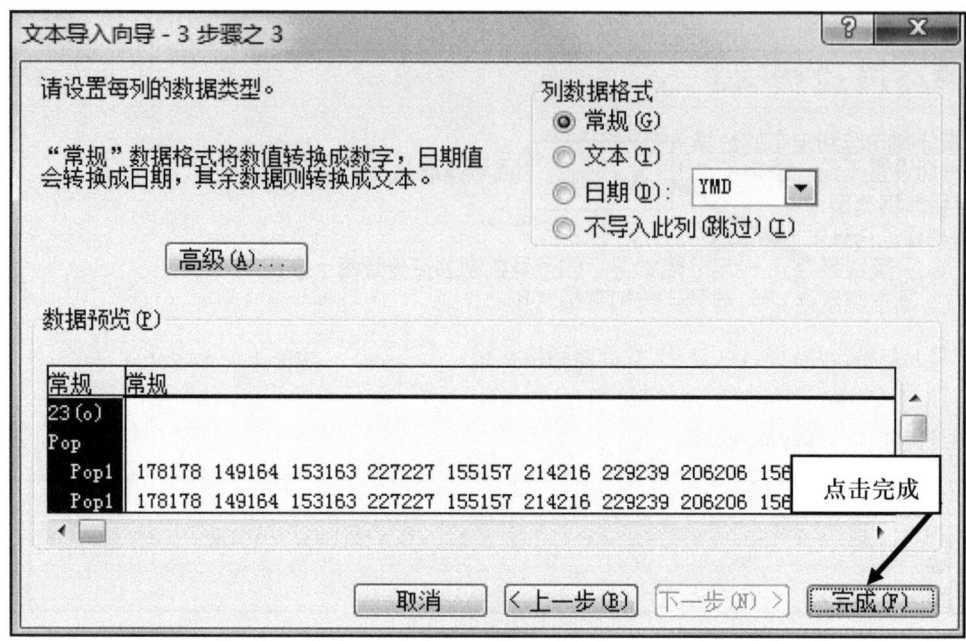

图 7-17　修正数据错误之四

图 7-18　修正数据错误之五

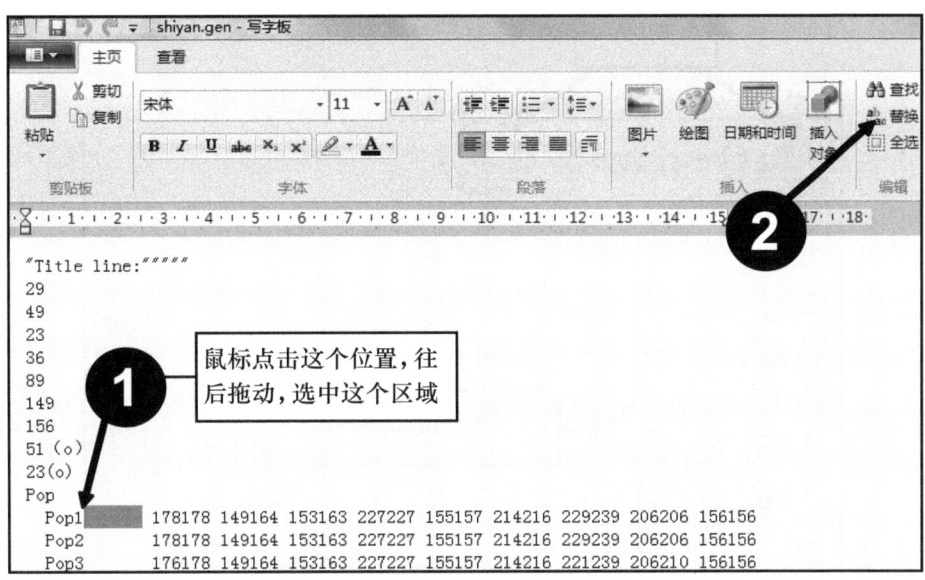

图 7-19　修正数据错误之六（按照 1、2 的次序操作）

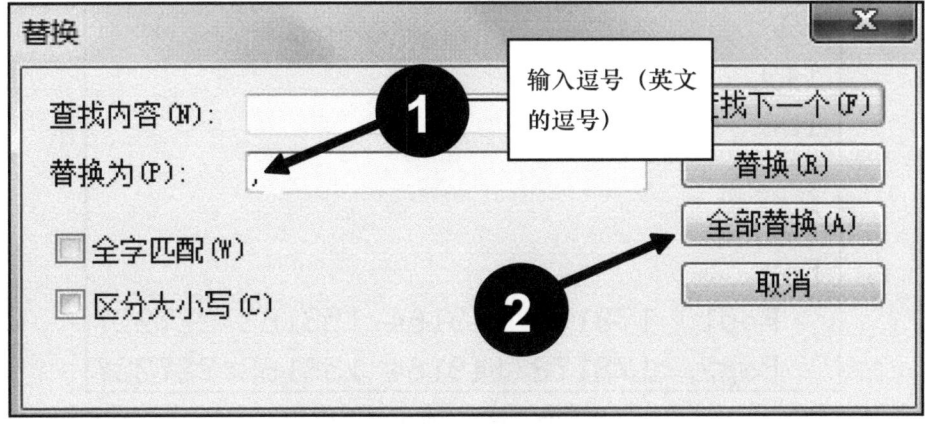

图 7-20　修正数据错误之七

图 7-21　修正数据错误之八（按照 1、2 的次序操作）

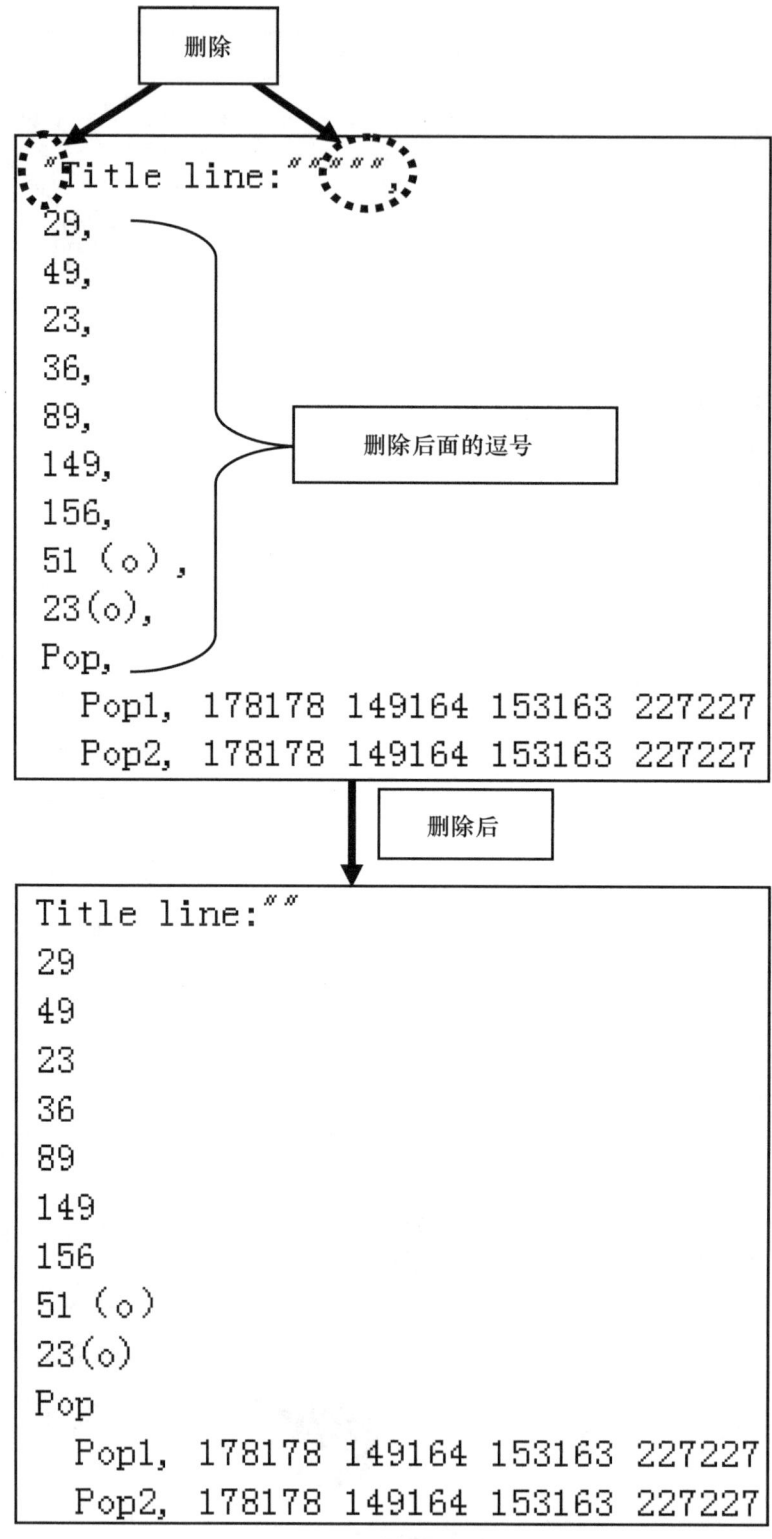

图 7-22 修正数据错误之九

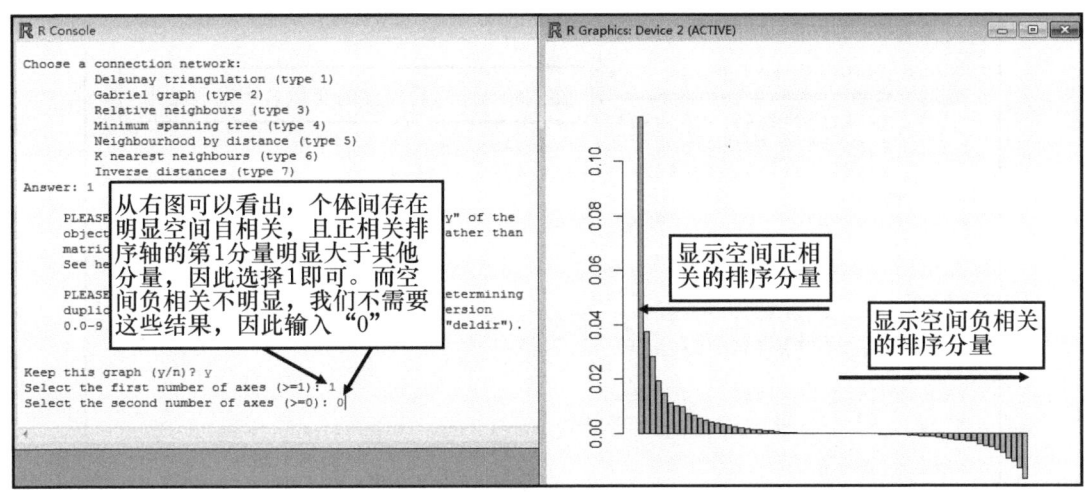

图 7-23　重新运行 sPCA 程序

从图 7-23 看，我们选正相关的第 1 分量就可以，因为第 1 分量很明显。而对于图 7-24（别的数据计算结果），我们可以选 1~3 的分量，因为前几个分量彼此间的差异不是非常大。

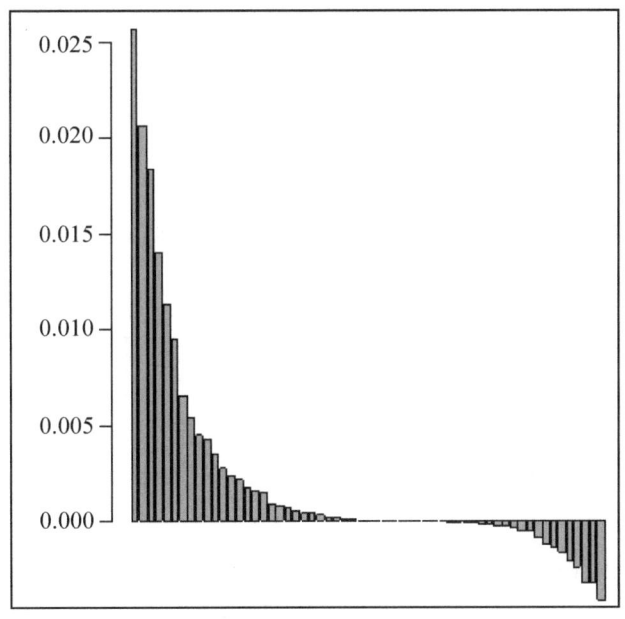

图 7-24　显示别的数据计算的 sPCA 结果

之后我们把需要的结果输出，输入"write.csv（mySpca\$li，"c：/spca-result.csv"）"，把数据保存在 C 盘根目录下，其中"\$li"代表我们要的那部分数据（从图 7-25 中可以看出 mySpca 变量包含了很多信息，我们只要其中的"li"信息就可，如果要的是"ls"信息，就写"mySpca\$ls"，"\$"符号代表从变量中抽提出某一部分）。但程序报错（图 7-26），这是由于把数据写入 C 盘需要管理员身份才行（作者的计算机是这样）。我们可以把"c"改为"d"或者其他目录即可。

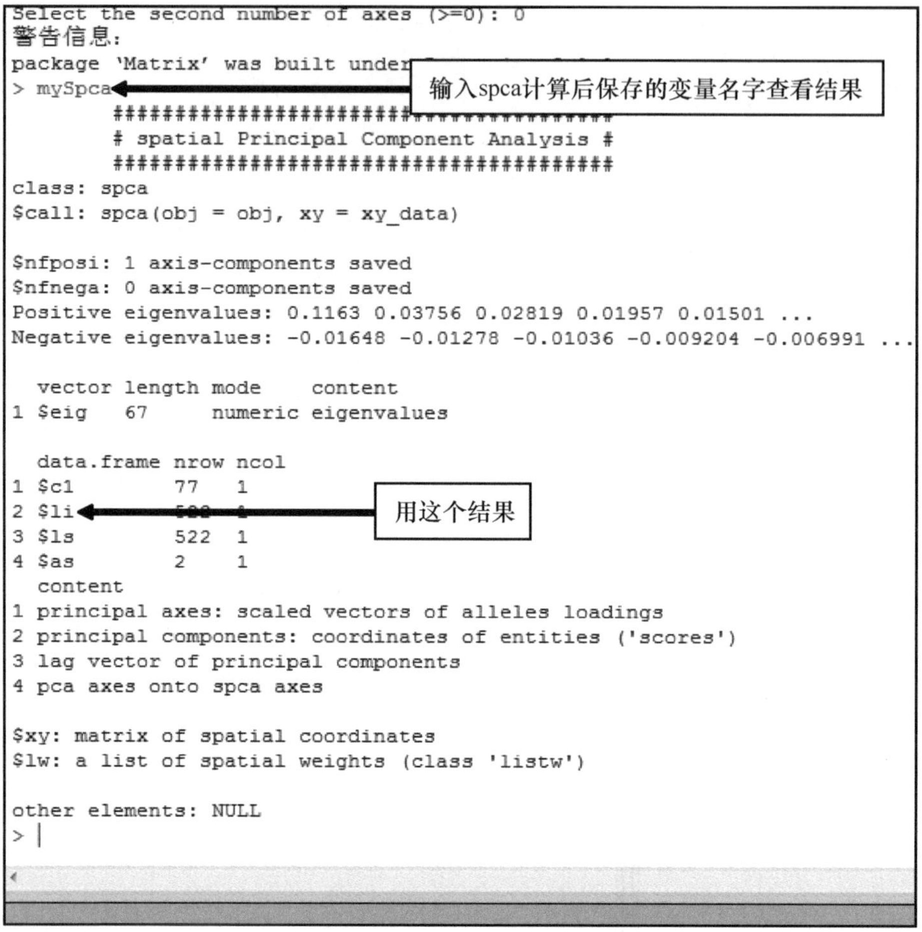

```
Select the second number of axes (>=0): 0
警告信息：
package 'Matrix' was built under
> mySpca    ←────  输入spca计算后保存的变量名字查看结果
        ########################################
        # spatial Principal Component Analysis #
        ########################################
class: spca
$call: spca(obj = obj, xy = xy_data)

$nfposi: 1 axis-components saved
$nfnega: 0 axis-components saved
Positive eigenvalues: 0.1163 0.03756 0.02819 0.01957 0.01501 ...
Negative eigenvalues: -0.01648 -0.01278 -0.01036 -0.009204 -0.006991 ...

  vector  length  mode      content
1 $eig    67      numeric   eigenvalues

  data.frame  nrow  ncol
1 $c1         77    1
2 $li ←       522   4         用这个结果
3 $ls         522   1
4 $as         2     1
  content
1 principal axes: scaled vectors of alleles loadings
2 principal components: coordinates of entities ('scores')
3 lag vector of principal components
4 pca axes onto spca axes

$xy: matrix of spatial coordinates
$lw: a list of spatial weights (class 'listw')

other elements: NULL
>
```

图 7-25 查看 sPCA 结果

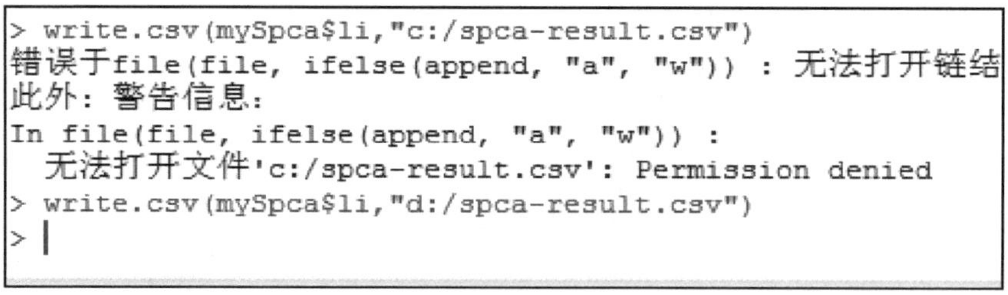

```
> write.csv(mySpca$li,"c:/spca-result.csv")
错误于file(file, ifelse(append, "a", "w")) : 无法打开链结
此外：警告信息：
In file(file, ifelse(append, "a", "w")) :
  无法打开文件'c:/spca-result.csv': Permission denied
> write.csv(mySpca$li,"d:/spca-result.csv")
>
```

图 7-26 输出 sPCA 结果

接下来，我们用 Excel 打开数据输出的文件"spca-result.csv"，把相应的坐标添加上（图 7-27），按照图 7-28～图 7-32 进行操作，sPCA 的结果就展示出来，读者可以自己继续对图进行美化加工，也可用其他作图工具作图。

最后，我们对于 sPCA 分析中空间正相关和负相关进行显著程度的检测。正相关（sPCA 程序的作者称之为 global test）用"myGtest <- global.rtest（obj$tab，mySpca$lw，nperm=999）"命令，负相关（称之为 local test）用"myLtest <- local.rtest（obj$tab，mySpca$lw，nperm=999）"命令（图 7-33），结果见图 7-34。

	A	B
1		Axis 1
2	Pop1	0.464648
3	Pop2	0.464648
4	Pop3	0.496528
5	Pop4	0.496528
6	Pop5	0.752293
7	Pop6	0.752293
8	Pop7	0.246437
9	Pop8	0.246437
10	Pop9	-0.26167
11	Pop10	-0.26167
12	Pop11	0.451652
13	Pop12	0.802453
14	Pop13	0.295615
15	Pop14	0.515769
16	Pop15	-0.24792
17	Pop16	-0.2576
18	Pop17	0.588539
19	Pop18	0.496599

添加坐标 →

	A	B	C	D
1		x	y	Axis 1
2	Pop1	50.4	326	0.464648
3	Pop2	124	414.5	0.464648
4	Pop3	89.2	496	0.496528
5	Pop4	150.5	451.7	0.496528
6	Pop5	80.5	237	0.752293
7	Pop6	95.3	415.3	0.752293
8	Pop7	74.5	408.1	0.246437
9	Pop8	98.8	389.9	0.246437
10	Pop9	235.9	293.9	-0.26167
11	Pop10	233.5	319.1	-0.26167
12	Pop11	1	327.5	0.451652
13	Pop12	1.3	290.5	0.802453
14	Pop13	2.5	372	0.295615
15	Pop14	4	422.5	0.515769
16	Pop15	4.5	441	-0.24792
17	Pop16	5.3	303	-0.2576
18	Pop17	5.5	337	0.588539
19	Pop18	5.5	344	0.496599

图 7-27 利用 sPCA 结果作图之一

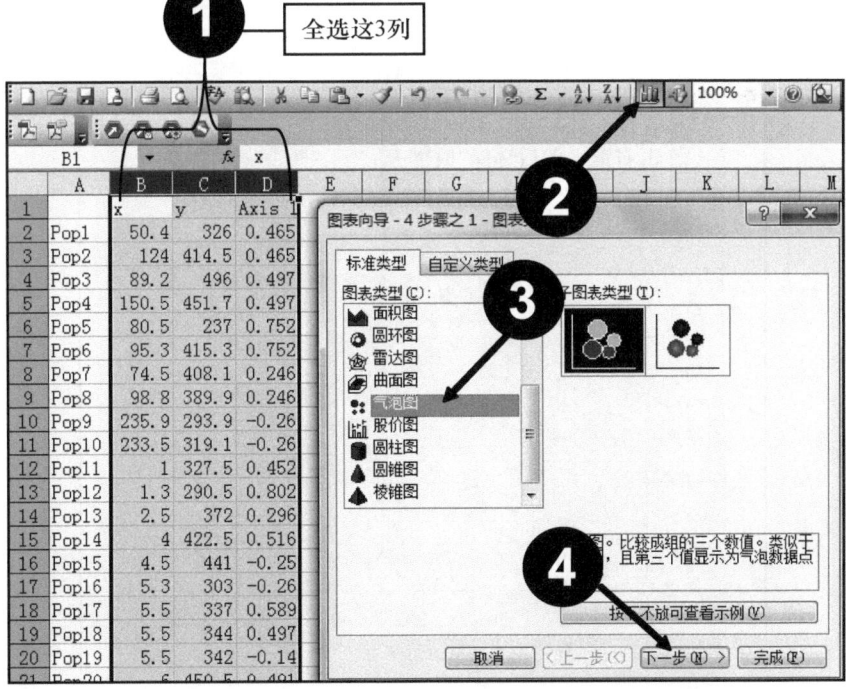

图 7-28 利用 sPCA 结果作图之二（按照 1~4 的次序操作）

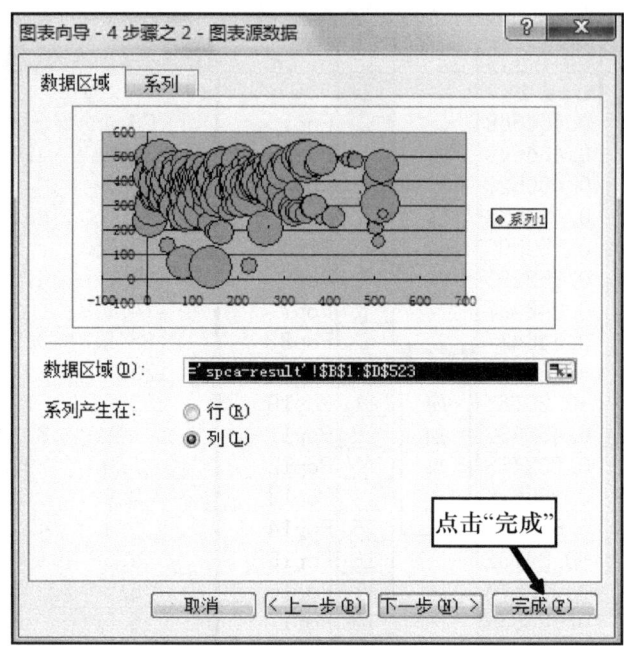

图 7-29　利用 sPCA 结果作图之三

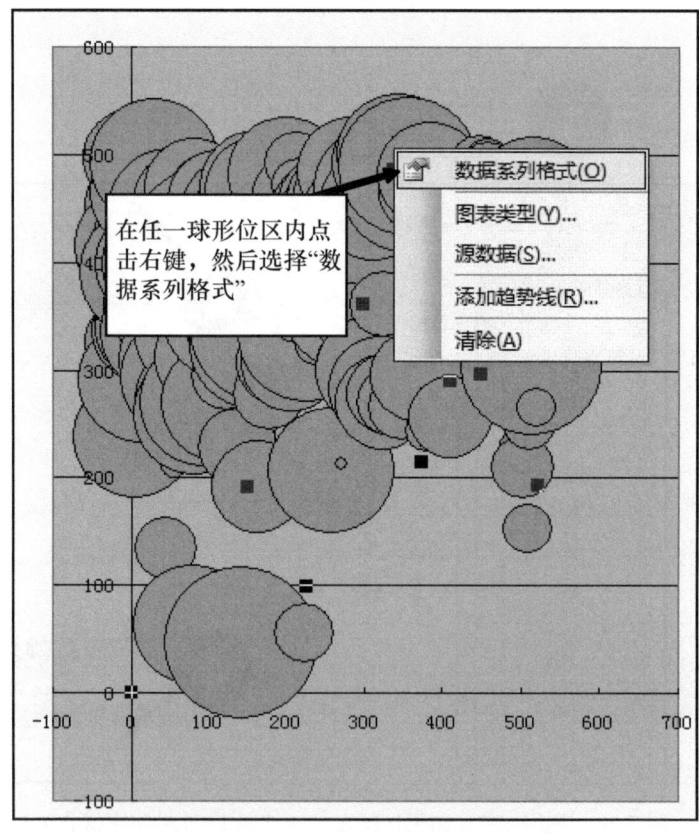

图 7-30　利用 sPCA 结果作图之四

第七章 空间遗传结构分析

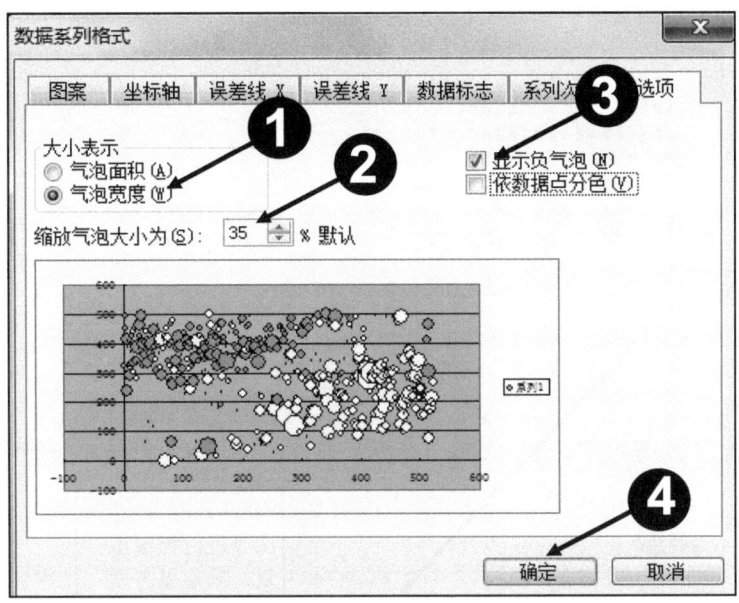

图 7-31 利用 sPCA 结果作图之五（按照 1~4 的次序操作）

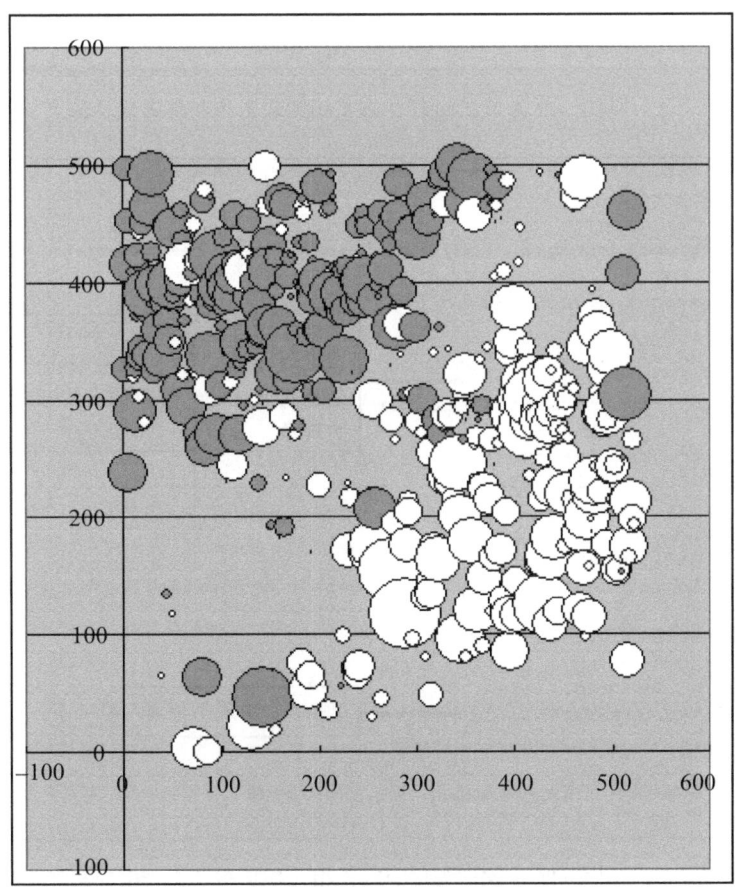

图 7-32 利用 sPCA 结果作图之六（完成）

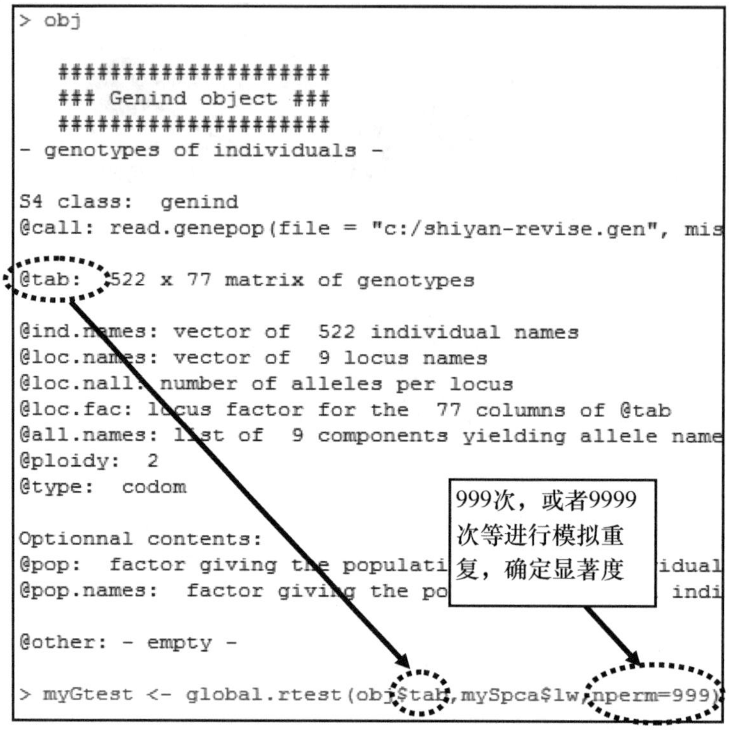

```
> obj

   #####################
   ### Genind object ###
   #####################
- genotypes of individuals -

S4 class:  genind
@call: read.genepop(file = "c:/shiyan-revise.gen", mis

@tab:  522 x 77 matrix of genotypes

@ind.names: vector of  522 individual names
@loc.names: vector of  9 locus names
@loc.nall: number of alleles per locus
@loc.fac: locus factor for the  77 columns of @tab
@all.names: list of  9 components yielding allele name
@ploidy: 2
@type: codom

Optionnal contents:
@pop:     factor giving the populati
@pop.names:  factor giving the po                  indi

@other: - empty -

> myGtest <- global.rtest(obj$tab,mySpca$lw,nperm=999)
```

999次，或者9999次等进行模拟重复，确定显著度

图 7-33　利用 sPCA 软件进行空间正相关和负相关显著度检测之一

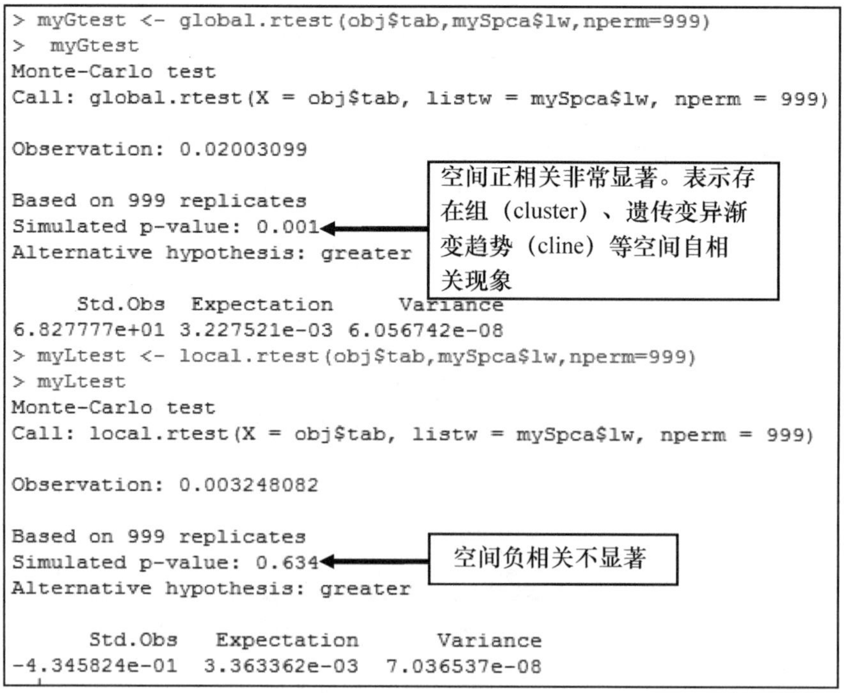

```
> myGtest <- global.rtest(obj$tab,mySpca$lw,nperm=999)
> myGtest
Monte-Carlo test
Call: global.rtest(X = obj$tab, listw = mySpca$lw, nperm = 999)

Observation: 0.02003099

Based on 999 replicates
Simulated p-value: 0.001
Alternative hypothesis: greater

      Std.Obs     Expectation       Variance
6.827777e+01 3.227521e-03 6.056742e-08
> myLtest <- local.rtest(obj$tab,mySpca$lw,nperm=999)
> myLtest
Monte-Carlo test
Call: local.rtest(X = obj$tab, listw = mySpca$lw, nperm = 999)

Observation: 0.003248082

Based on 999 replicates
Simulated p-value: 0.634
Alternative hypothesis: greater

       Std.Obs     Expectation        Variance
-4.345824e-01 3.363362e-03 7.036537e-08
```

空间正相关非常显著。表示存在组（cluster）、遗传变异渐变趋势（cline）等空间自相关现象

空间负相关不显著

图 7-34　利用 sPCA 软件进行空间正相关和负相关显著度检测之二

第二节 Alleles in space 和 Surfer 软件

另一个显示个体遗传变异在空间分布状况的是 Alleles in space（AIS）（Miller，2005）软件中的"Interpolate genetic landscape shapes"（IGLS）程序。Alleles in space 可以从 http：//www.marksgeneticsoftware.net/AISInfo.htm 下载。

IGLS 是通过计算两两个体间的遗传距离，再用地统计学的方法把这种差异用图形方式表现出来。AIS 数据格式可以用 GenAlEx 软件帮助进行格式转换（图 7-35），但坐标信息需自己整理，可以用 Excel 整理后另存为".csv"格式（图 7-36），别忘了最后数据下一行要输入个"；"符号作为结束符（请见演示文件"xy.csv"最后一行）。

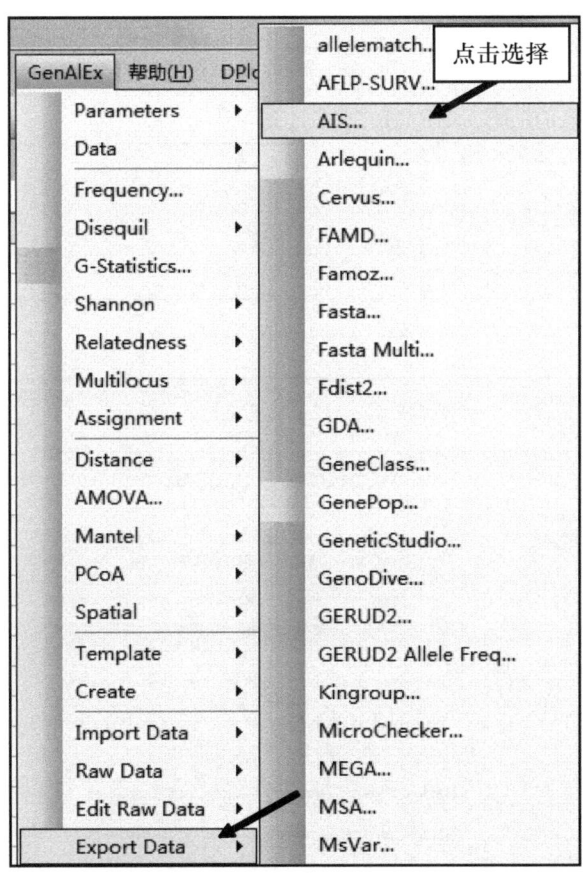

图 7-35　利用 GenAlEx 软件进行 AIS 软件数据格式转换

按照图 7-37～图 7-39 进行 IGLS 计算。结果出来后，图形效果可能并不尽如人意。此时，我们可以用其他软件作图。这里作者用 Surfer 这个软件进行作图。这是个商业软件，但提供了试用版本。读者可以从官网下载，如果不行，可以从以下两个网站下载 demo 版，https：//www.rockware.com/product/productDemo.php?id=129 和 http：//www.cabit.com.cn/products/stat/surfer/freetrial.html。下载后直接安装，如有乱码不需要理会。

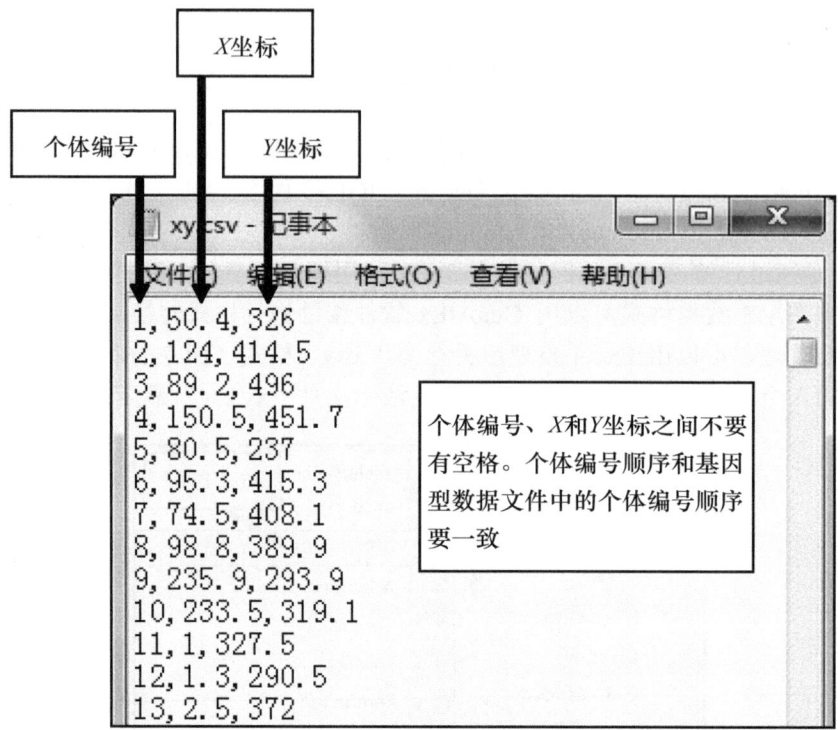

图 7-36　AIS 软件坐标数据格式

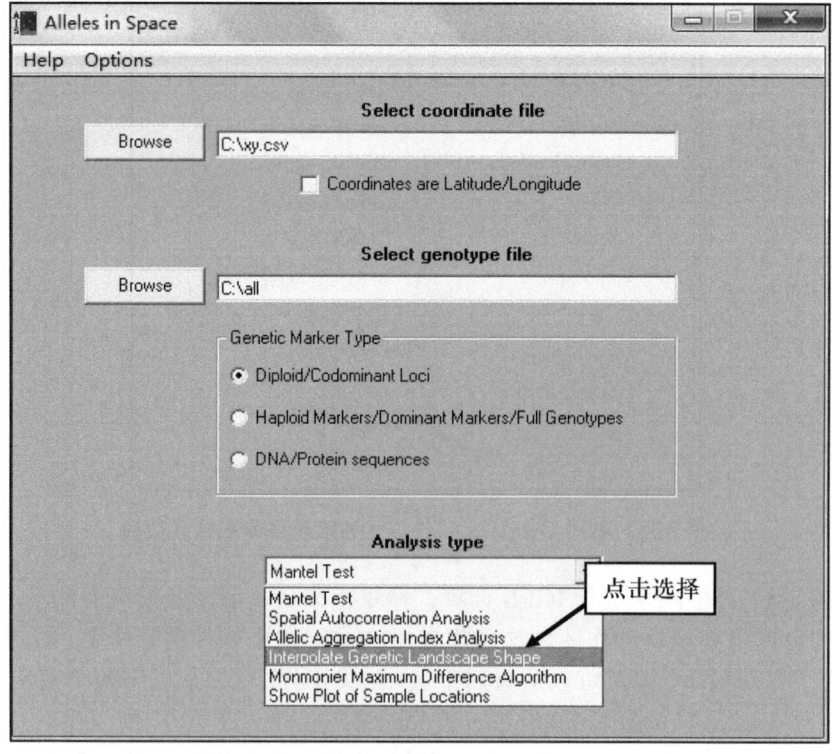

图 7-37　利用 AIS 软件进行数据分析之一

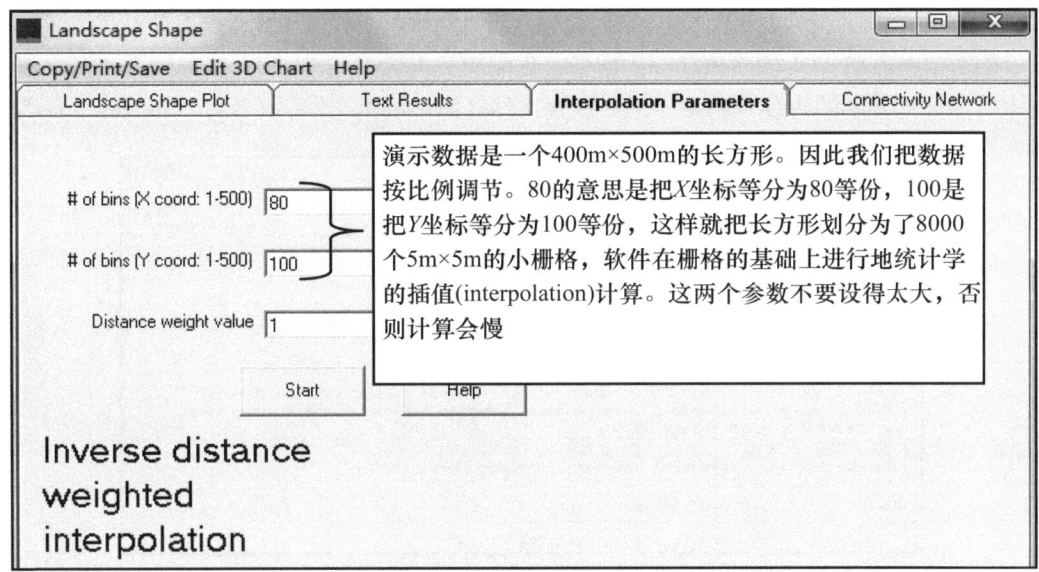

图 7-38 利用 AIS 软件进行数据分析之二

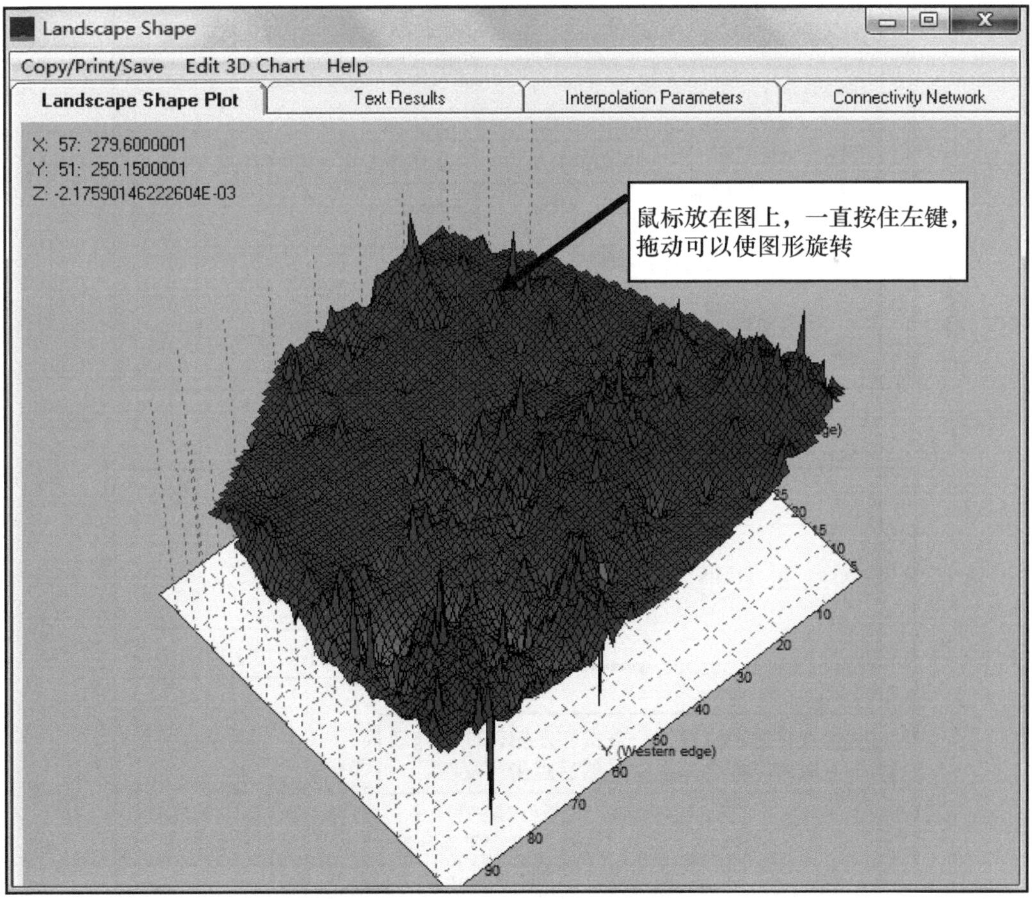

图 7-39 利用 AIS 软件进行数据分析之三（完成计算）

保存 IGLS 计算结果（图 7-40，图 7-41），用"写字板"打开 IGLS 保存的结果文件，找到"INTERPOLATION OUTPUT"的结果，复制相关内容（图 7-42），新建一个"写字板"文本文件，把复制的内容"粘贴"上，保存文件（图 7-43），作者取名为"ais- result.txt"。

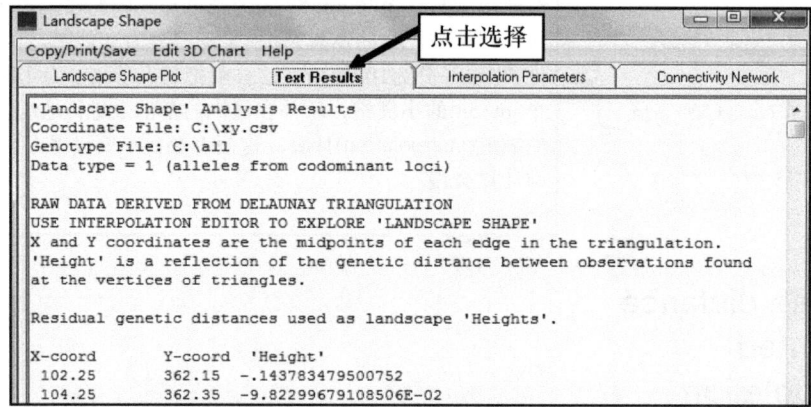

图 7-40　利用 AIS 软件进行数据分析（查看结果）

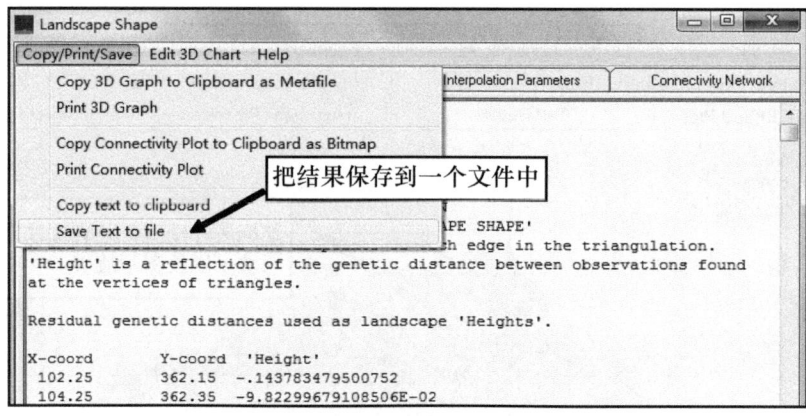

图 7-41　利用 AIS 软件进行数据分析（保存结果）

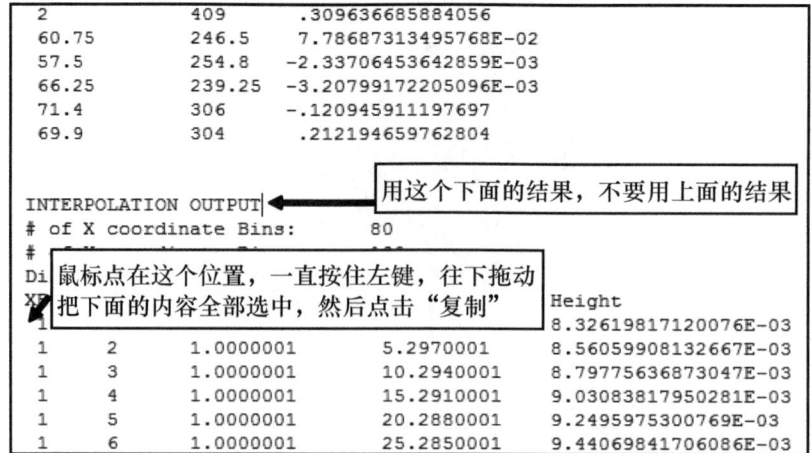

图 7-42　利用 AIS 软件进行数据分析（选取需要的结果）

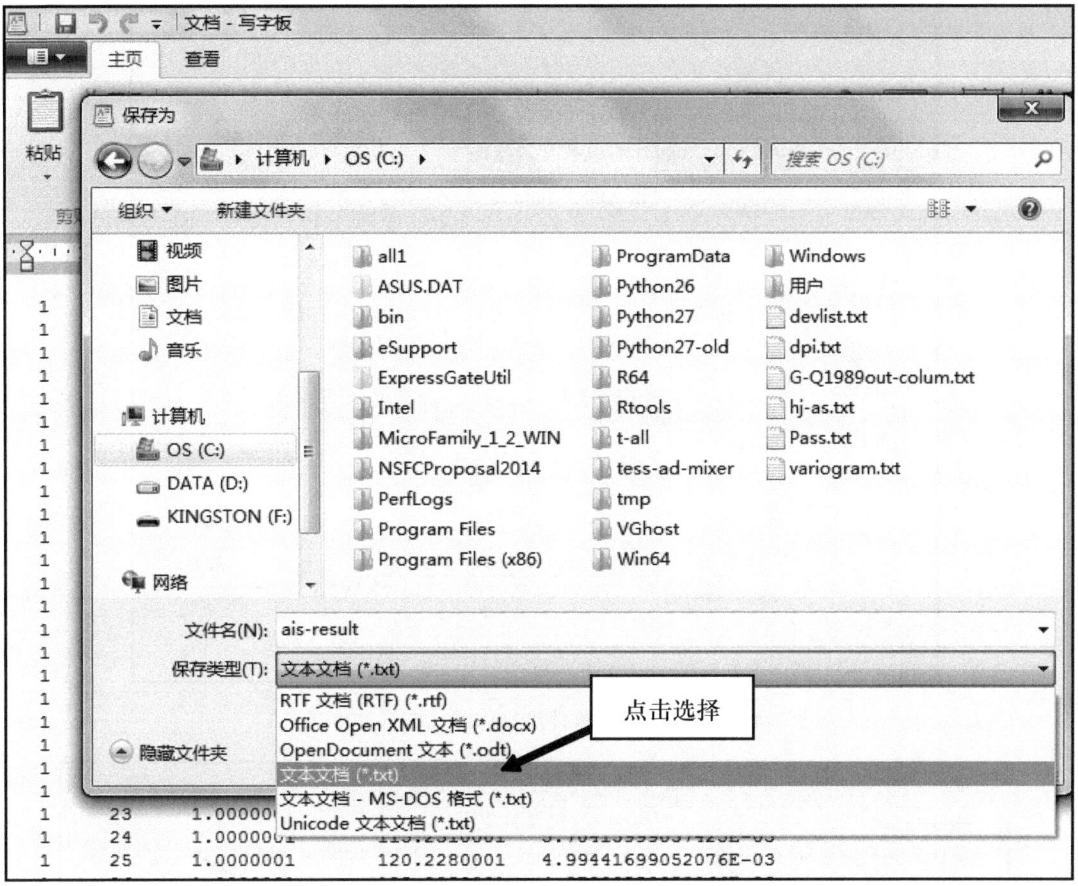

图 7-43 利用 AIS 软件进行数据分析（保存选取的结果）

打开 Surfer 软件，按照图 7-44～图 7-52 操作，是否图变好看了呢？如想制作 3D 图，可按照图 7-53 选择。作出的 IGLS 图可以添加个体位置信息，可按照图 7-54～图 7-56 操作。总之，Surfer 软件是一个非常棒的辅助作图工具。

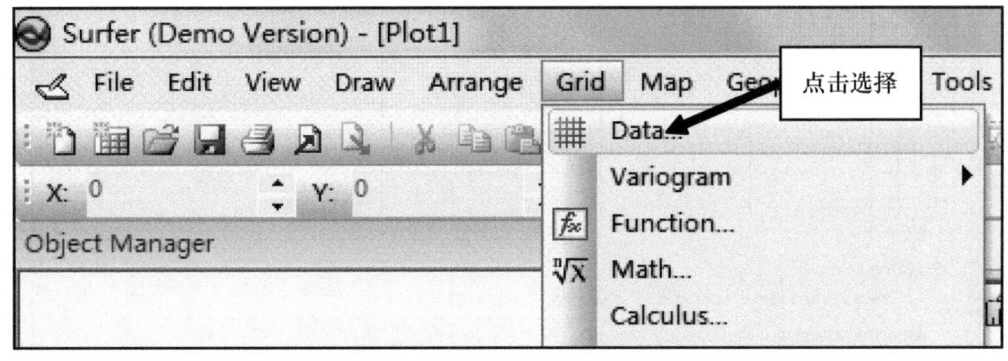

图 7-44 利用 Surfer 软件进行作图（打开文件之一）

图 7-45　利用 Surfer 软件进行作图（打开文件之二）

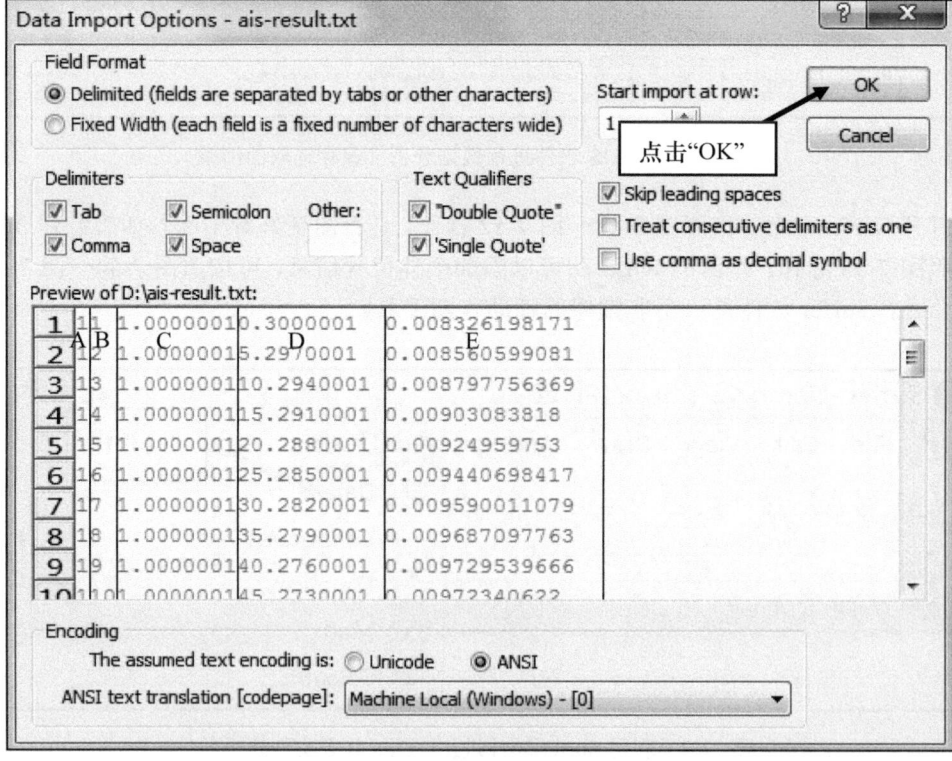

图 7-46　利用 Surfer 软件进行作图（打开文件之三）

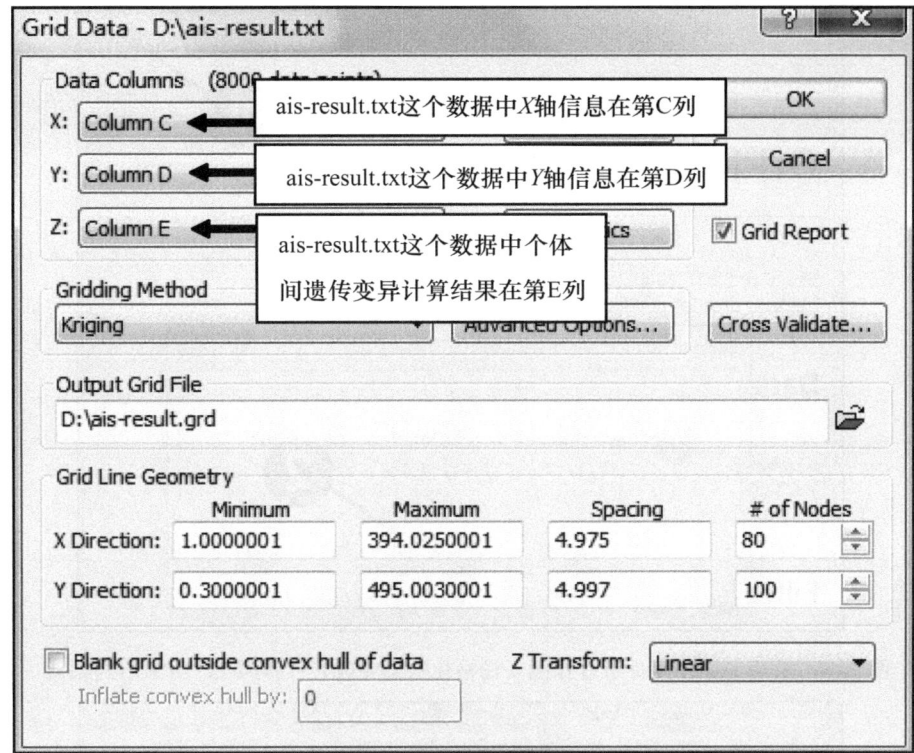

图 7-47 利用 Surfer 软件进行作图（打开文件之四）

图 7-48 利用 Surfer 软件进行作图（文件打开后栅格化数据）

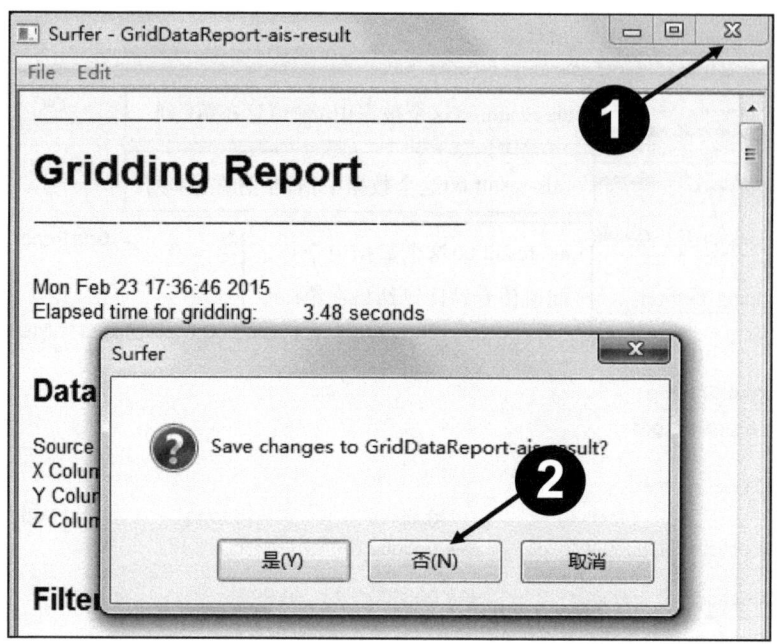

图 7-49　利用 Surfer 软件进行作图（栅格化数据完成）（按照 1、2 的次序操作）

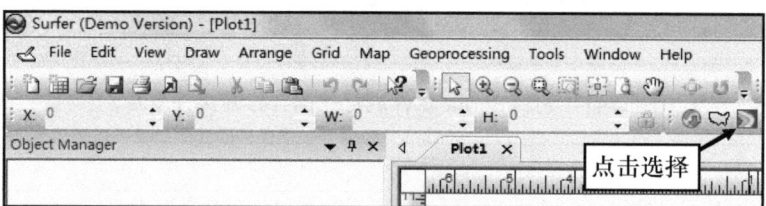

图 7-50　利用 Surfer 软件进行作图（作等高线图）

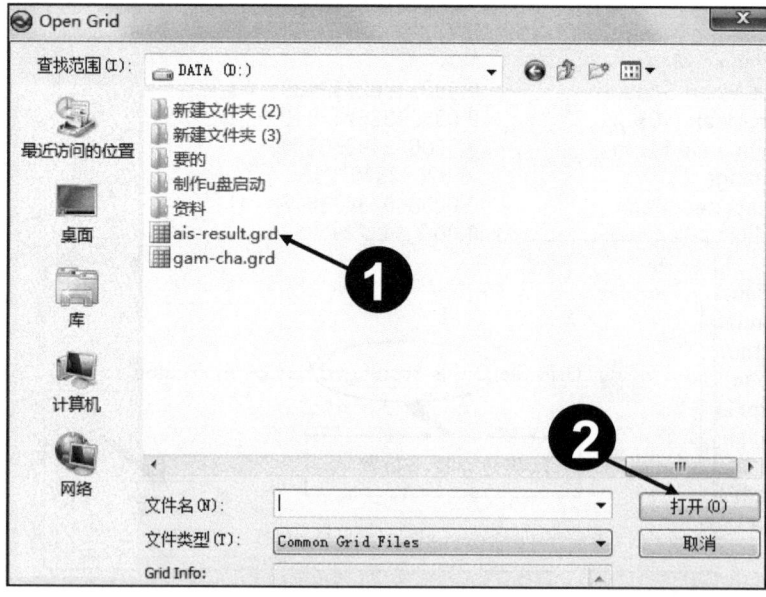

图 7-51　利用 Surfer 软件进行作图（作等高线图，读取数据）（按照 1、2 的次序操作）

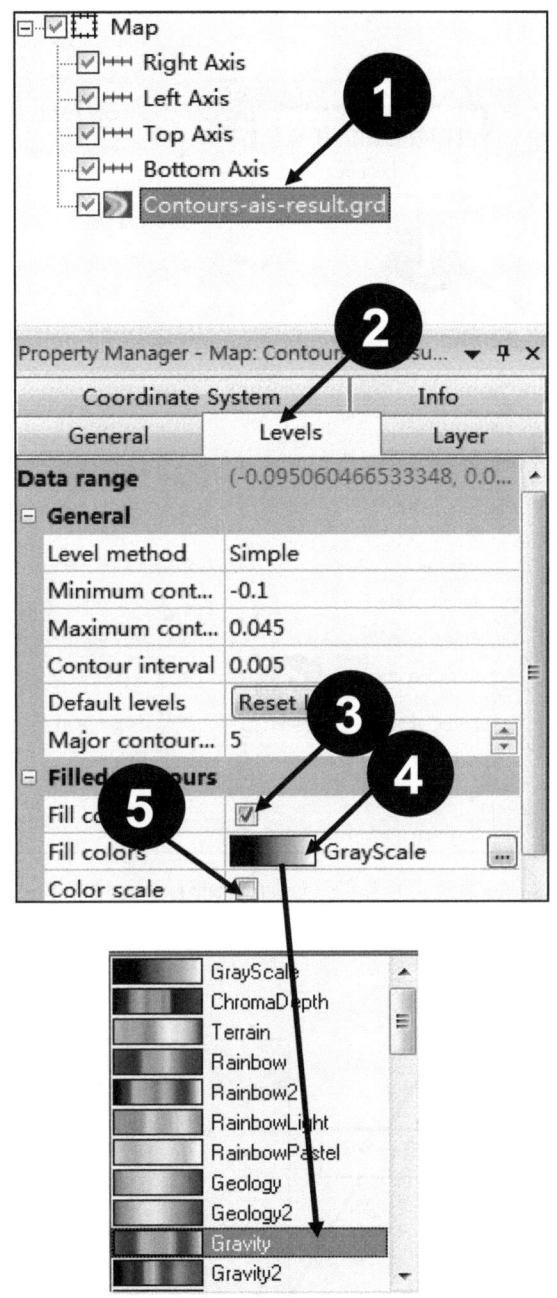

图 7-52 利用 Surfer 软件进行作图（完成后美化图像）（按照 1～5 的次序操作）

图 7-53 利用 Surfer 软件进行作图（制作三维图像）

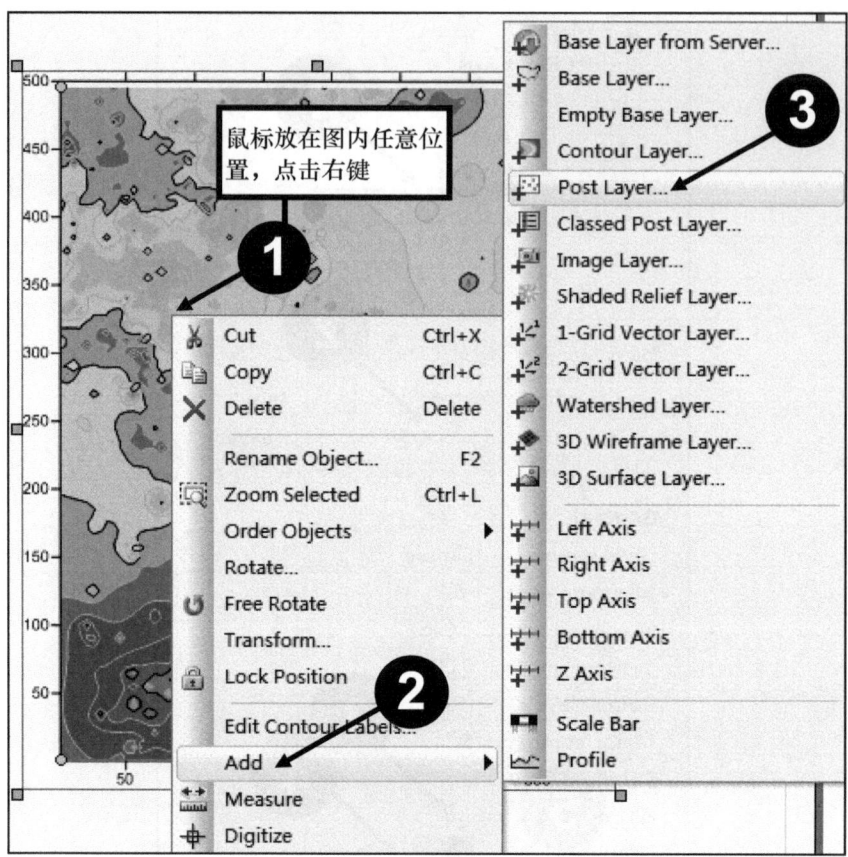

图 7-54 利用 Surfer 软件进行作图（添加个体坐标）（按照 1～3 的次序操作）

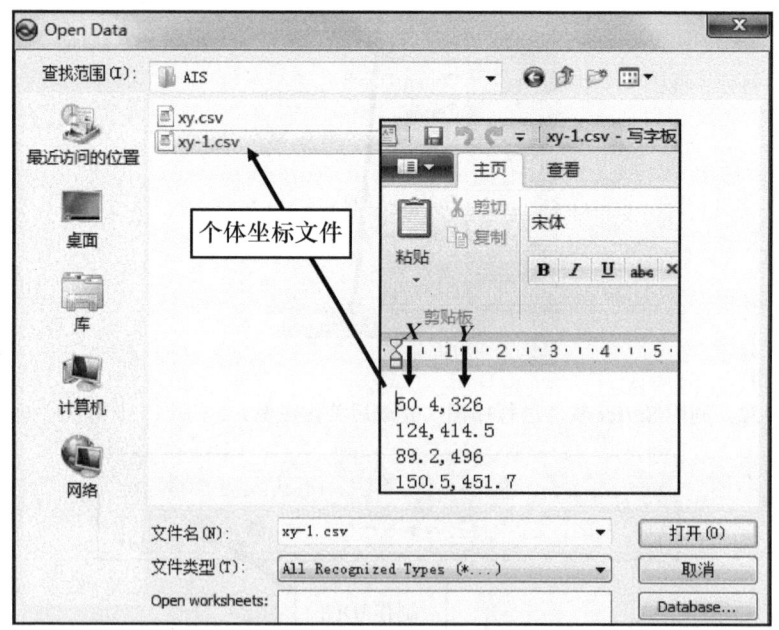

图 7-55 利用 Surfer 软件进行作图（添加个体坐标，打开文件）

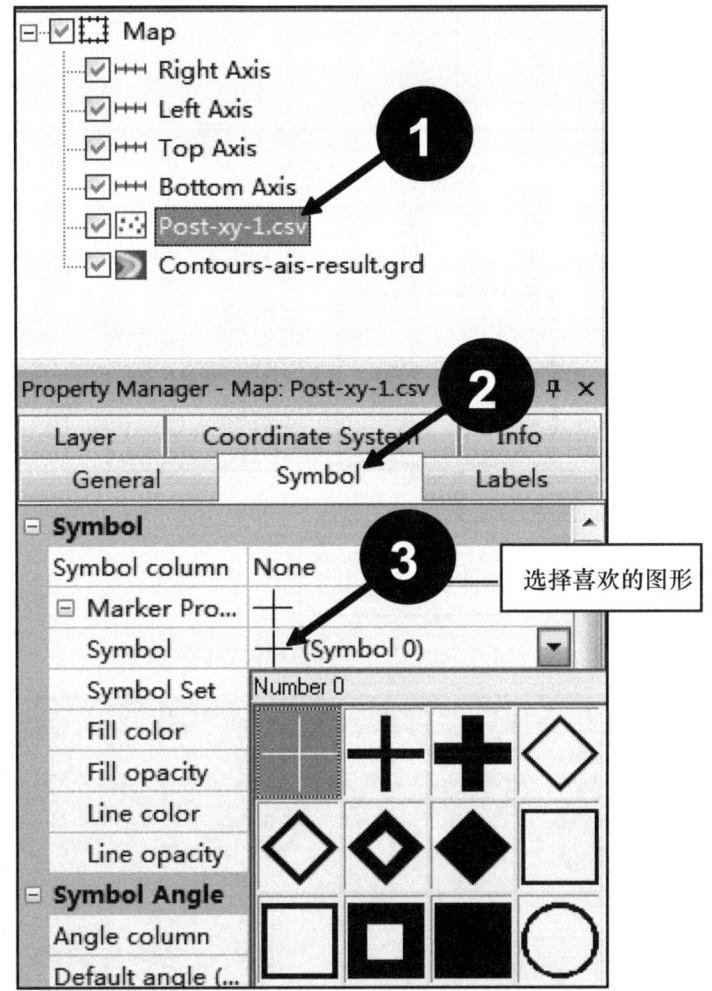

图 7-56 利用 Surfer 软件进行作图（美化图像）（按照 1~3 的次序操作）

第三节 空间自相关分析：SPAGeDi 软件

空间自相关是检测个体（或种群）间相似性随空间距离变化而变化的状况。一般来说，对于空间距离越近的两个个体其相似性也会越大。对于遗传多样性数据来说，SPAGeDi（Hardy & Vekemans，2002）是进行这类分析的较好软件，一来它能处理多种遗传标记所得的数据，二来它提供了非常多的个体（种群）间遗传差异的计算方法。

首先从 http://ebe.ulb.ac.be/ebe/SPAGeDi.html 网站下载这一程序。数据格式可用 GenAlEx 软件进行转换（图 7-57）。把数据文件和运行程序"SPAGeDi1-4c（build17-07-2013）.exe"放在同一个目录下，双击"SPAGeDi1-4c（build17-07-2013）.exe"运行程序。按照图 7-58~图 7-64 操作，计算结束。结果文件被保存在了"SPAGeDi1-4c（build17-07-2013）.exe"同一个文件夹下，结果文件名字是自己取的"out.txt"。用"写字板"工具打开结果文件，选取需要的内容（图 7-65），用 Excel 作图（图 7-66~图 7-68）。

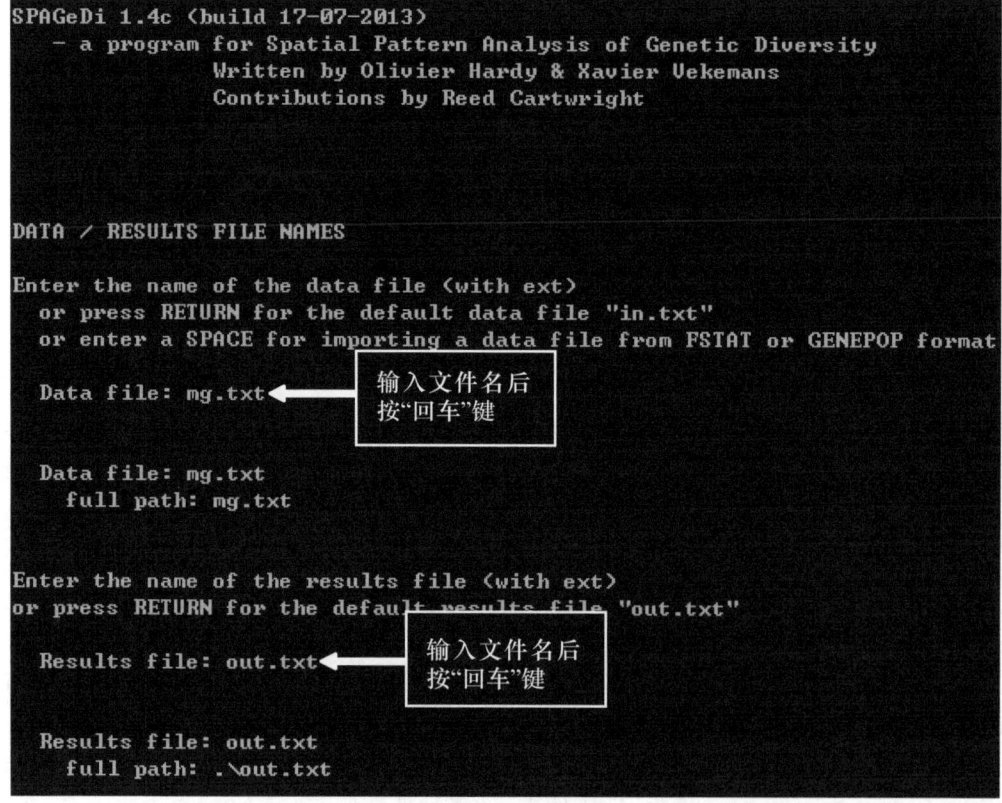

图 7-57　利用 SPAGeDi 进行空间自相关分析（数据格式）

图 7-58　利用 SPAGeDi 进行空间自相关分析（读取和保存数据）

第七章 空间遗传结构分析

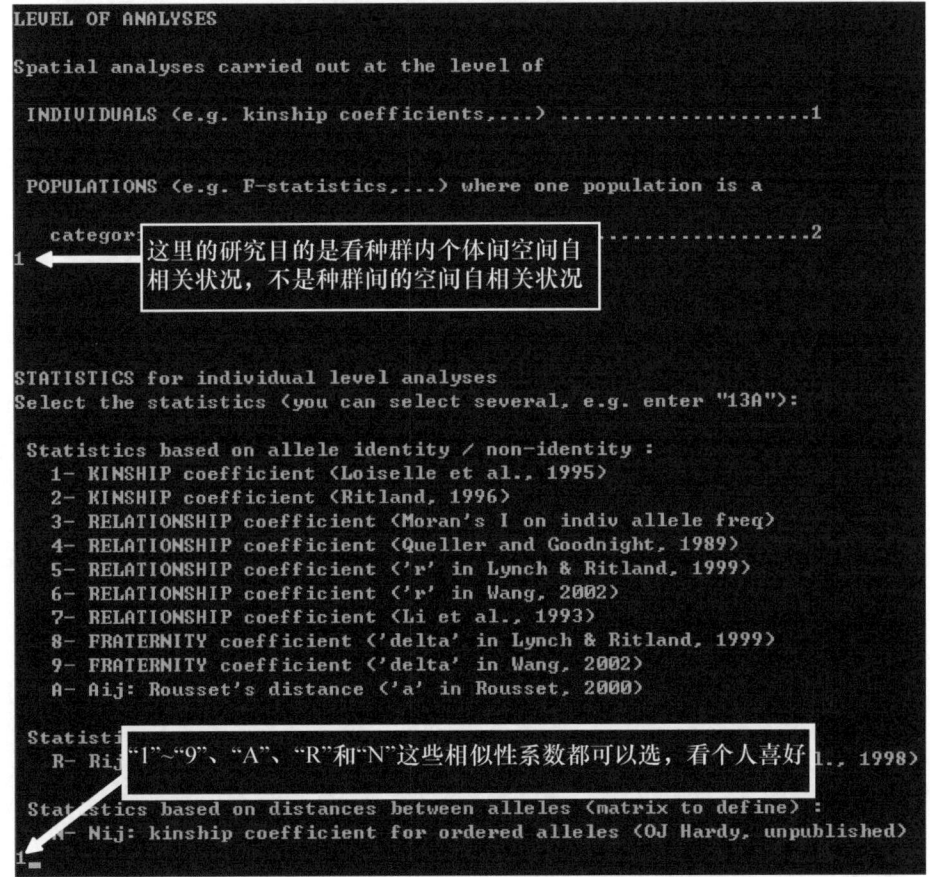

图 7-59 利用 SPAGeDi 进行空间自相关分析（检查数据是否读取正确）

图 7-60 利用 SPAGeDi 进行空间自相关分析（选择计算方法）

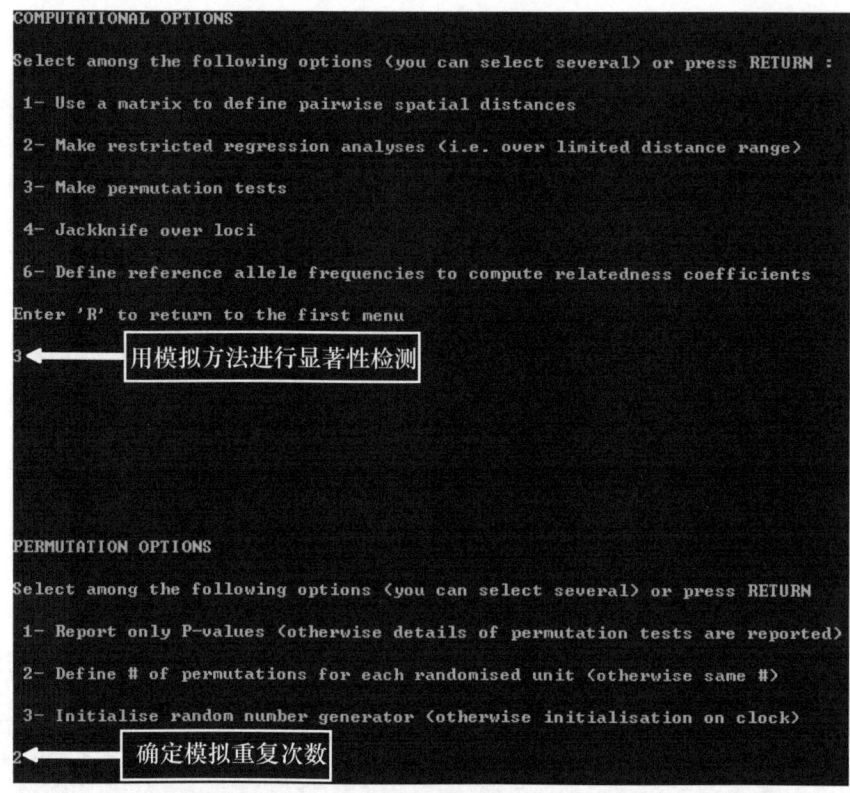

图 7-61 利用 SPAGeDi 进行空间自相关分析（选择参数之一）

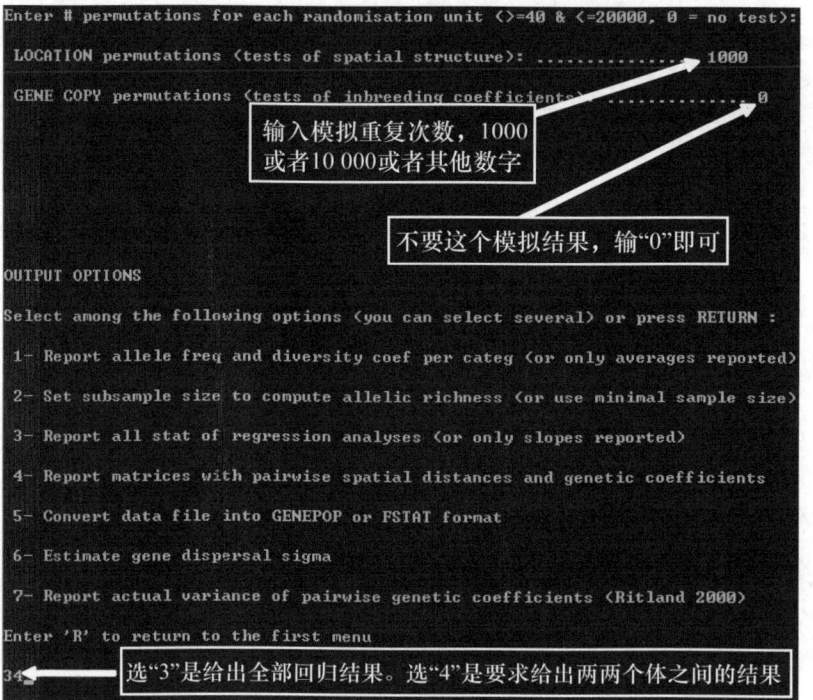

图 7-62 利用 SPAGeDi 进行空间自相关分析（选择参数之二）

```
FORMAT FOR PAIRWISE SPATIAL AND GENETIC DISTANCES
Pairwise spatial distances and genetic coefficients given for
1 : multilocus estimates only (columnar form)
2 : each locus and multilocus estimates (columnar form)
3 : multilocus estimates only (matrix and columnar forms)
4 : each locus and multilocus estimates (matrix and columnar forms)
5 : mul...
3
```

两两个体之间的结果以矩阵（matrix）和列（columnar）两种形式给出

图 7-63　利用 SPAGeDi 进行空间自相关分析（选择参数之三）

```
The program is now doing the analyses
To stop it before the end, press 'Ctrl' + 'c'

Computing allele frequencies. Please, wait.
Computing distance intervals. Please, wait.
DISTANCE INTERVALS (26) :
interval  max d     mean d    mean ln(d)   # pairs   % partic   CV #partic
   1       5.00      3.38      1.144         141      40.4       1.42
   2      10.00      7.85      2.042         438      69.2       1.02
   3      15.00     12.66      2.532         717      81.2       0.91
   4      20.00     17.62      2.866         871      82.8       0.83
   5      25.00     22.61      3.116        1100      87.9       0.76
   6      30.00     27.49      3.313        1203      88.9       0.74
   7      35.00     32.44      3.478        1438      91.4       0.72
   8      40.00     37.55      3.625        1537      93.1       0.70
   9      45.00     42.51      3.749        1639      93.9       0.68
  10      50.00     47.54      3.861        1811      94.8       0.68
  11      60.00     55.16      4.009        3954      98.1       0.59
  12      70.00     65.08      4.175        4398      99.2       0.56
  13      80.00     75.00      4.317        4709      99.4       0.55
  14      90.00     85.00      4.442        4863      99.2       0.52
  15     100.00                                                  0.54
  16     110.00                                                  0.50
  17     120.00    114.97      4.744        4897      99.4       0.49
  18     130.00    125.01      4.828        4923     100.0       0.48
  19     140.00    134.99      4.905        4877      99.8       0.46
  20     150.00    145.03      4.977        4875      99.6       0.46
Press any key to see the next intervals

  21     160.00    155.04      5.044        4915     100.0       0.46
  22     170.00    165.06      5.106        5016     100.0       0.47
  23     180.00    174.92      5.164        4889     100.0       0.48
  24     190.00    184.96      5.220        4764     100.0       0.51
  25     200.00    194.96      5.273        4560     100.0       0.51
  26     552.74    288.93      5.642       53588     100.0       0.50

Computing pairwise statistics between individuals. Please, wait.
Computing permutation tests. Please, wait.
Permutations of spatial locations (1000)
10 20 30
```

结果太多，提示按"回车"键后给出后续的结果

图 7-64　利用 SPAGeDi 进行空间自相关分析（计算并完成）

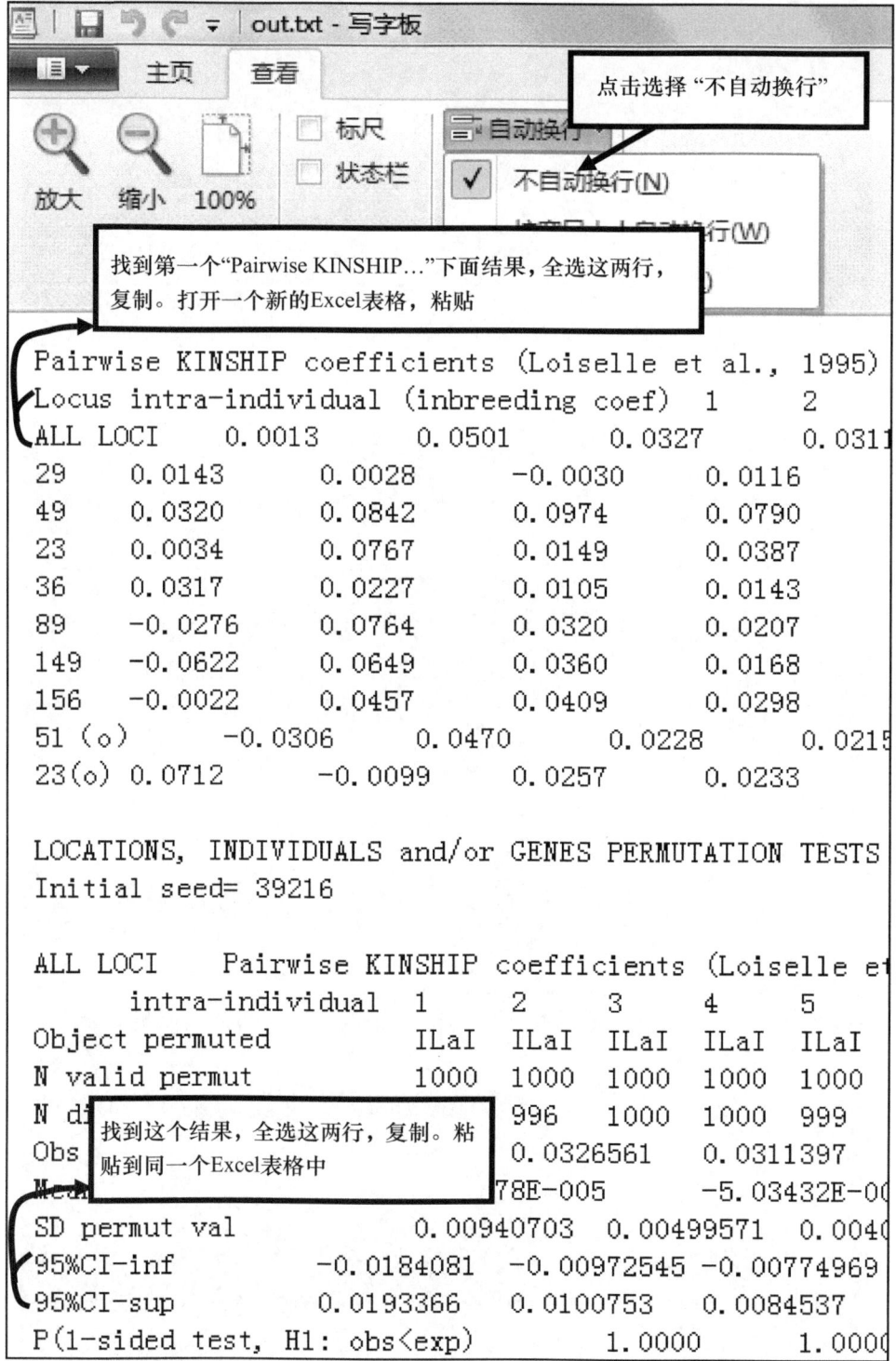

图 7-65 利用 SPAGeDi 进行空间自相关分析（提取结果）

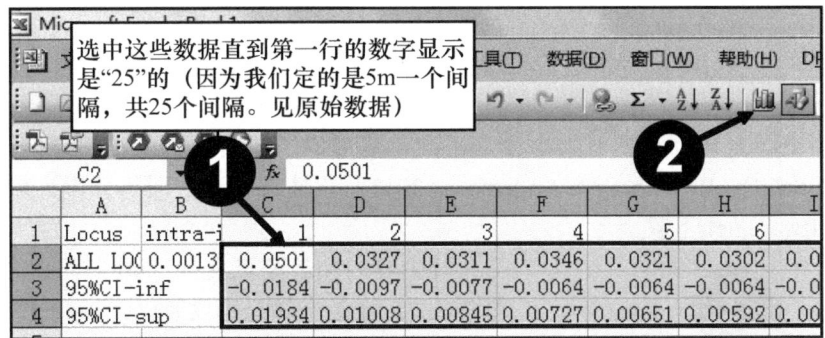

图 7-66 利用 SPAGeDi 进行空间自相关分析（作图）（按照 1、2 的次序操作）

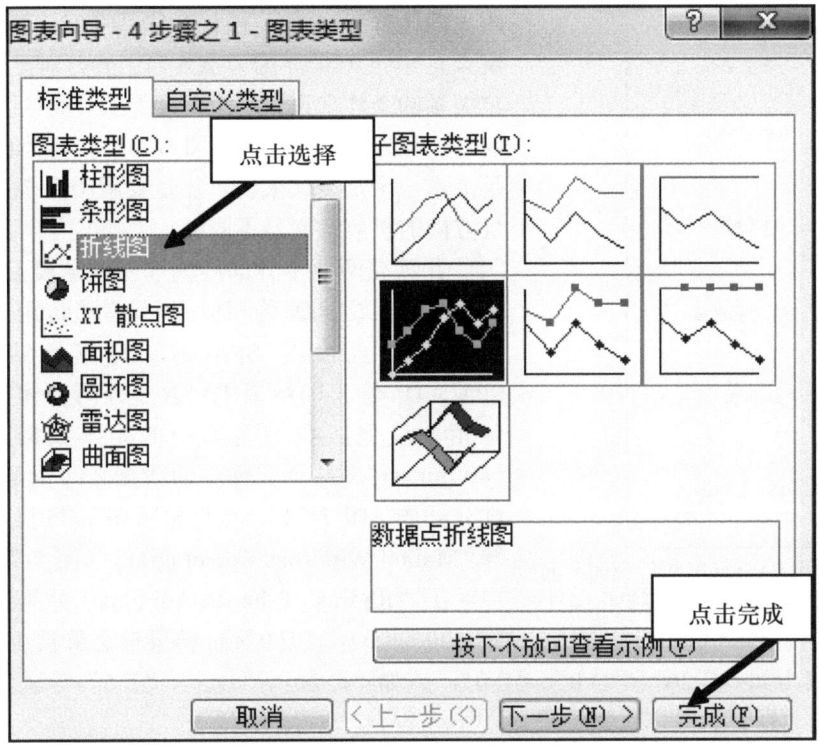

图 7-67 利用 SPAGeDi 进行空间自相关分析（选择图类型）

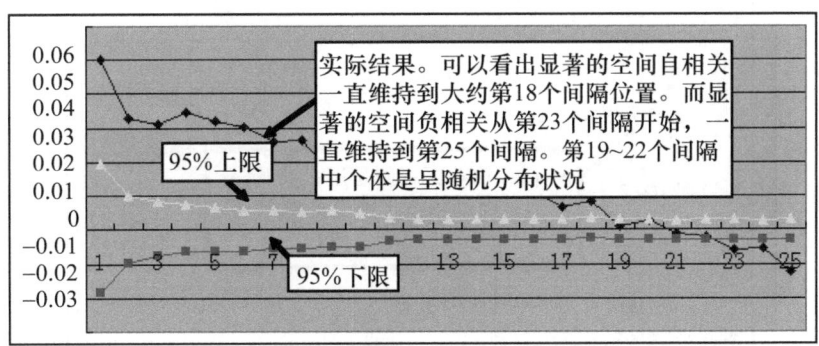

图 7-68 利用 SPAGeDi 进行空间自相关分析（作图完成）

第四节 空间遗传结构的异向性：PASSaGE 软件和 R 程序

在不同空间方向上基因流大小会有不同，这形成了遗传结构的空间异向性。我们可以使用 PASSaGE（Rosenberg & Anderson，2011）软件进行这方面的分析。软件从 http://passagesoftware.net/下载。

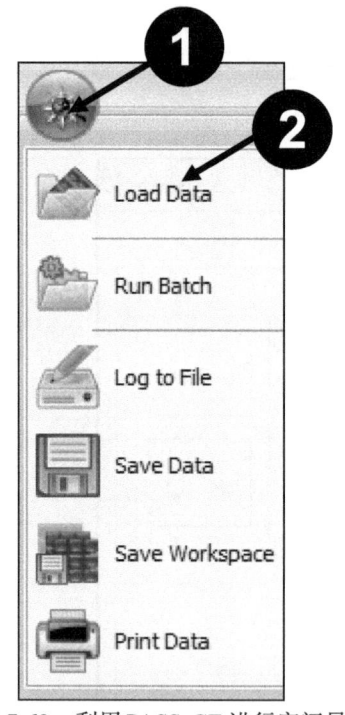

图 7-69　利用 PASSaGE 进行空间异向性分析（加载数据之一）（按照 1、2 的次序操作）

首先我们加载演示文件"40-xy.txt"（图 7-69～图 7-71）。这是个体坐标文件，X 轴和 Y 轴数据之间是用"Tab"键分开的。

坐标数据输入后，PASSaGE 可以进行两两个体间距离的计算和空间角度计算（图 7-72）。但这个空间角度只有 0°～180°。因为从方向上看，对于两个没有特定关系的个体来说，一个角度加上 180°后，它们在空间的位置方向是一样的（图 7-73）。当然如果对于一个是亲本一个是后代来说，还是要用 0°～360°，两个相反方向的扩散意义是不同的。

计算完两两个体间距离和空间角度后，再输入两两个体相互之间遗传相似度（或者遗传距离）的数据，我们可以直接用 SPAGeDi 计算的结果（上面 SPAGeDi 输出的结果中包含了两两个体相互之间遗传相似度值，我们用其中的矩阵数据），文件名"40-out.txt"。这个文件中的数据之间也是用"Tab"键分开的（图 7-74），然后按照图 7-75 操作。之后计算"Mantel Windrose Correlogram"（图 7-76）。图 7-77 中对于"Radius of the ith Annulus"如果选择默认的"C 100"、"D 0"、"E 0"值，结果信息就很少（图 7-78），我们可以改为如"C 20"、"D 0"、"E 0"，或如"C 20"、"D 5"、"E 5"等试下。图 7-79 是"C 20"、"D 5"、"E 5"的结果。

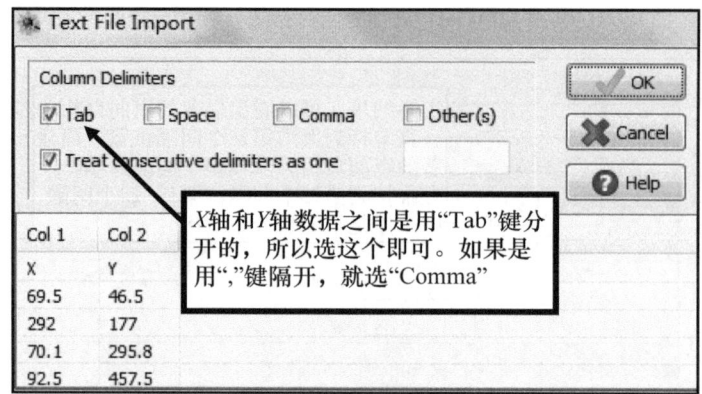

图 7-70　利用 PASSaGE 进行空间异向性分析（加载数据之二）

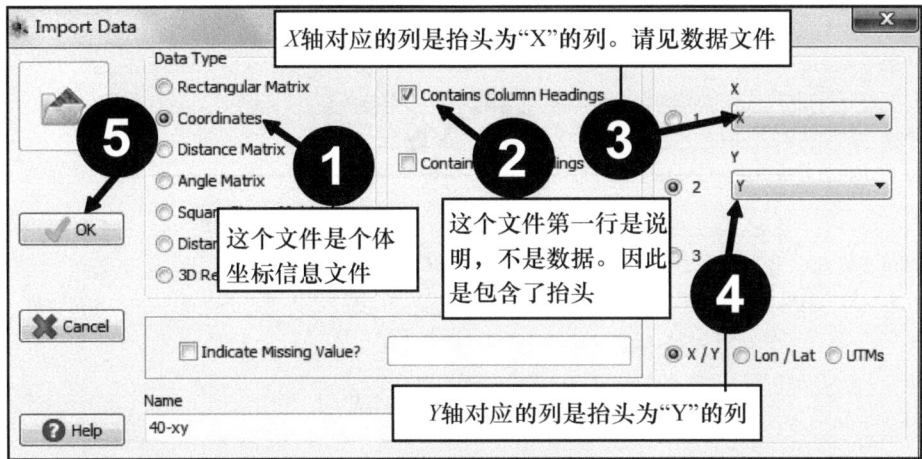

图 7-71 利用 PASSaGE 进行空间异向性分析（加载数据之三）（按照 1～5 的次序操作）

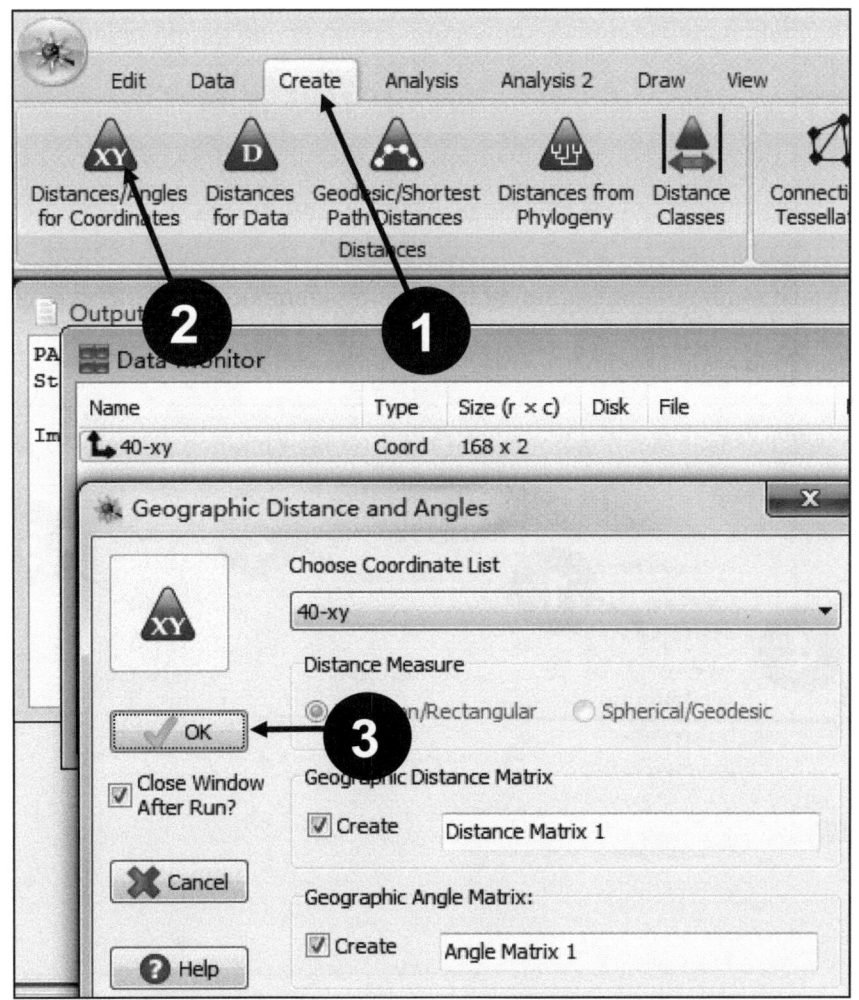

图 7-72 利用 PASSaGE 进行空间异向性分析（计算个体间距离和角度）（按照 1～3 的次序操作）

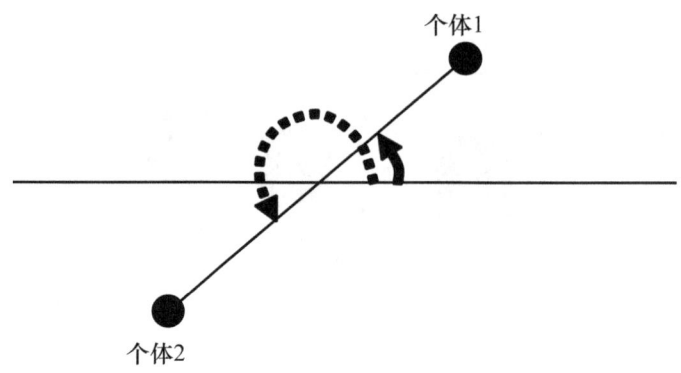

图 7-73　个体间角度示意图

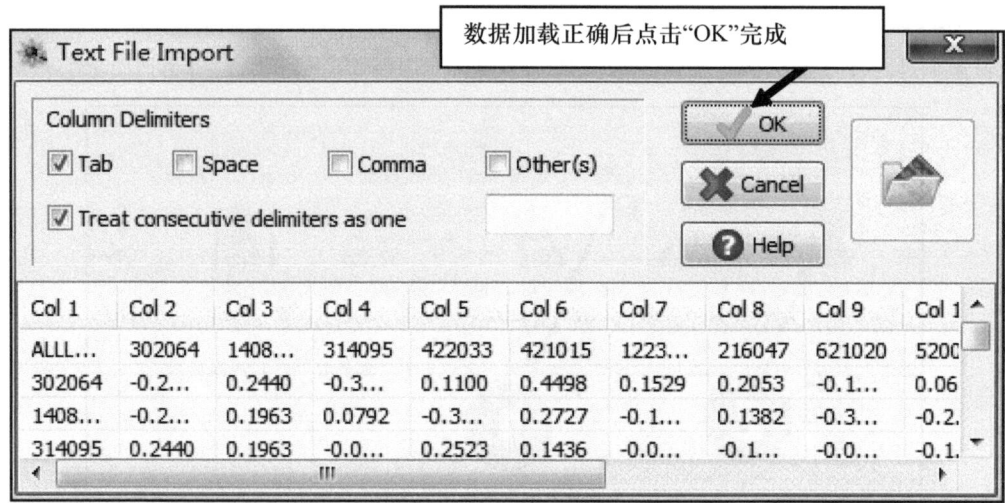

图 7-74　利用 PASSaGE 进行空间异向性分析[加载个体间遗传相似度（或遗传距离）数据之一]

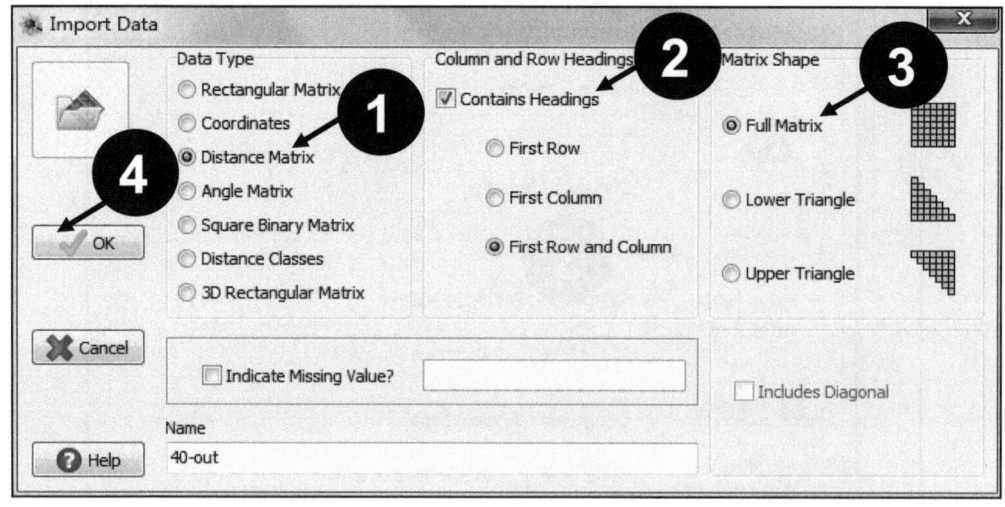

图 7-75　利用 PASSaGE 进行空间异向性分析[加载个体间遗传相似度（或遗传距离）数据之二]（按照 1~4 的次序操作）

第七章 空间遗传结构分析

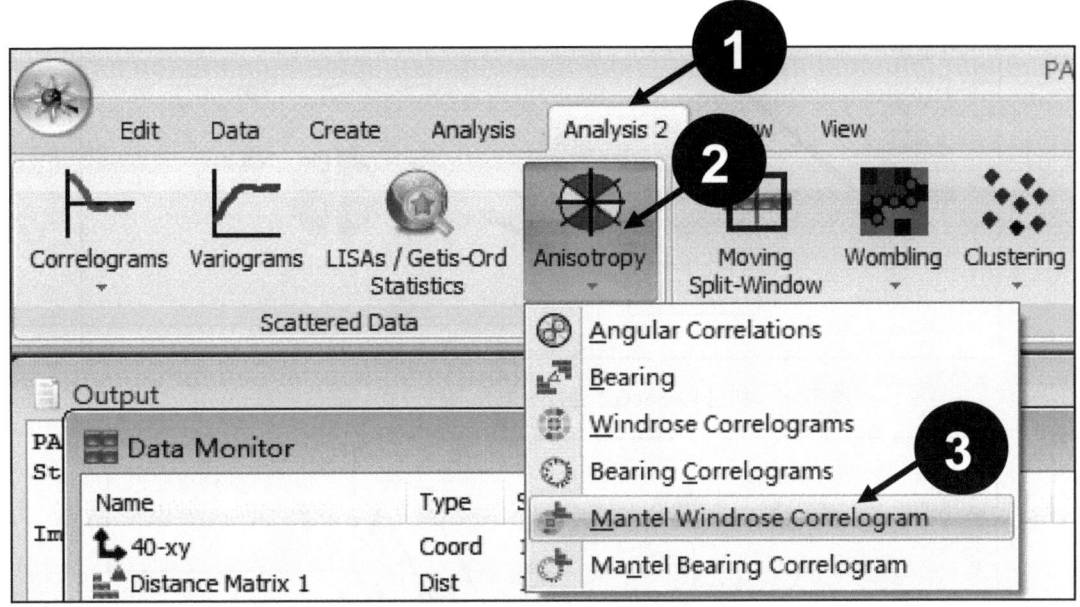

图 7-76 利用 PASSaGE 进行空间异向性分析（进行"Mantel Windrose Correlogram"分析）（按照 1～3 的次序操作）

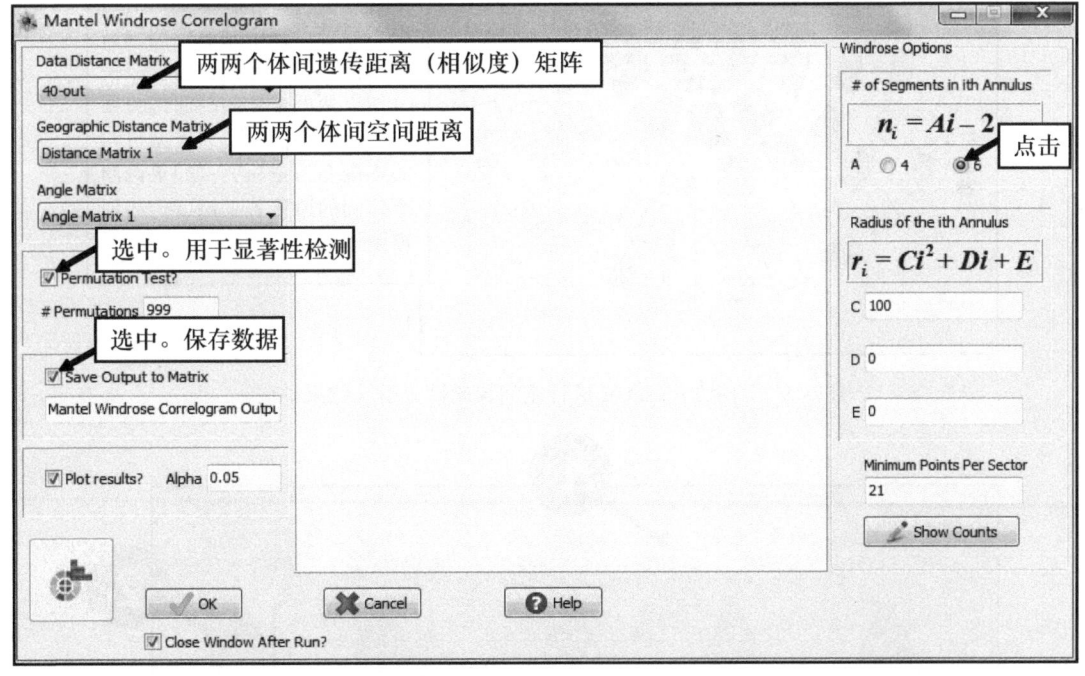

图 7-77 利用 PASSaGE 进行空间异向性分析（参数设置）

我们也可以用"Mantel Bearing Correlograms"分析数据。这时，我们要先进行距离间隔的划分（图 7-80），然后按照图 7-81～图 7-83 操作。

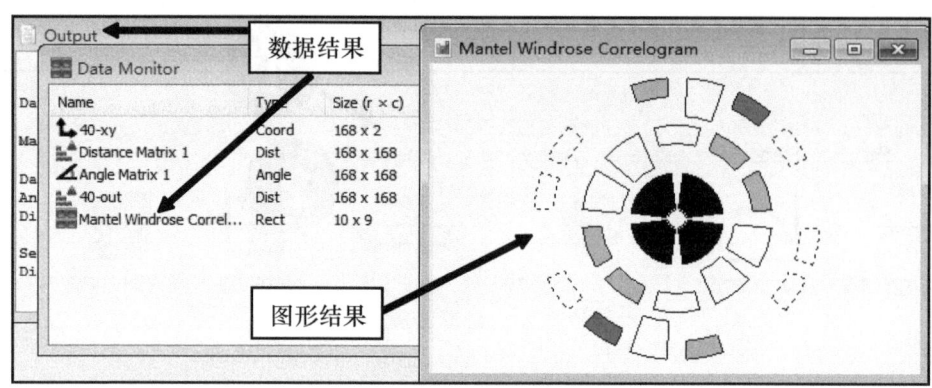

图 7-78 利用 PASSaGE 进行空间异向性分析（完成计算）

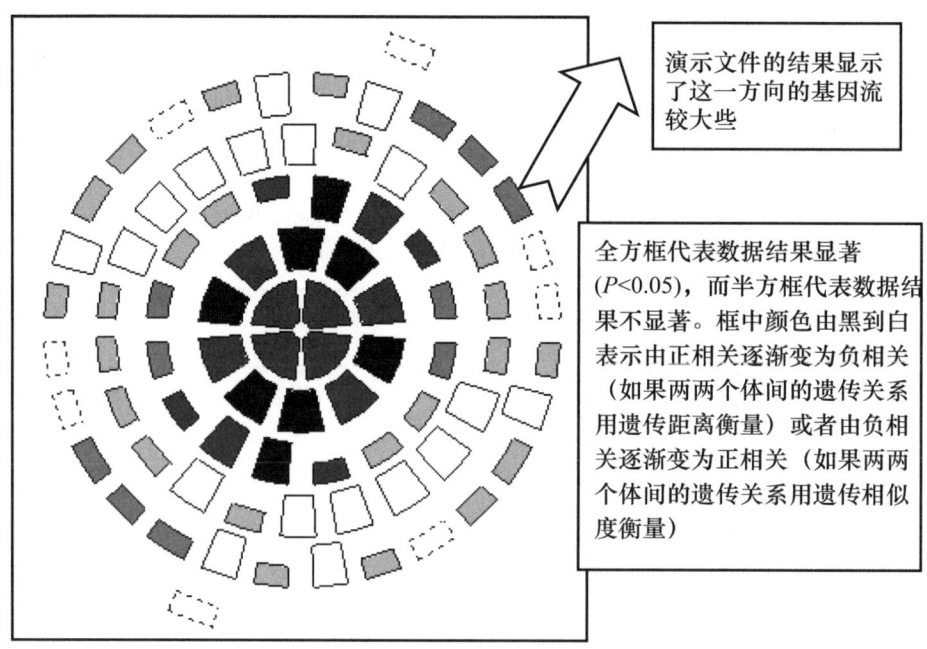

图 7-79 利用 PASSaGE 进行空间异向性分析（结果说明）

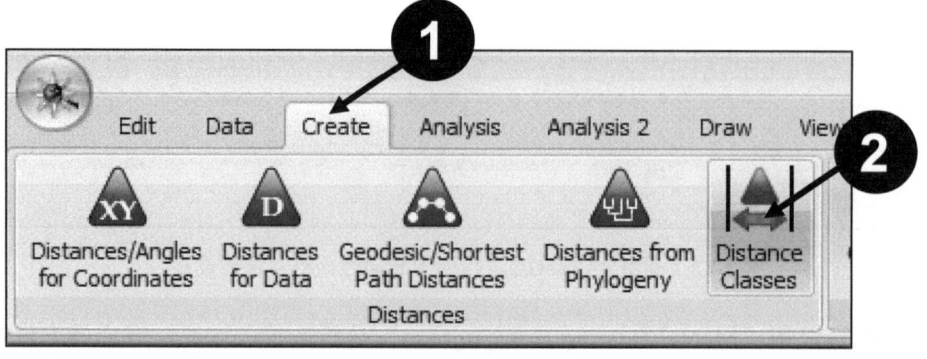

图 7-80 利用 PASSaGE 进行空间异向性分析（创建距离区间之一）（按照 1、2 的次序操作）

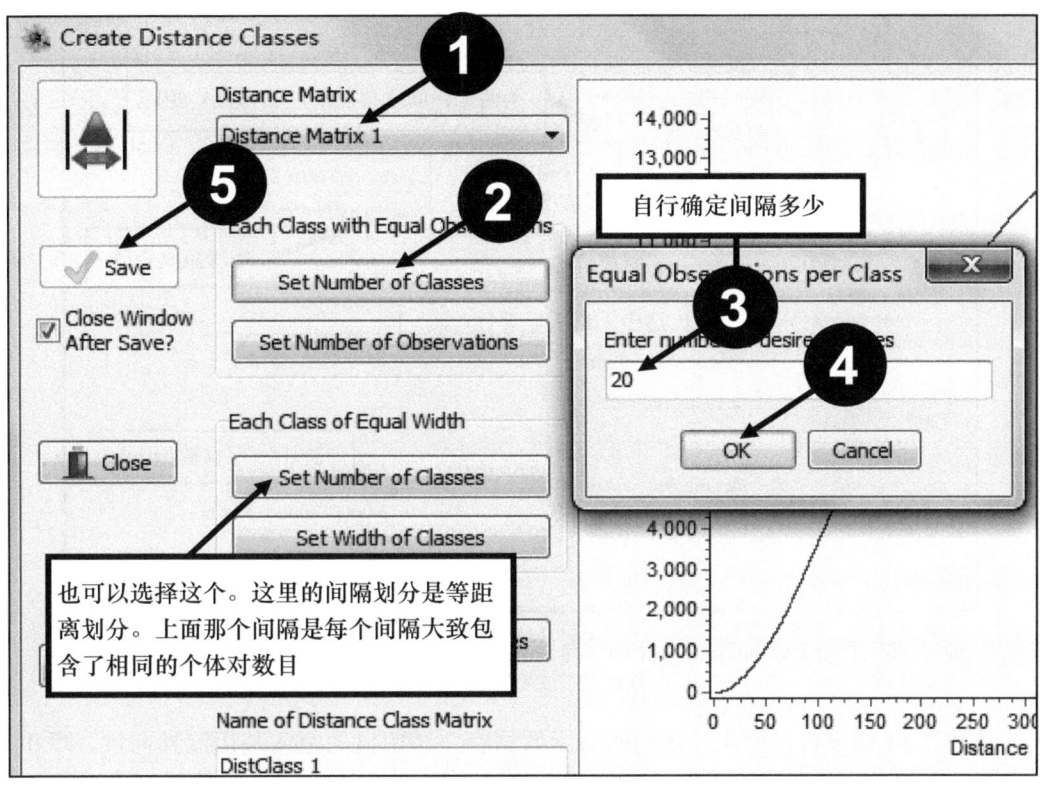

图 7-81　利用 PASSaGE 进行空间异向性分析（创建距离区间之二）（按照 1～5 的次序操作）

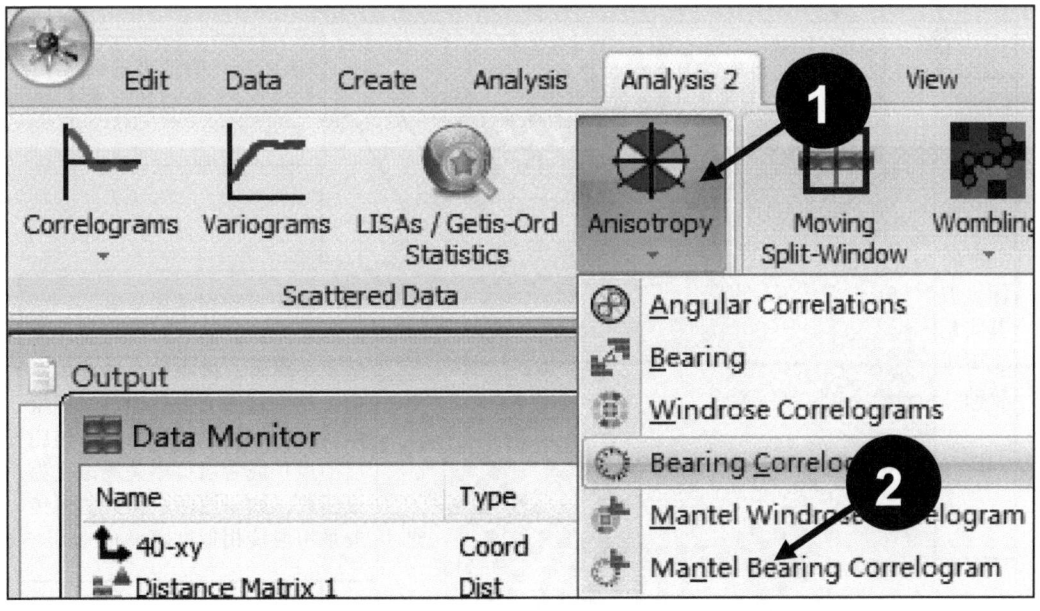

图 7-82　利用 PASSaGE 进行空间异向性分析（进行"Mantel Bearing Correlogram"分析之一）（按照 1、2 的次序操作）

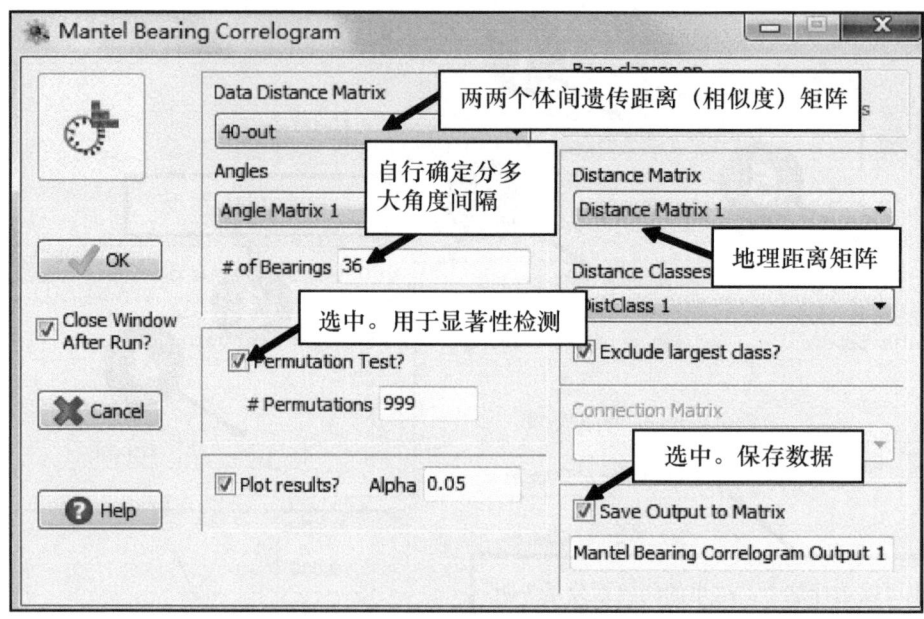

图 7-83 利用 PASSaGE 进行空间异向性分析（进行"Mantel Bearing Correlogram"分析之二）（参数设置）

从图 7-84 结果可以看出，我们的演示数据存在较明显的空间基因流异向性，即 0°～90°的基因流大于 90°～180°基因流。那么这两个方向上的空间自相关状况有什么不同呢？我们可以把数据按照角度分成这两个部分进行计算。但由于没有软件可以这样计算，因此我们需要自己编程，后面会有用 R 语言编写的程序。

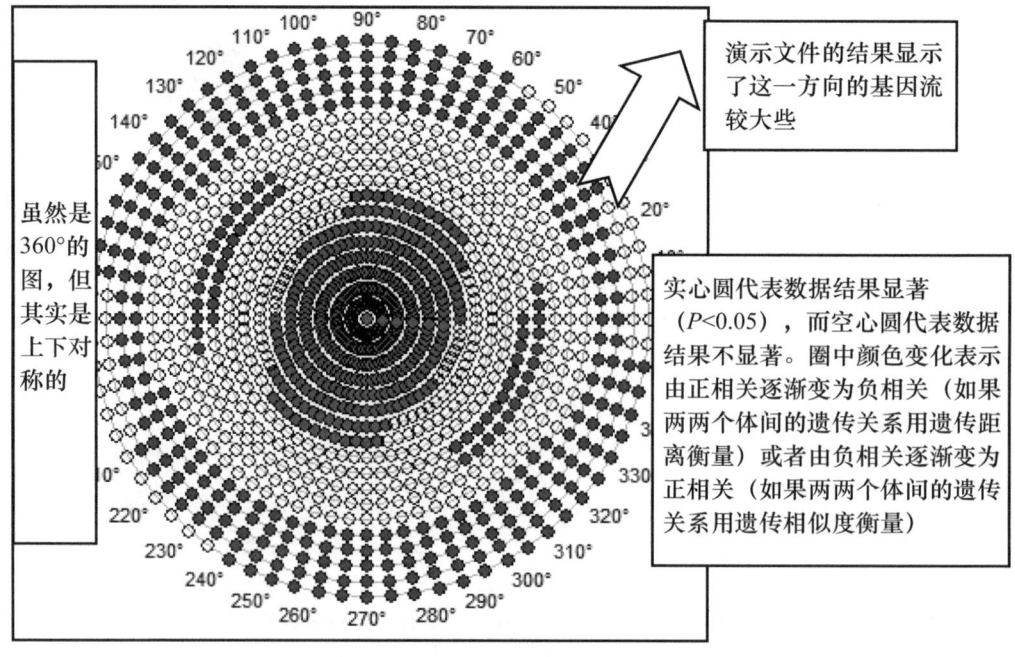

图 7-84 利用 PASSaGE 进行空间异向性分析（结果说明）

第七章 空间遗传结构分析

首先，我们用 PASSaGE 软件把三个数据，即两两个体间的地理距离、两两个体形成的角度和两两个体间的遗传相似性（或距离）整理出来，变成列的格式。这里以两两个体间地理距离这个数据进行演示（图 7-85～图 7-90）。

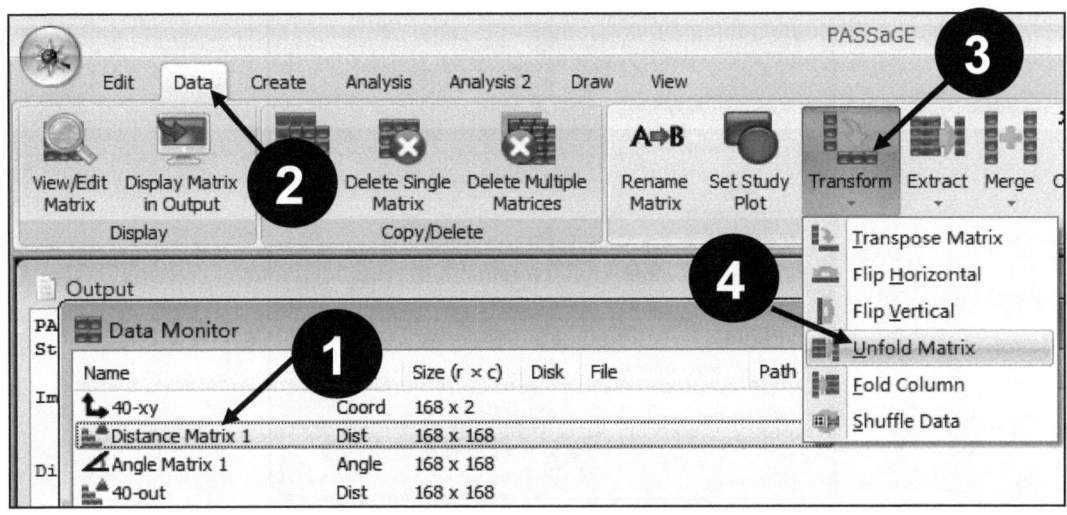

图 7-85　利用 PASSaGE 进行空间异向性分析（数据格式转换之一）（按照 1～4 的次序操作）

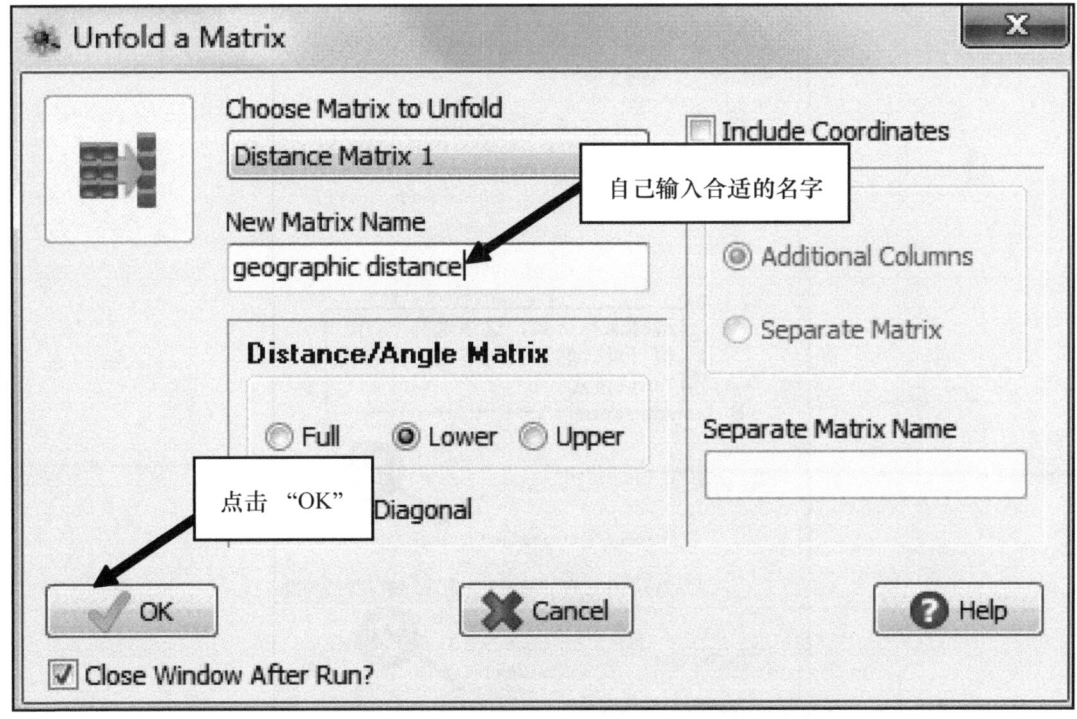

图 7-86　利用 PASSaGE 进行空间异向性分析（数据格式转换之二）

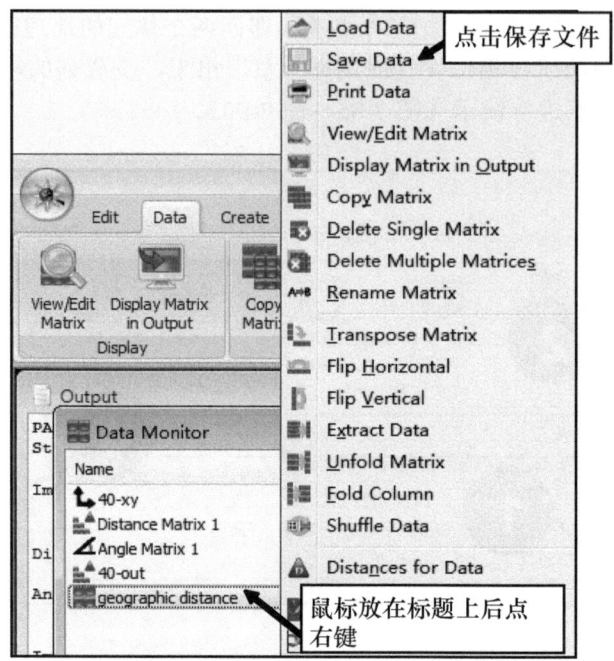

图 7-87 利用 PASSaGE 进行空间异向性分析（数据格式转换之三）

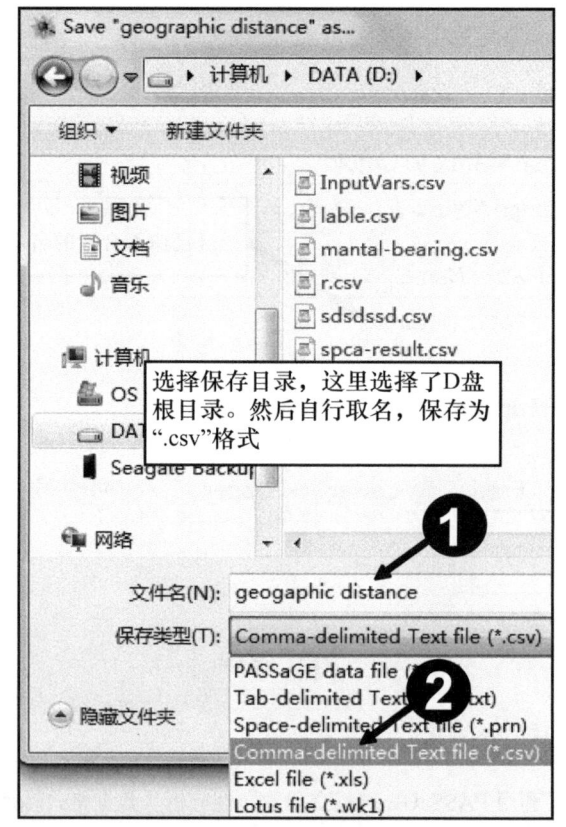

图 7-88 利用 PASSaGE 进行空间异向性分析（数据格式转换之四）（按照 1、2 的次序操作）

第七章 空间遗传结构分析

图 7-89 利用 PASSaGE 进行空间异向性分析（数据格式转换之五）

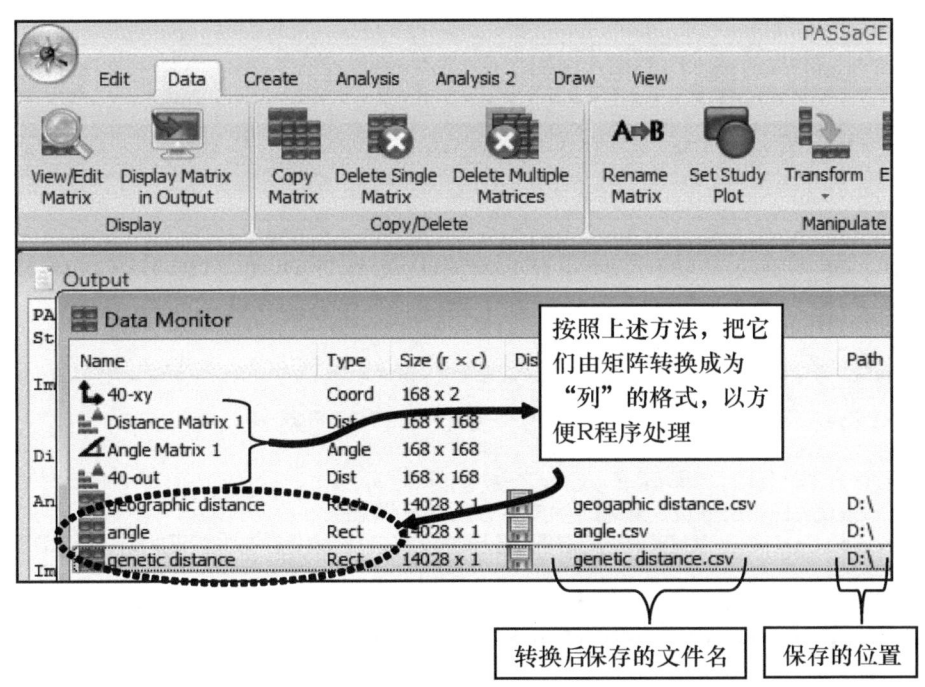

图 7-90 利用 PASSaGE 进行空间异向性分析（数据格式转换之六）

三个数据整理好后，运行 R 软件。然后按照图 7-91～图 7-96 进行操作，就可以把 0°～90°的每隔 20m 间隔的平均两两个体间遗传相似度（或距离）值计算出来，再按照如下程序计算每隔 20m 间隔的 90°～180°两两个体间遗传相似度（或距离）值：

real_180<-as.matrix（seq（1，20））
all_180<-subset（all，a>90）

```
n<-length（all_180[，1]）
k<-0
sum<-0
for（i in 1：20）{
for（j in 1：n）{
if（all[j，1]<=i*20 & all[j，1]>（i-1）*20）{
k=k+all[j，3]
sum=sum+1
}
}
real_180[i]=k/sum
k=0
sum=0
}
```

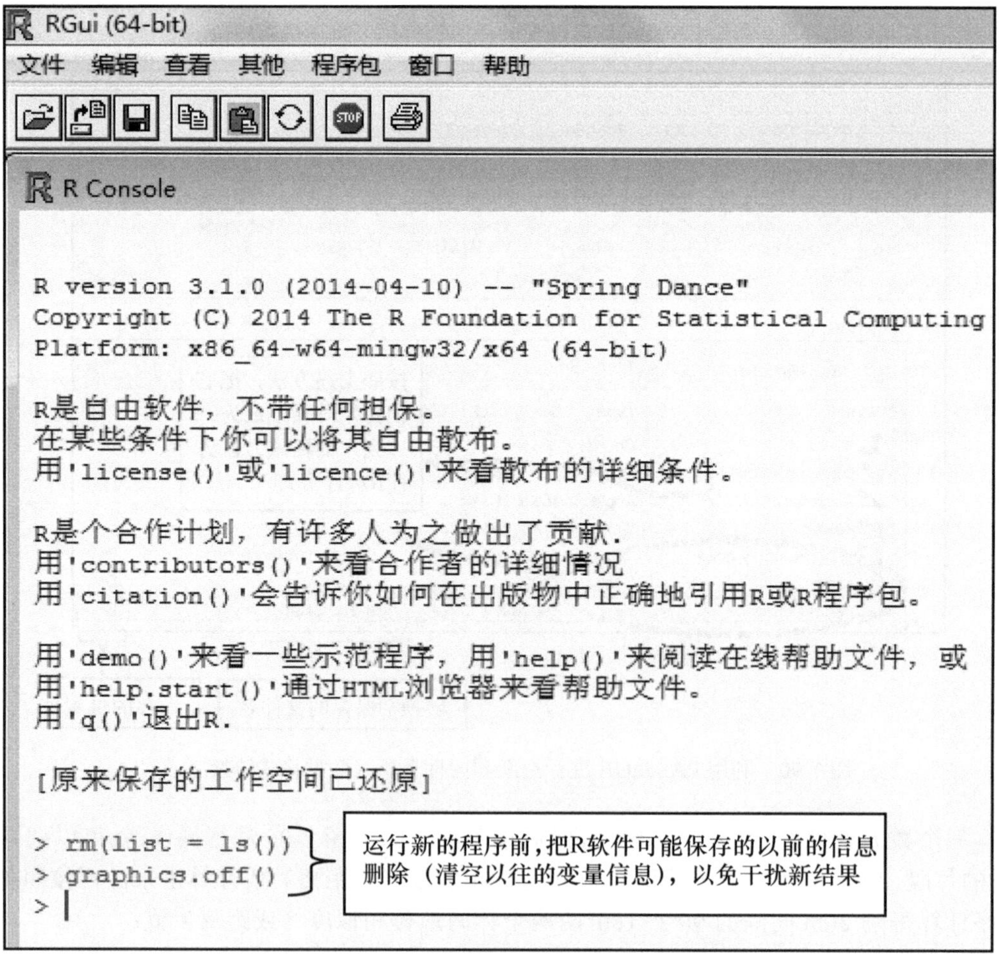

图 7-91　利用 R 软件进行空间自相关分析之一

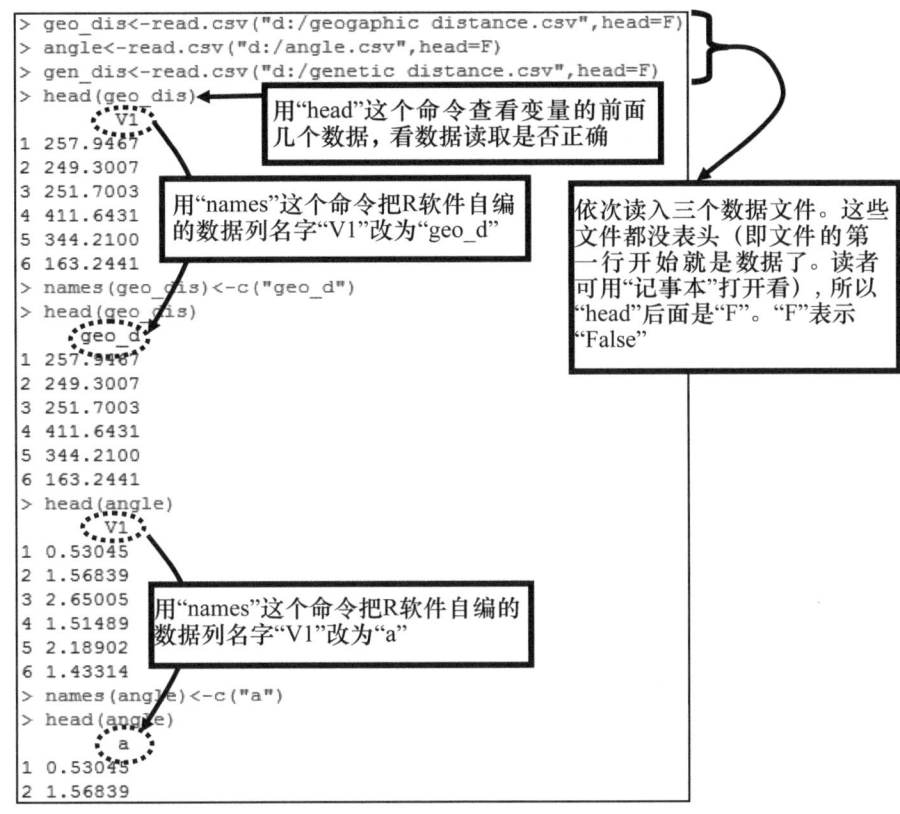

图 7-92　利用 R 软件进行空间自相关分析之二

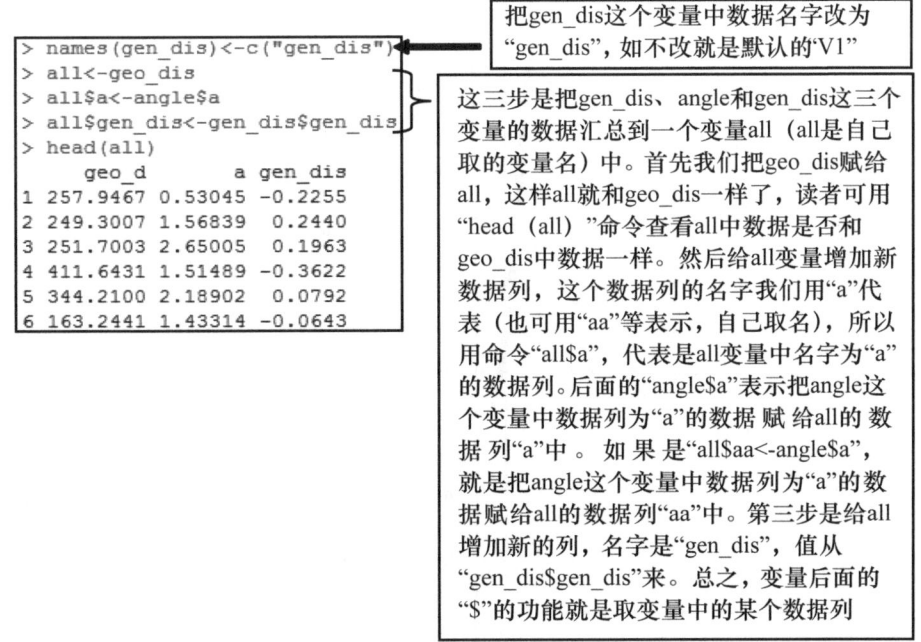

图 7-93　利用 R 软件进行空间自相关分析之三

```
> head(all)
      geo_d      a   gen_dis
1 257.9467 0.53045 -0.2255
2 249.3007 1.56839  0.2440
3 251.7003 2.65005  0.1963
4 411.6431 1.51489 -0.3622
5 344.2100 2.18902  0.0792
6 163.2441 1.43314 -0.0643
> all$a<-all$a*180/pi
> head(all)
      geo_d        a   gen_dis
1 257.9467  30.39255 -0.2255
2 249.3007  89.86213  0.2440
3 251.7003 151.83668  0.1963
4 411.6431  86.79680 -0.3622
5 344.2100 125.42161  0.0792
6 163.2441  82.11287 -0.0643
> all_90<-subset(all,a<=90)
> head(all_90)
      geo_d       a  gen_dis
1 257.9467 30.39255 -0.2255
2 249.3007 89.86213  0.2440
4 411.6431 86.79680 -0.3622
6 163.2441 82.11287 -0.0643
7 387.9414 87.26663  0.1100
9 139.3544 82.61994  0.2523
```

针对变量all中名字为"a"的数据列，因为用PASSaGE软件计算的角度数据是0~π，我们这里把它改为0°~180°

由于我们要分别计算0°~90°和90°~180°方向的基因流（空间自相关状况），因此要把这两个角度范围的数据分别提取出来。首先新建变量all_90，把小于等于90°的数据放到这个变量中。用"subset"这个命令进行数据提取，括号内第一个内容是要被提取数据的原始变量名，"a<=90"表示从all变量的名字是"a"的数量列中找到小于90（即90°）的数据并将其全部提取出来。用"head(all_90)"查看结果，可以看到"a"数据列中大于90的数据全部被筛选掉了

图 7-94　利用 R 软件进行空间自相关分析之四

```
> n<-length(all_90[,1])
> k<-0
> sum<-0          用于后面的循环计算
> real_90<-as.matrix(seq(1,20))
> real_90
      [,1]
 [1,]    1
 [2,]    2
 [3,]    3
 [4,]    4
 [5,]    5
 [6,]    6
 [7,]    7
 [8,]    8
 [9,]    9
[10,]   10
[11,]   11
[12,]   12
[13,]   13
[14,]   14
[15,]   15
[16,]   16
[17,]   17
[18,]   18
[19,]   19
[20,]   20
```

计算变量all_90一列有多少个数据。"length"是个计算数据长度的命令。"all_90[,1]"代表变量all_90的第一列。","前面是空的没有写东西，表示这是这个列的全部数据。如果是"[2,1]"，就表示这是第2行第1列的数据了。这个命令也可以用"n<-length(all_90[,2])"，因为第1列、第2列或者第3列的数据长度是一样的。计算列长度的目的是为下面的程序循环做准备

创建一个矩阵变量（用"as.matrix"命令），名字是real_90。这个矩阵只有一列，包括了20个数据，用"seq"这个命令产生。"seq"自动按照所给的数字1和20依次产生了1~20这20个数字，并按照这个顺序赋值给了矩阵。创建这个矩阵的目的是我们要把两两个体之间的地理距离分隔成20个间隔，每个间隔20m。1~20这些值是创建矩阵用的，并非我们的间隔值20,40,60,...，后面的计算会更改的。把数据转换成矩阵是为了对其中的数据一一操作。例如，我们想要第3行第1列的数据，或者更改第5行第2列的数据，写"[3,1]"和"[5,2]"就可以了。如果变量是"data.frame"格式的，就不能这样对数据一一操作了。后面我们还要提到

图 7-95　利用 R 软件进行空间自相关分析之五

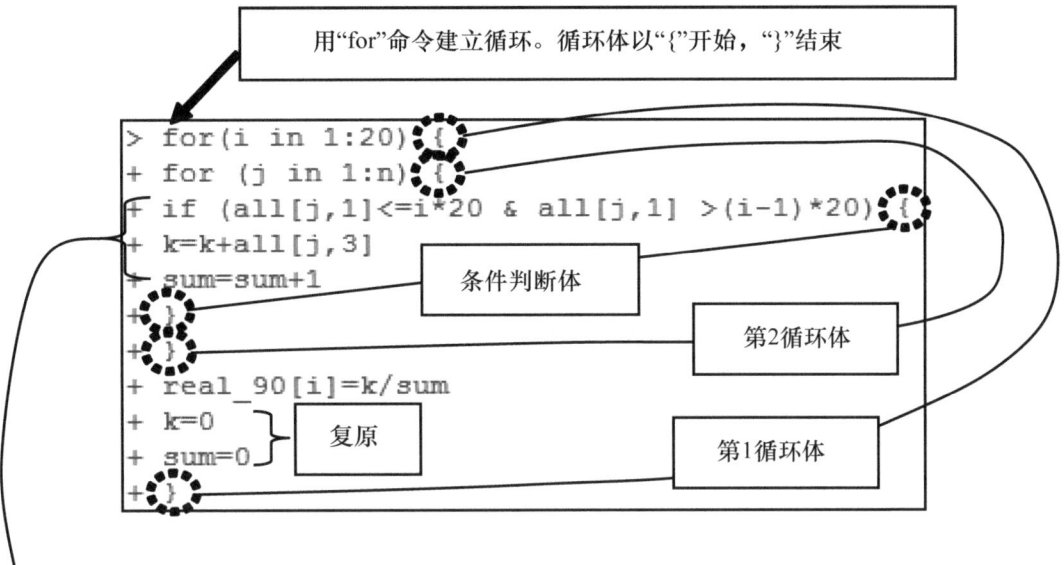

图 7-96　利用 R 软件进行空间自相关分析之六

真实值算完后,要进行显著度的检测。我们可以用抽样(resampling)法进行,这里针对地理距离进行随机抽样。图 7-97～图 7-100 是程序的说明。这里要注意的是变量的格式,有时要用"data.frame"格式,有时要用矩阵(matrix)格式。如果要对数据中的每个数(或某个数)进行操作(提取或者更改),就要把数据改为矩阵格式,其他时候用"data.frame"格式。如果是数据格式问题出错,读者可多用"head()"命令多看下变量。

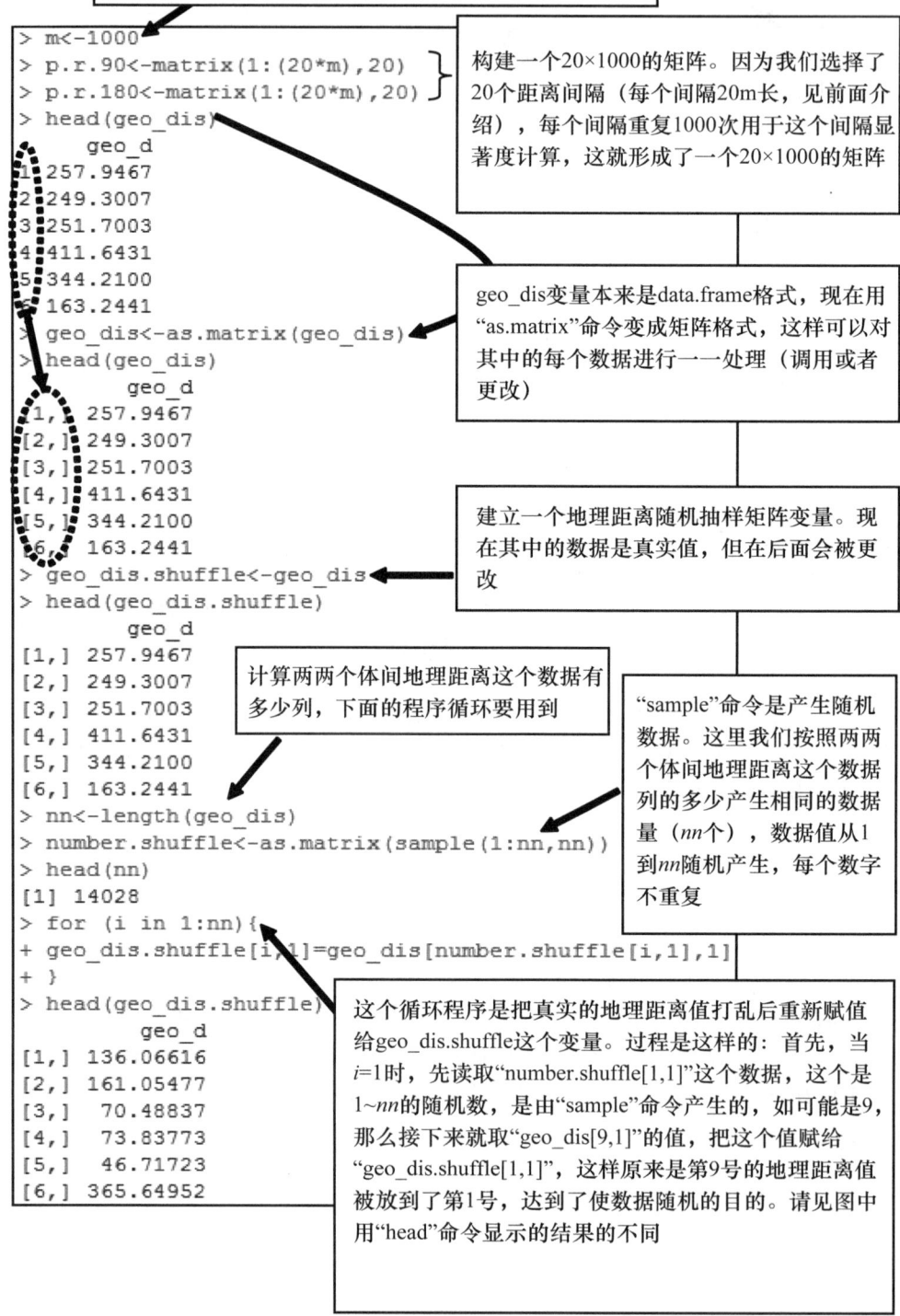

图 7-97　利用 R 软件进行空间自相关分析之七

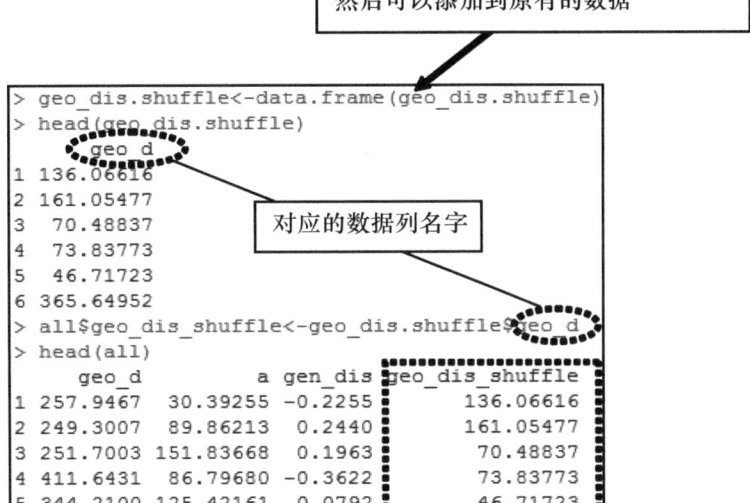

图 7-98　利用 R 软件进行空间自相关分析之八

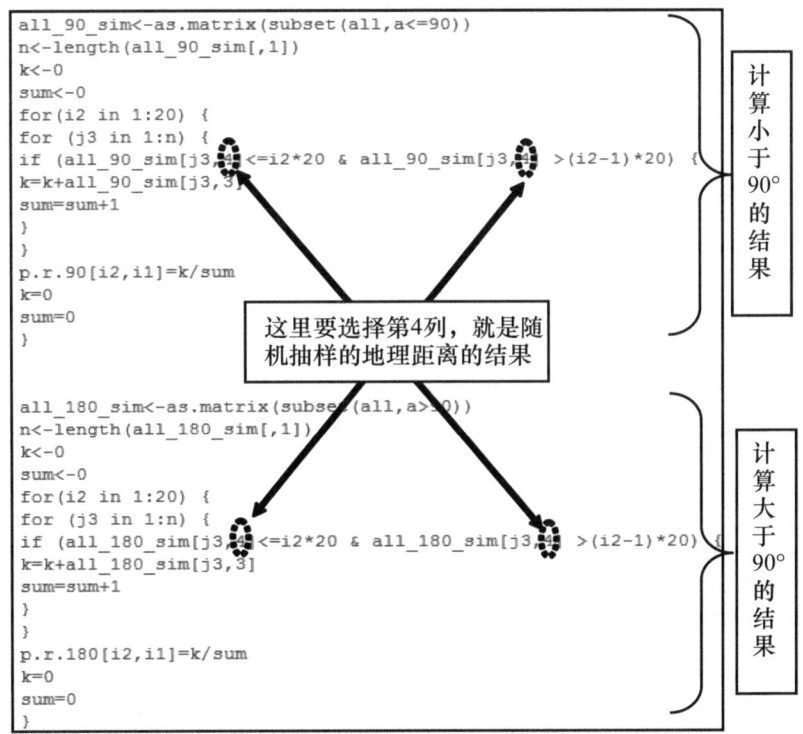

图 7-99　利用 R 软件进行空间自相关分析之九

```
> pvalue.90.positive<-as.matrix(seq(1,20))
> pvalue.180.positive<-as.matrix(seq(1,20))
> for (i in 1:20){
+ pvalue.90.positive[i]=sum(real_90[i]<p.r.90[i,])/m
+ pvalue.180.positive[i]=sum(real_180[i]<p.r.180[i,])/m
+ }
> result_90<-data.frame(real_90)
> pvalue.90.positive<-data.frame(pvalue.90.positive)
> result_90$p.positive<-pvalue.90.positive$pvalue.90.positive
>
> result_180<-data.frame(real_180)
> pvalue.180.positive<-data.frame(pvalue.180.positive)
> result_180$p.positive<-pvalue.180.positive$pvalue.180.positive
>
> pvalue.90.negative<-as.matrix(seq(1,20))
> pvalue.180.negative<-as.matrix(seq(1,20))
>
> for (i in 1:20){
+ pvalue.90.negative[i]=sum(real_90[i]>p.r.90[i,])/m
+ pvalue.180.negative[i]=sum(real_180[i]>p.r.180[i,])/m
+ }
>
> pvalue.90.negative<-data.frame(pvalue.90.negative)
> result_90$p.negative<-pvalue.90.negative$pvalue.90.negative
>
> pvalue.180.negative<-data.frame(pvalue.180.negative)
> result_180$p.negative<-pvalue.180.negative$pvalue.180.negative
> result_90
      real_90    p.positive  p.negative
1    0.076902970    0.003      0.997
2    0.033017273    0.031      0.969
3    0.114           0.886
4    0.000           1.000
5    0.050           0.950
6    0.028993208    0.009      0.991
7    0.009353602    0.253      0.747
8   -0.025690889    0.991      0.009
9   -0.050296479    1.000      0.000
10  -0.053071386    1.000      0.000
11  -0.044246254    1.000      0.000
12  -0.068292739    1.000      0.000
13                  1.000      0.000
14                  1.000      0.000
15                  1.000      0.000
16                  1.000      0.000
17  -0.038503960    0.993      0.007
18  -0.061489032    1.000      0.000
19  -0.089098113    1.000      0.000
20  -0.046495652    0.980      0.020
```

图 7-100　利用 R 软件进行空间自相关分析之十

第八章 景观遗传学分析

景观遗传学（landscape genetics）其实也是空间遗传结构分析的一部分，但其所涉及的空间信息更多，不仅包含地理位置信息，也可以是种群或个体所在空间地点的环境变量信息（如温度、降雨量等），因此有其独特性。

这里介绍的景观遗传学分析可以说是地理隔离（isolation by distance，IBD）研究的扩展。IBD 主要是研究种群（或个体）之间的遗传变异（遗传距离或相似度）随着地理距离变化而变化的状况。而景观遗传学是要研究种群（或个体）之间的遗传变异（遗传距离或相似度）随着景观格局的变化而变化的状况。因此景观遗传学分析和 IBD 分析的不同在于我们要把两两种群（或个体）间景观上的差异度量出来。

对于 IBD 分析，有很多软件可以进行，最好用的是 Bohonak（2002）编写的软件，分析全面，大家可以从 http://www.bio.sdsu.edu/pub/andy/IBD.html 这一网址下载单机版，也可在线进行分析，网址是 http://ibdws.sdsu.edu/~ibdws/。由于这个软件非常容易操作，作者所给的例子和操作说明也很完善，其具体操作就不在本书中介绍了。

由于景观很复杂，这里介绍的分析是一种启发性的，读者可能无法套用到自己的分析中。通过这些例子，大家可以了解景观分析的原理和主要工具。这些分析例子包括 4 种景观距离的计算：①表面距离（surface distance）；②加权线性距离（weighted linear distance）；③最小成本距离（least-cost distance，LCD）；④阻抗距离（multi-path circuit approach-based resistance distance，RD）。这些计算并不复杂，读者跟着做一遍后就可以了解最基本的景观遗传学是如何分析的，以后针对自己的研究就明白如何着手了。

第一节 表面距离：ArcGIS 软件

表面距离是指由于地表起伏所产生的距离，是一种曲线距离，而非投影距离（He et al.，2013）。表面距离的计算需要安装 ArcGIS 软件，这是商业软件，但提供了试用版，读者可以登录 http://www.esri.com/这一网址，注册后，按照图 8-1 和图 8-2 找到相应的链接处下载，我们只需下载其中的 "ArcGIS_Desktop" 即可，网站同时会以电子邮件把试用号发给注册的邮箱。下载完成后，双击 "ArcGIS_Desktop_1022_140415.exe" 文件进行安装（参考图 8-3～图 8-12）。

然后，运行程序（图 8-13），新建新的图层，加载地形数据"topo.csv"（图 8-14～图 8-18）。"topo.csv" 这个文件记录的是被划分为 500 个 20m×20m 小方格的一个 400m×500m 的样地信息，包括了每个小方格 4 个角的 X、Y 坐标和海拔。"topo.csv" 数据加载后是个散点图，我们按照图 8-19～图 8-21 把这个散点图转换为地形图。结果出来后，可以看到图还是平面的，但用不同颜色深度表示海拔高度。要想看到具体 3D 地形图，我们可以用前面介绍的 "Surfer" 软件，具体操作前面有介绍，这里给出作出的图（图 8-22）。

图 8-1　下载安装 ArcGIS 试用版软件之一（按照 1～2 的次序操作）

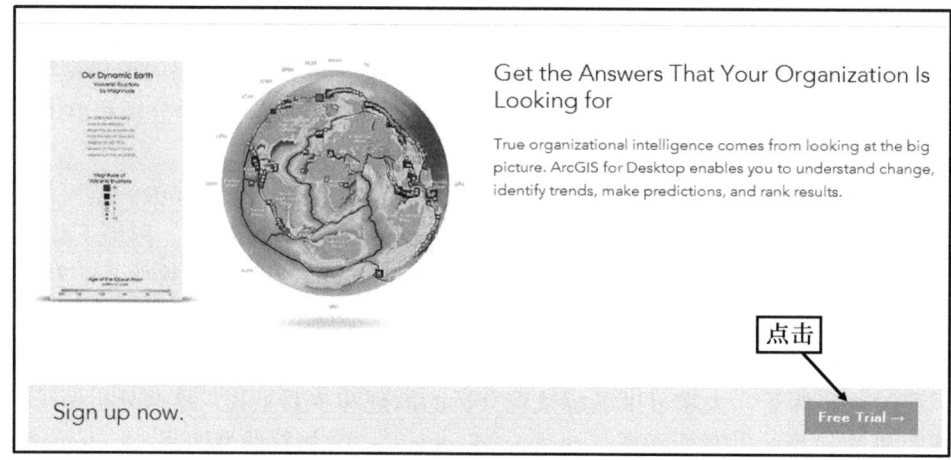

图 8-2　下载安装 ArcGIS 试用版软件之二

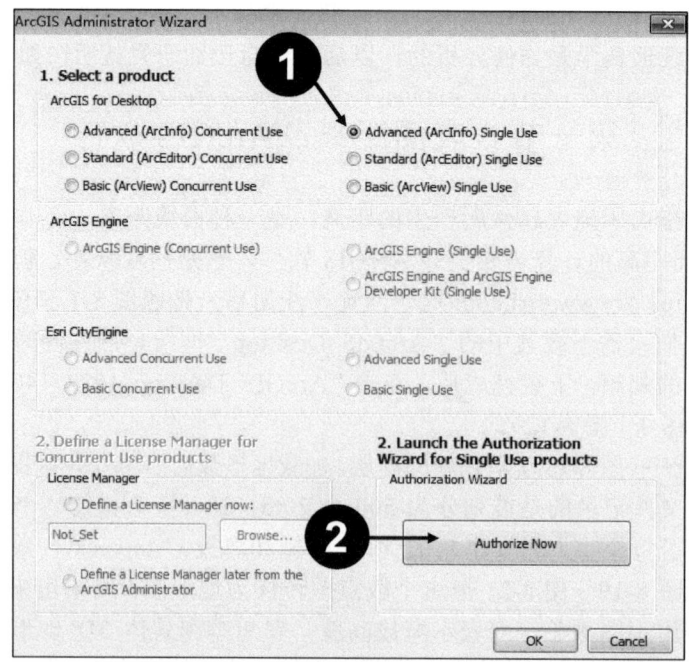

图 8-3　下载安装 ArcGIS 试用版软件之三（按照 1～2 的次序操作）

图 8-4　下载安装 ArcGIS 试用版软件之四（按照 1～2 的次序操作）

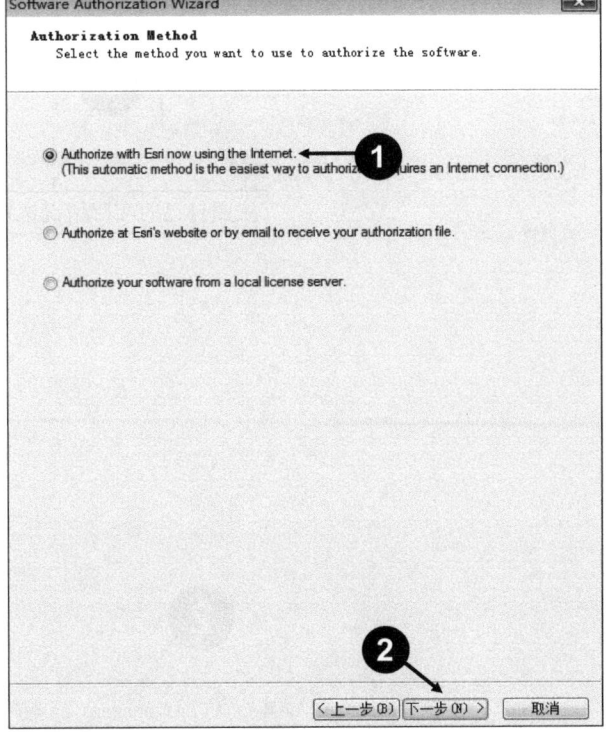

图 8-5　下载安装 ArcGIS 试用版软件之五（按照 1～2 的次序操作）

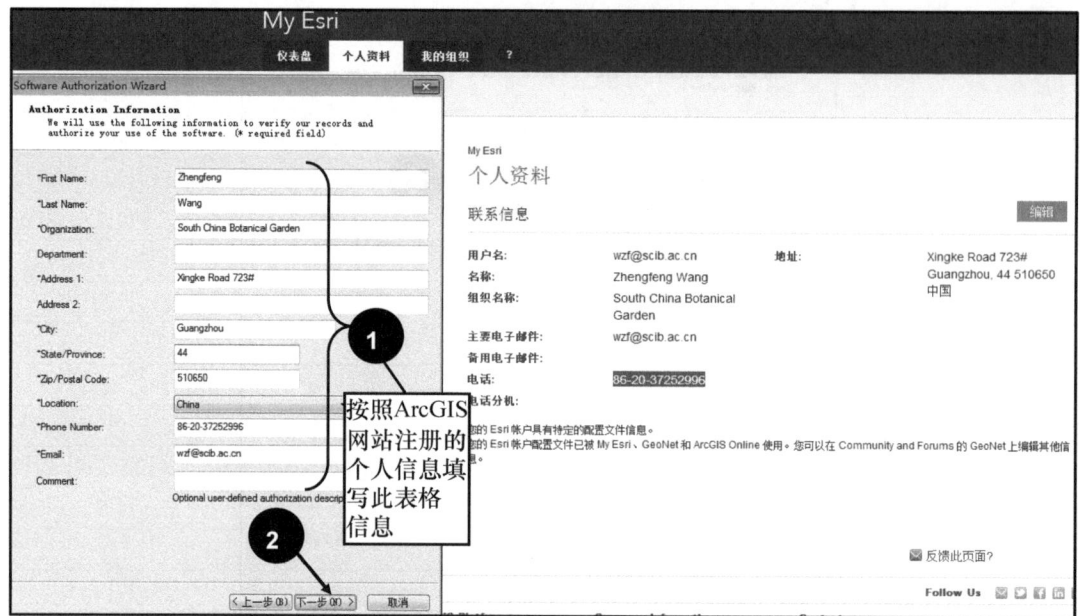

图 8-6　下载安装 ArcGIS 试用版软件之六（按照 1~2 的次序操作）

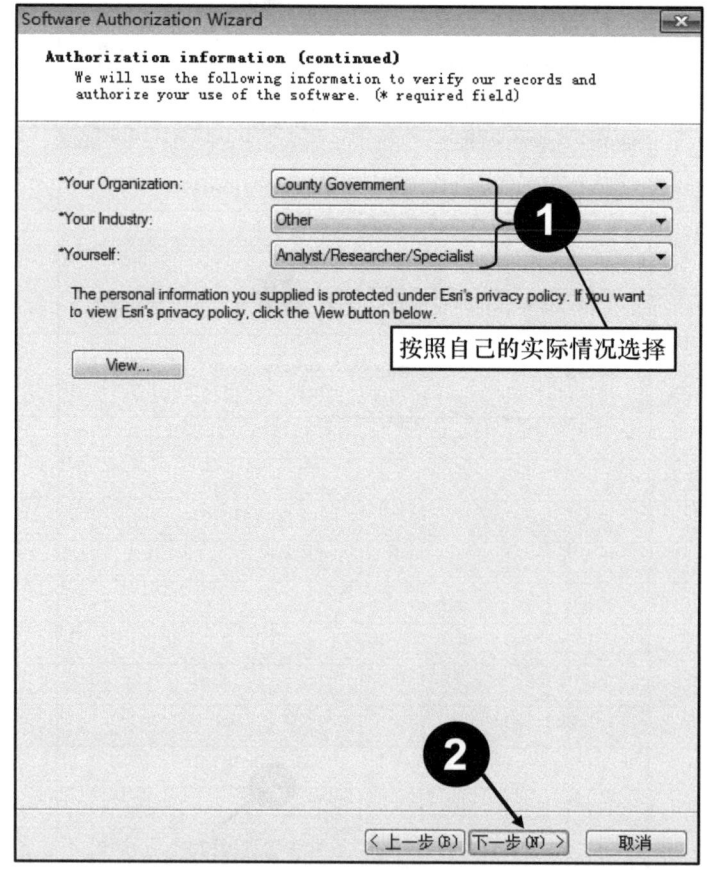

图 8-7　下载安装 ArcGIS 试用版软件之七（按照 1~2 的次序操作）

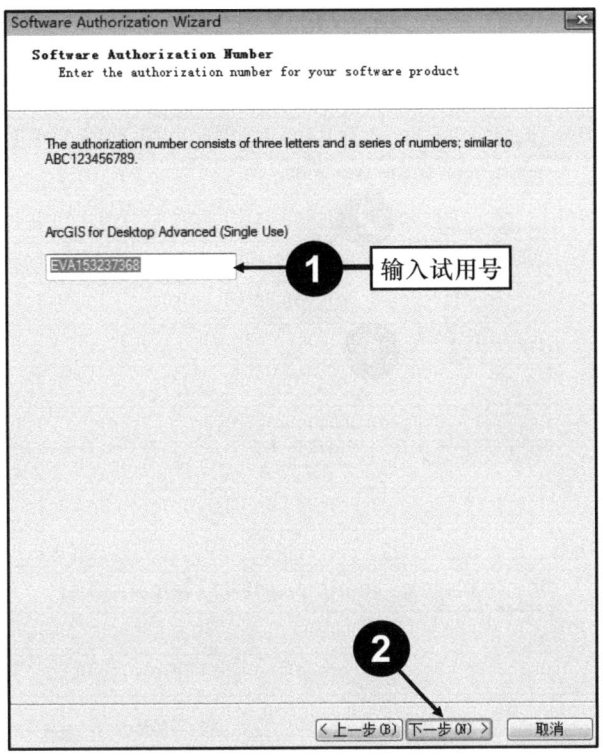

图 8-8　下载安装 ArcGIS 试用版软件之八（按照 1～2 的次序操作）

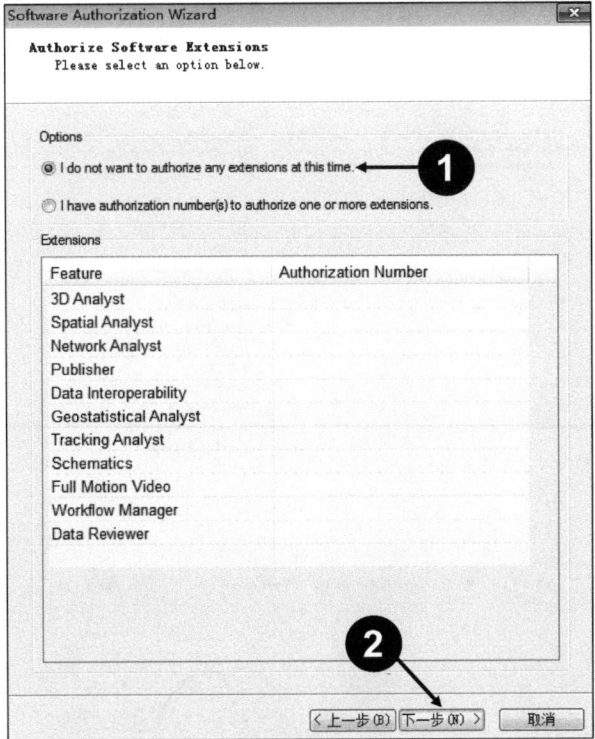

图 8-9　下载安装 ArcGIS 试用版软件之九（按照 1～2 的次序操作）

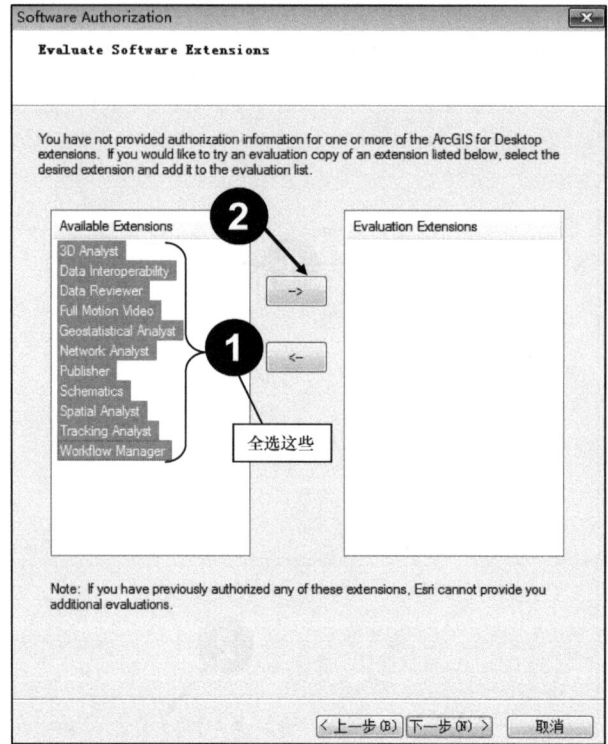

图 8-10　下载安装 ArcGIS 试用版软件之十（按照 1～2 的次序操作）

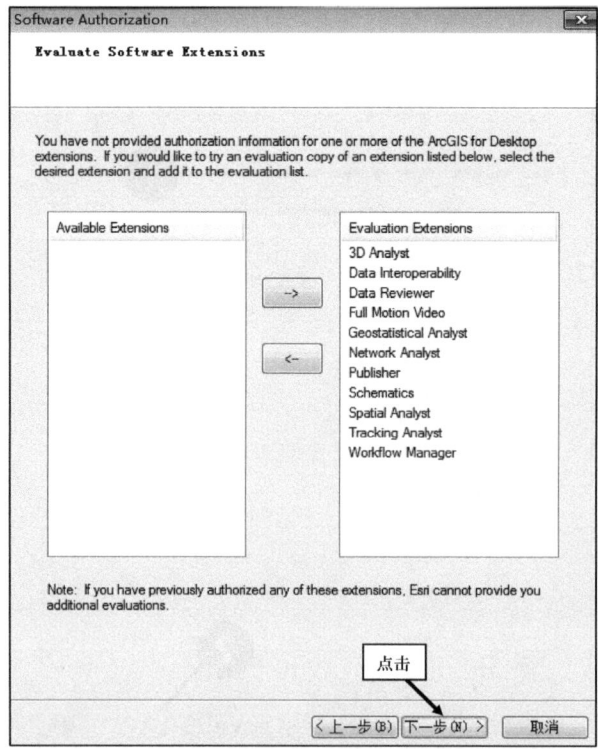

图 8-11　下载安装 ArcGIS 试用版软件之十一

第八章　景观遗传学分析

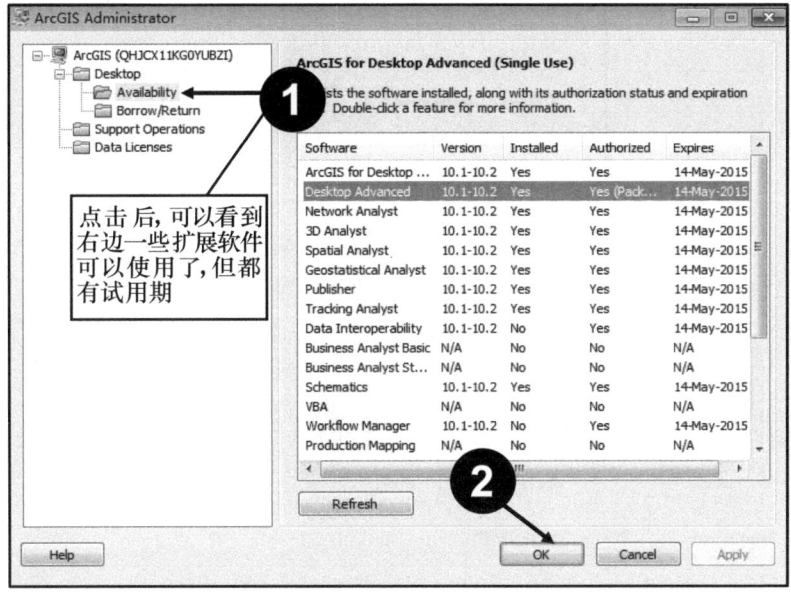

图 8-12　下载安装 ArcGIS 试用版软件之十二（按照 1~2 的次序操作）

图 8-13　利用 ArcGIS 软件进行数据分析之一（运行程序）

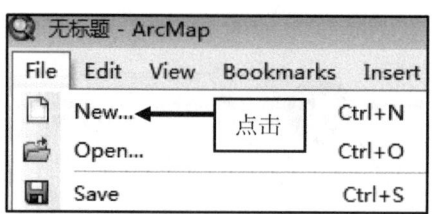

图 8-14 利用 ArcGIS 软件进行数据分析之二（新建分析任务）

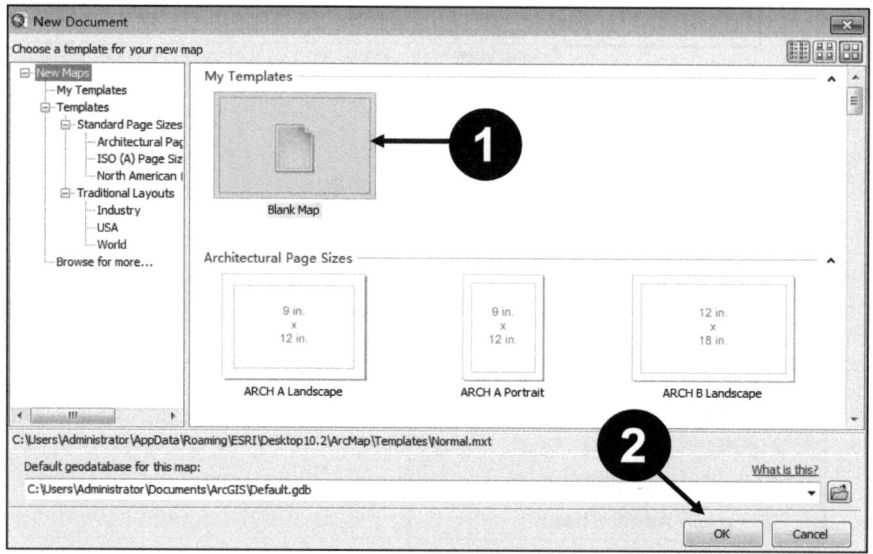

图 8-15 利用 ArcGIS 软件进行数据分析之三（创建空白图）（按照 1~2 的次序操作）

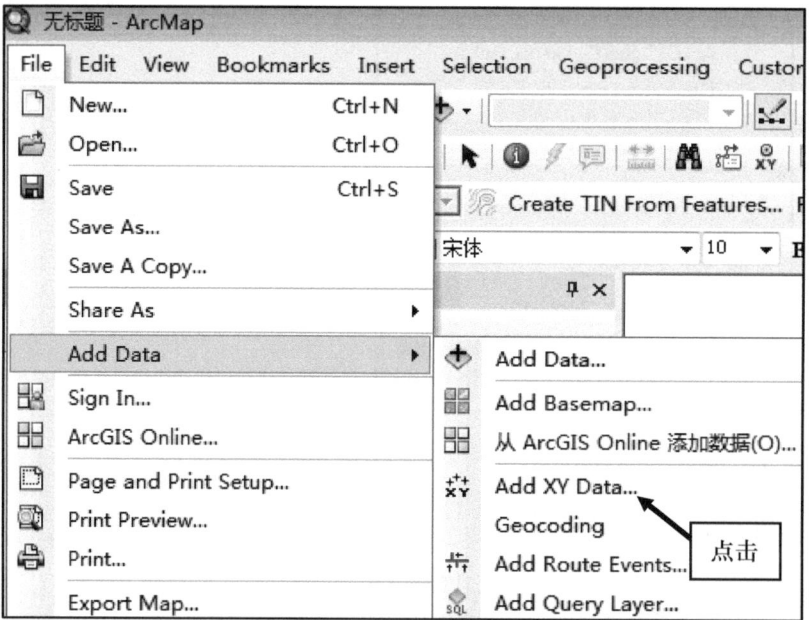

图 8-16 利用 ArcGIS 软件进行数据分析之四（图中添加坐标点信息）

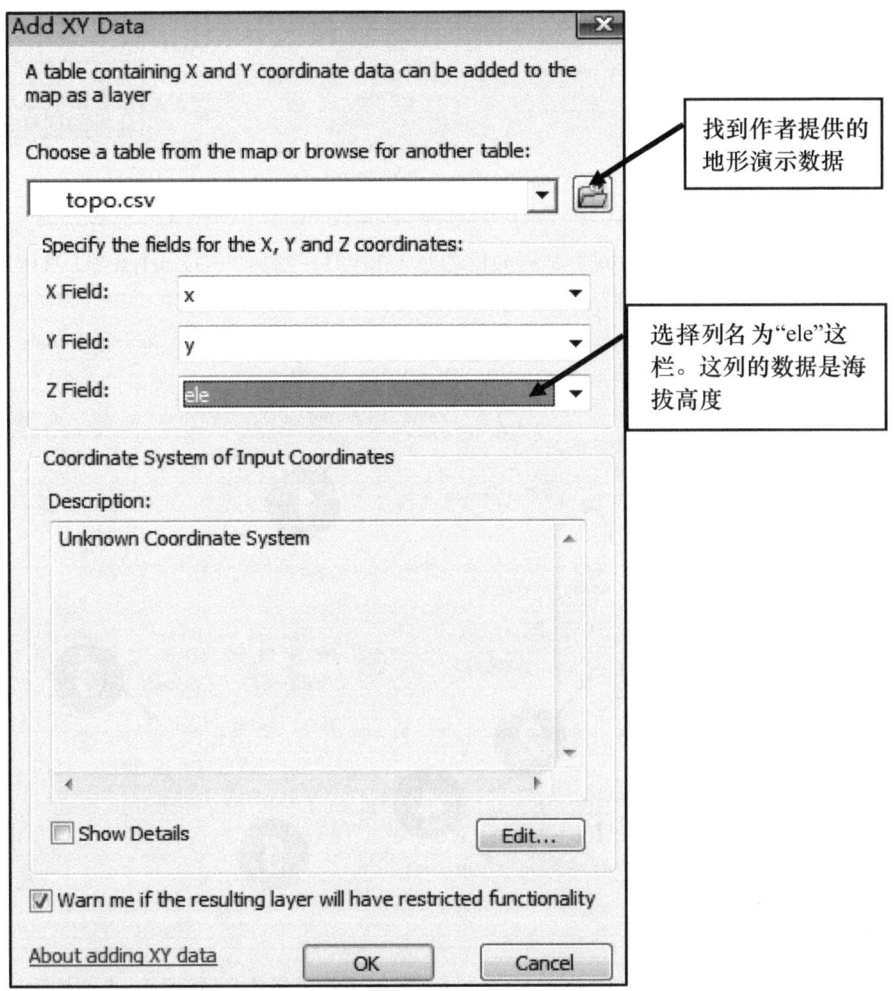

图 8-17　利用 ArcGIS 软件进行数据分析之五（继续在图中添加坐标点信息）

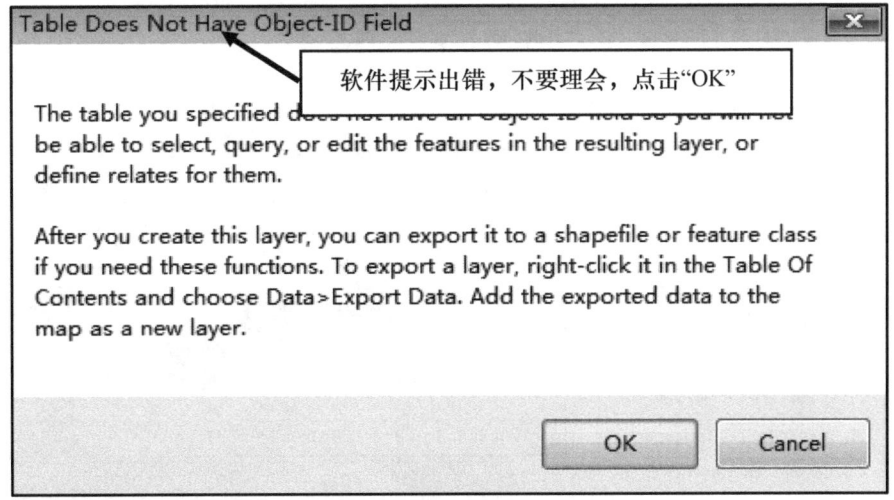

图 8-18　利用 ArcGIS 软件进行数据分析之六

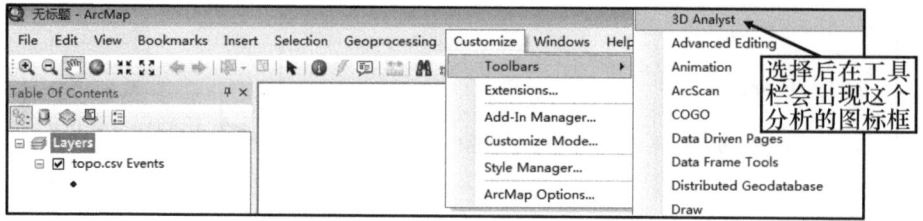

图 8-19 利用 ArcGIS 软件进行数据分析之七（在工具栏增加"3D Analyst"工具框）

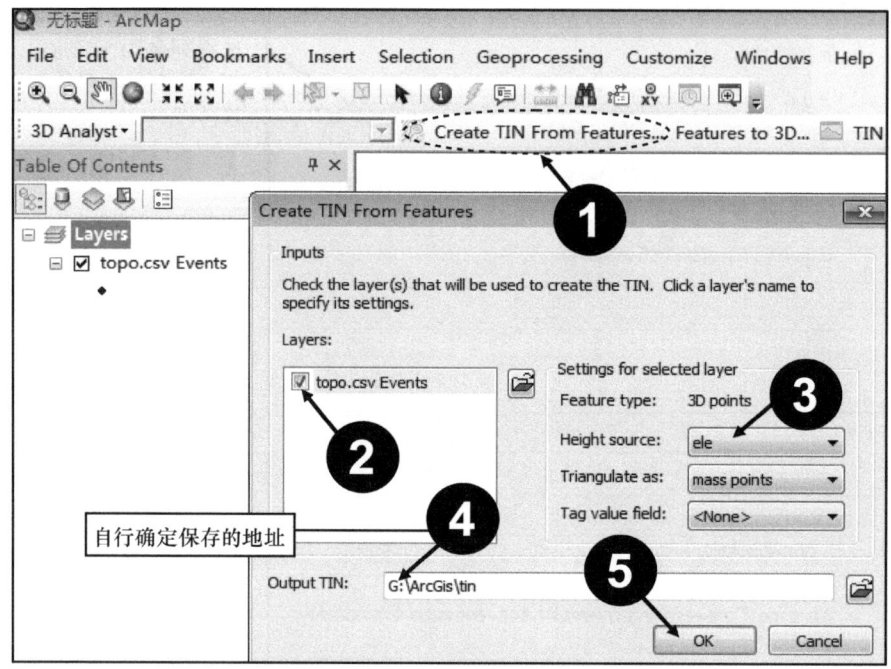

图 8-20 利用 ArcGIS 软件进行数据分析之八（对数据进行栅格化）（按照 1~5 的次序操作）

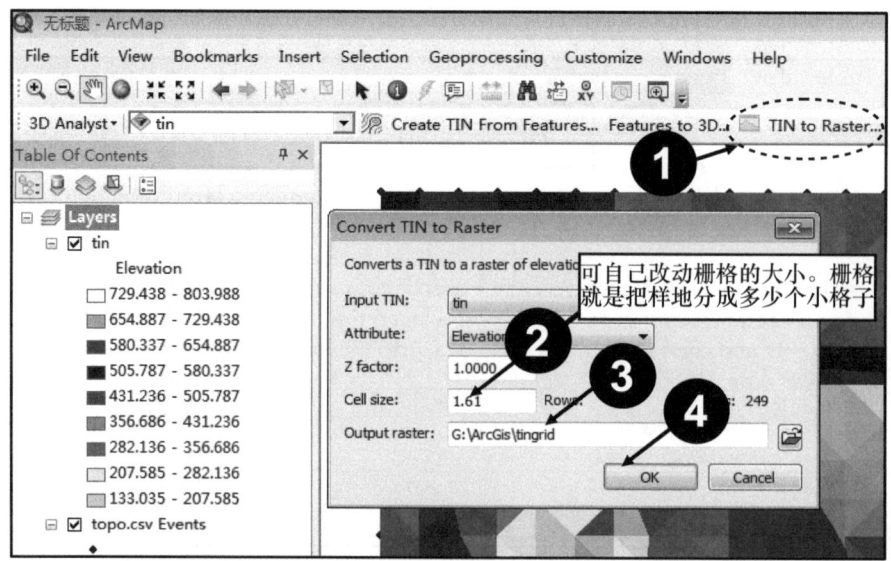

图 8-21 利用 ArcGIS 软件进行数据分析之九（继续对数据进行栅格化）（按照 1~4 的次序操作）

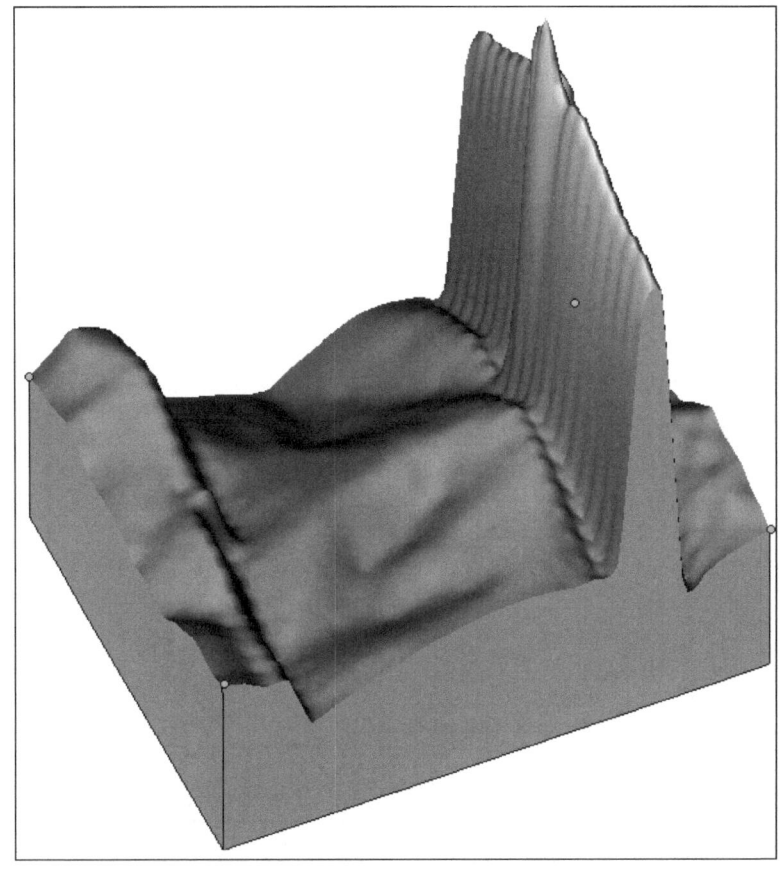

图 8-22 演示数据形成的地形图

之后,我们需要加载个体在样地分布的坐标数据"individual_xy.csv"。如果使用前面介绍的"Add XY Data"命令直接加载"individual_xy.csv",数据加载不完全。因此我们需要先把它的数据格式转换一下。用 Excel 打开这个文件,然后另存为".dbf"格式(图 8-23)。之后再使用前面介绍的"Add XY Data"命令加载这个新的后缀名是".dbf"的文件。

点(个体)数据加载完成后,我们就要在两两点(个体)之间进行连线,然后才能计算两两点(个体)之间的表面距离。这时,我们先要安装 ET GeoWizards 软件。软件可从 http://www.ian-ko.com/下载(图 8-24)和安装。然后按照图 8-25~图 8-30 完成两两点(个体)间表面距离的计算。值得一提的是,ET GeoWizards 软件也是商业软件,有些功能使用受限制,或有计算数据量的限制。

通过这个简单的例子我们可以看出,ArcGIS 软件进行的计算是从不同图层抽提数据,然后进行整合。例如,我们的例子就是先建立一个地形的图层,再建立线的图层,然后把每条线和地形融合,把每条线和地形重合部分的地形信息抽提出来,最后计算出跨越这些地形所需要的距离。通过这个过程,我们也可以把点、面(不仅仅是线)所在的地形(如海拔、坡度、凹凸度等)、温度(需建立一个温度图层)、降水(需建立一个降水图层)等信息计算(抽提)出来。

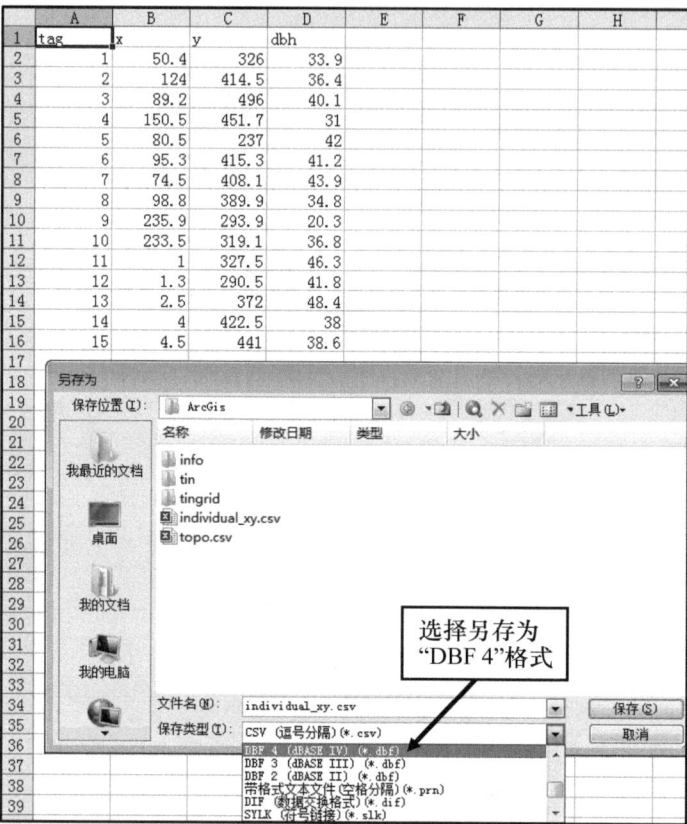

图 8-23　进行数据格式转换使其可以被添加到 ArcGIS 程序中

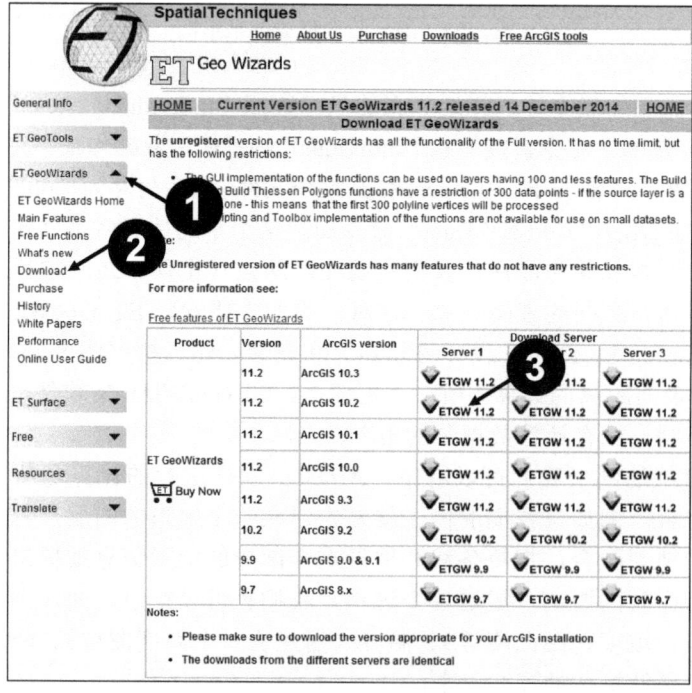

图 8-24　下载 ET GeoWizards 软件（按照 1～3 的次序操作）

第八章 景观遗传学分析

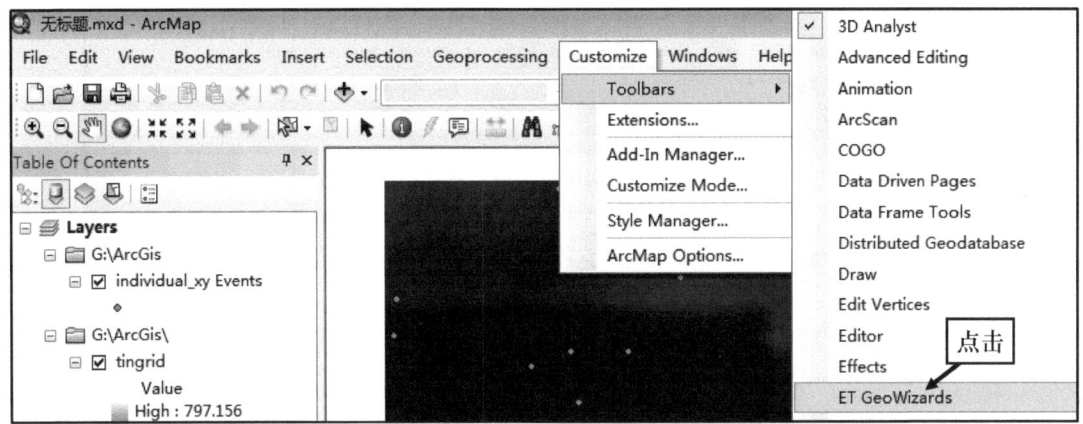

图 8-25 在 ArcGIS 工具栏增加 ET GeoWizards 软件工具框

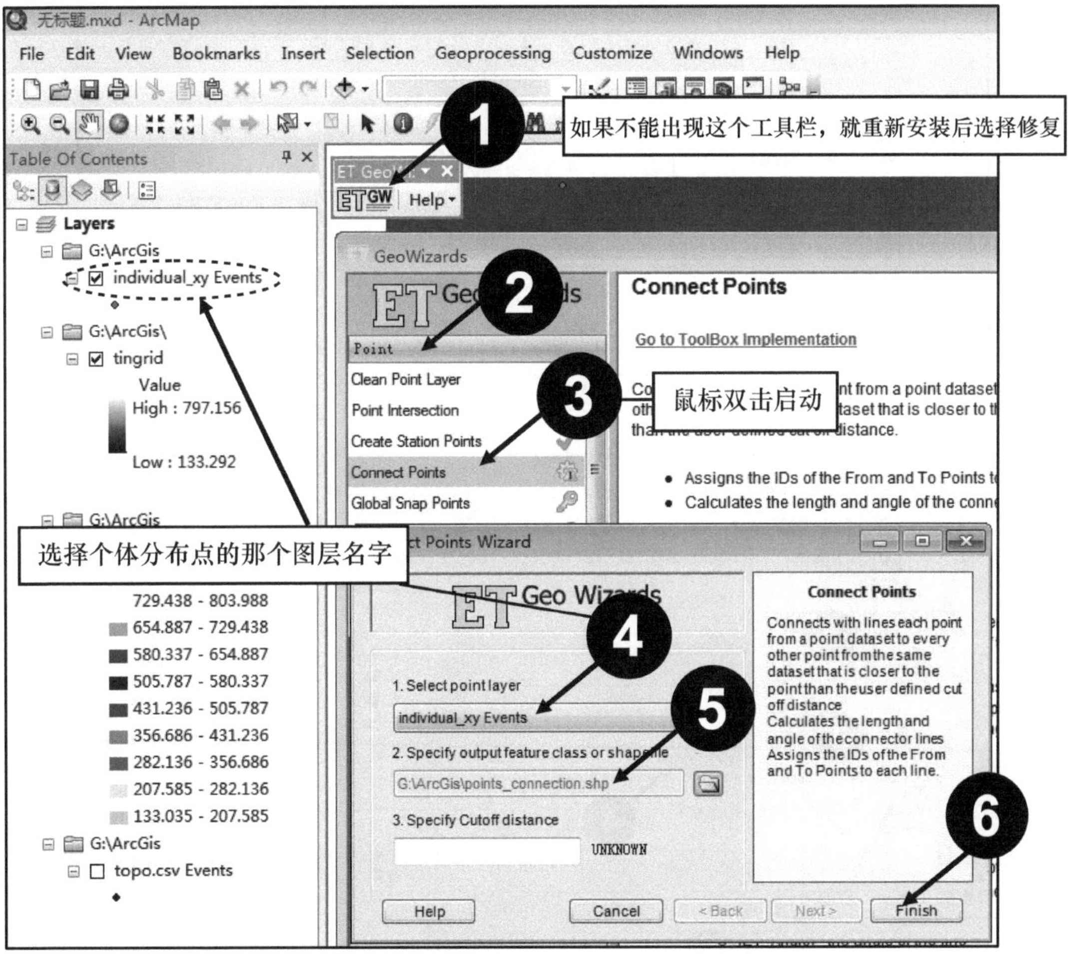

图 8-26 利用 ET GeoWizards 软件进行数据分析之一（按照 1～6 的次序操作）

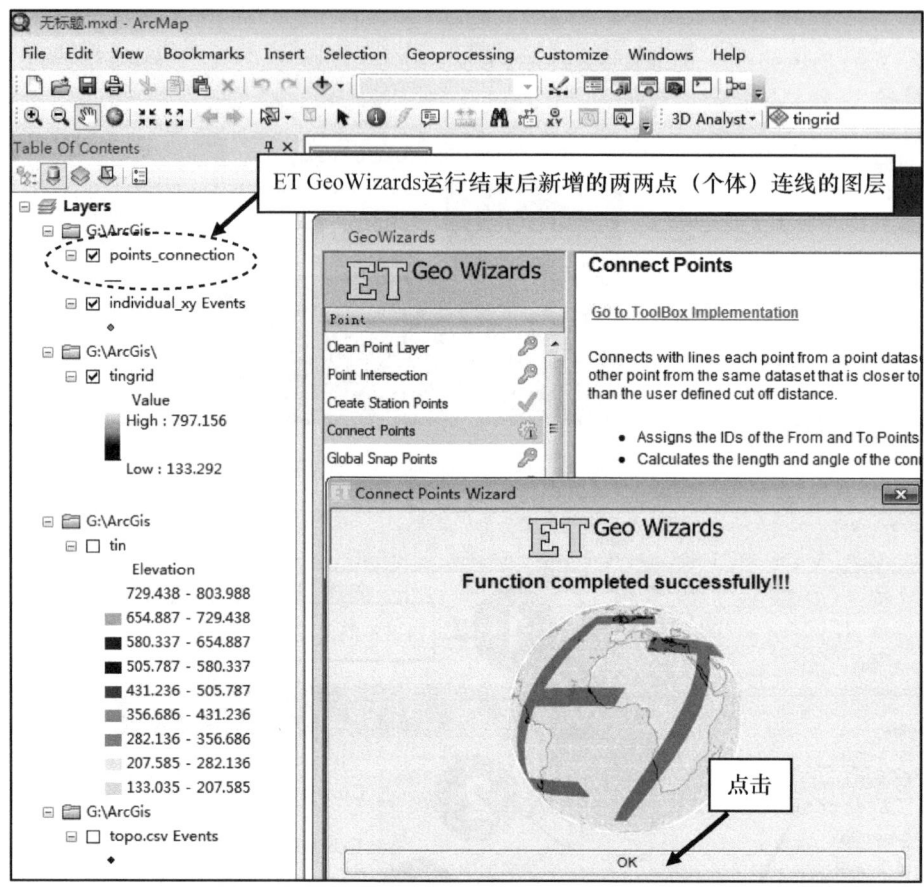

图 8-27 利用 ET GeoWizards 软件进行数据分析之二

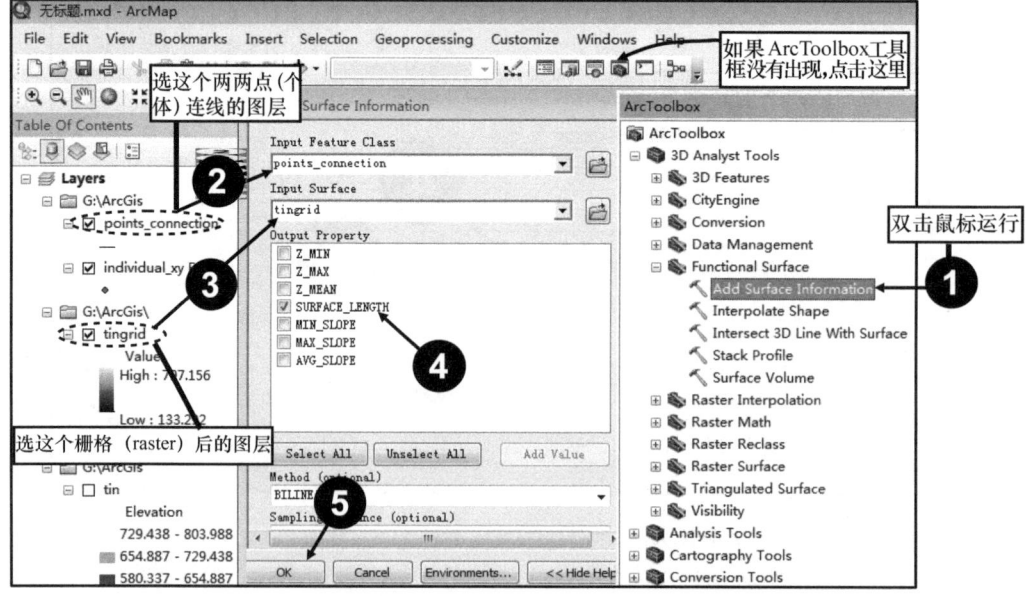

图 8-28 利用 ArcGIS 软件进行数据分析（计算表面距离之一）（按照 1~5 的次序操作）

第八章 景观遗传学分析

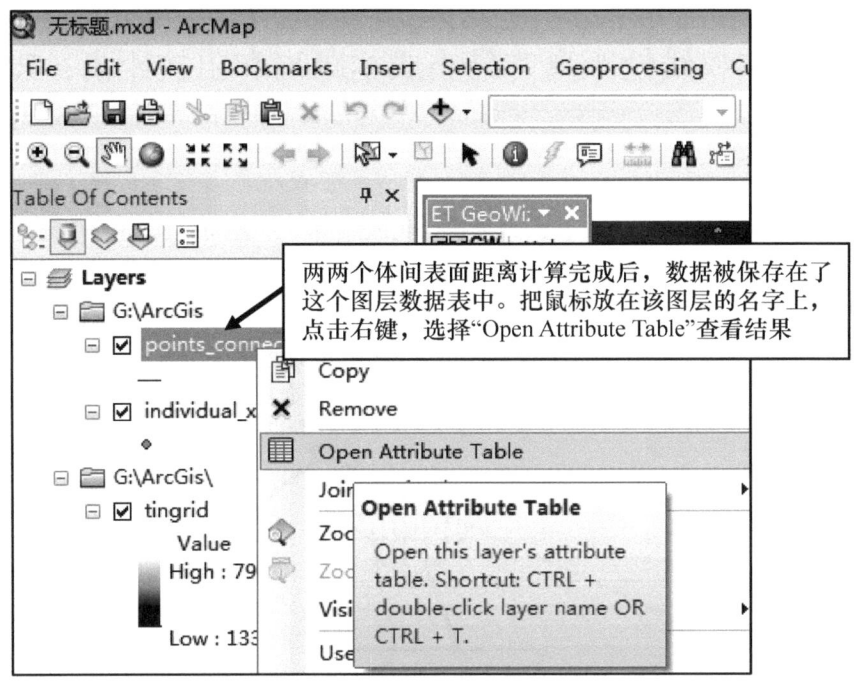

图 8-29 利用 ArcGIS 软件进行数据分析（计算表面距离之二）（查看结果）

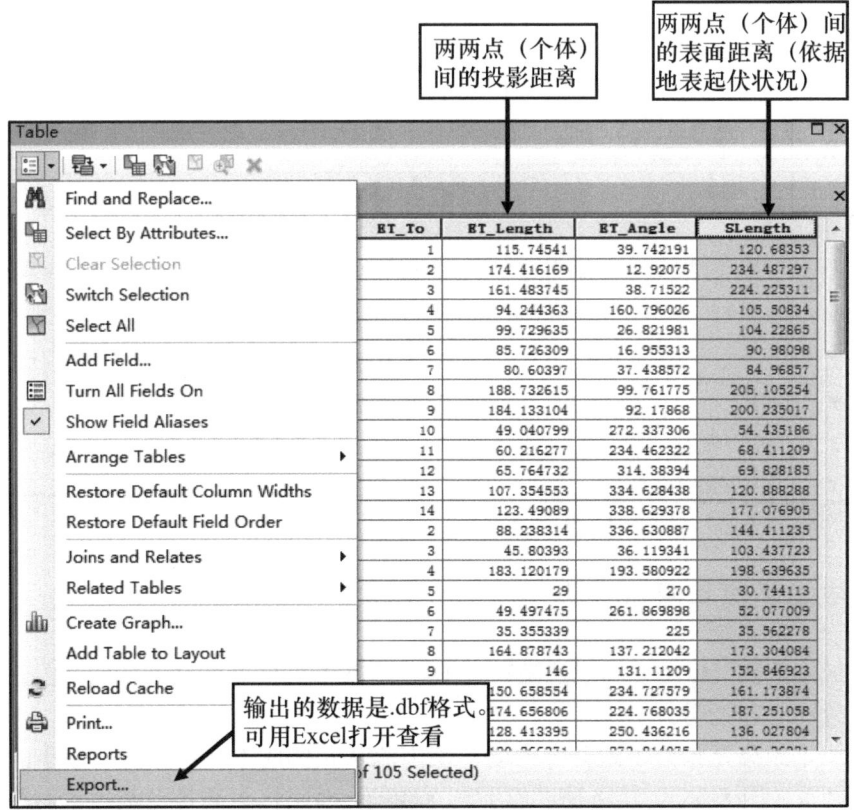

图 8-30 利用 ArcGIS 软件进行数据分析（计算表面距离之三）（选取结果）

第二节 加权线性距离、最小成本距离和阻抗距离：R 程序

1. 加权线性距离

如图 8-31，种群 1（或个体 1）到种群 2（或个体 2）之间有障碍物，这可能会阻碍基因流。因此基因流经过障碍物时所花费的成本将增大。加权线性距离就是把穿过障碍物的那段距离进行加权（如乘以 2、5 或 10 等），使其变长，表示所花费的距离并非原有距离，而是更长，由此代表克服障碍物增加的额外成本。这里我们用个体间基因流在一个样地中穿过林冠（障碍物）进行演示计算。此处和下面的计算我们都使用 R 语言编程。

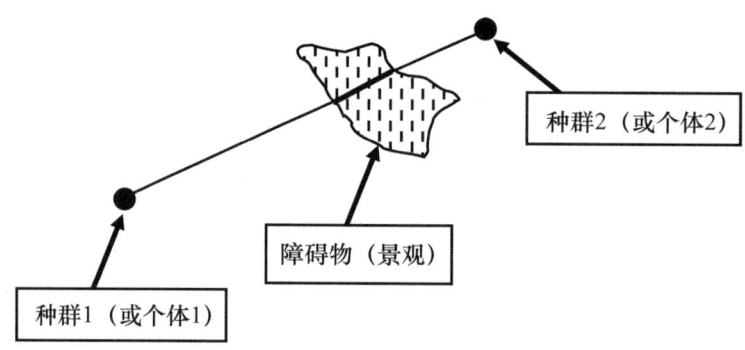

图 8-31　图示种群（个体）间的隔离
需进行加权的距离是障碍物中用粗线表示的部分

打开 R 程序，首先输入：
rm（list = ls（））
graphics.off（）
这两个命令用于清除内存原有信息，以免干扰运算。之后加载以下程序包：
library（rgeos）
library（sp）
library（tmap）
library（maptools）
library（PBSmapping）
然后按照图 8-32～图 8-35 操作。

2. 最小成本距离和阻抗距离

最小成本距离（LCD）和阻抗距离（RD）的基本分析思路是一样的，因此把这两种计算分析放在一起说明。

最小成本距离是指为了避开障碍物，基因流从花费成本（如体力）最小的路径经过所产生的距离（图 8-36），其路径可能不是直线的。而阻抗距离是把基因流的路径比作电阻，电阻小的路径就是最优的基因流动路径。不同于最小成本距离的路径，阻抗距离中

读入个体坐标数据 → 把坐标数据转换为矩阵格式

```
> ind_xy<-read.csv("d:/ind_xy.csv",header=TRUE)
> ind_xy<-as.matrix(ind_xy)
> crown_xy<-read.csv("d:/crown_xy.csv",head=T)
> head(crown_xy)
      gx    gy dbh
1 321.0 102.5 175
2 308.5 182.5 130
3 384.0  39.8 128
4 283.2 377.5 122
5 340.5 104.5 120
6 395.8 130.6 120
> crown_xy$crown_size<-crown_xy$dbh*0.05+1.25
> head(crown_xy)
      gx    gy dbh crown_size
1 321.0 102.5 175      10.00
2 308.5 182.5 130       7.75
3 384.0  39.8 128       7.65
4 283.2 377.5 122       7.35
5 340.5 104.5 120       7.25
6 395.8 130.6 120       7.25
> coordinates(crown_xy) <- c("gx", "gy")
> b<-gBuffer(crown_xy,byid=T,width=c(crown_xy$crown_size))
> plot(b)
```

读入林冠个体坐标数据，模拟这些个体的林冠阻碍基因流。这些个体野外调查时只调查了胸高直径（dbh），所以在接下来的命令中利用dbh值计算林冠大小

我们模拟林冠是圆形的，建立方程crown_size = dbh×0.05＋1.25（这是模拟的公式，读者可根据自己的数据建立不同的方程），由dbh模拟得到林冠半径。crown_xy新增数据列名字是"crown_size"

用"coordinates"命令把crown_xy变量转换成空间格式的数据。"c( )"里面的数据分别代表X轴和Y轴坐标数据。因为crown_xy变量中的X轴和Y轴坐标数据列名字分别是"gx"和"gy"，所以"c( )"里面的内容是"gx"和"gy"。如果读者对X轴和Y轴坐标数据列分别命名为"xx"和"yy"，那么就要写为"c("xx", "yy")"

用"gBuffer"命令以crown_xy变量中的个体所在的位置（X轴和Y轴，就是这里的"gx"和"gy"）形成以个体位置为中心的圆。"byid=T"表示每个圆的半径由后面的"width"附带的数据给出，即由crown_xy变量中的"crown_size"给出。如果"byid=F"，表示每个圆的半径是相同的。"gBuffer"命令是在点、线或者面周围形成一个边界区（缓冲区），或者说包围圈。缓冲区完成后，可用"plot"命令作图看下结果

图 8-32　利用 R 软件进行加权线性距离分析之一

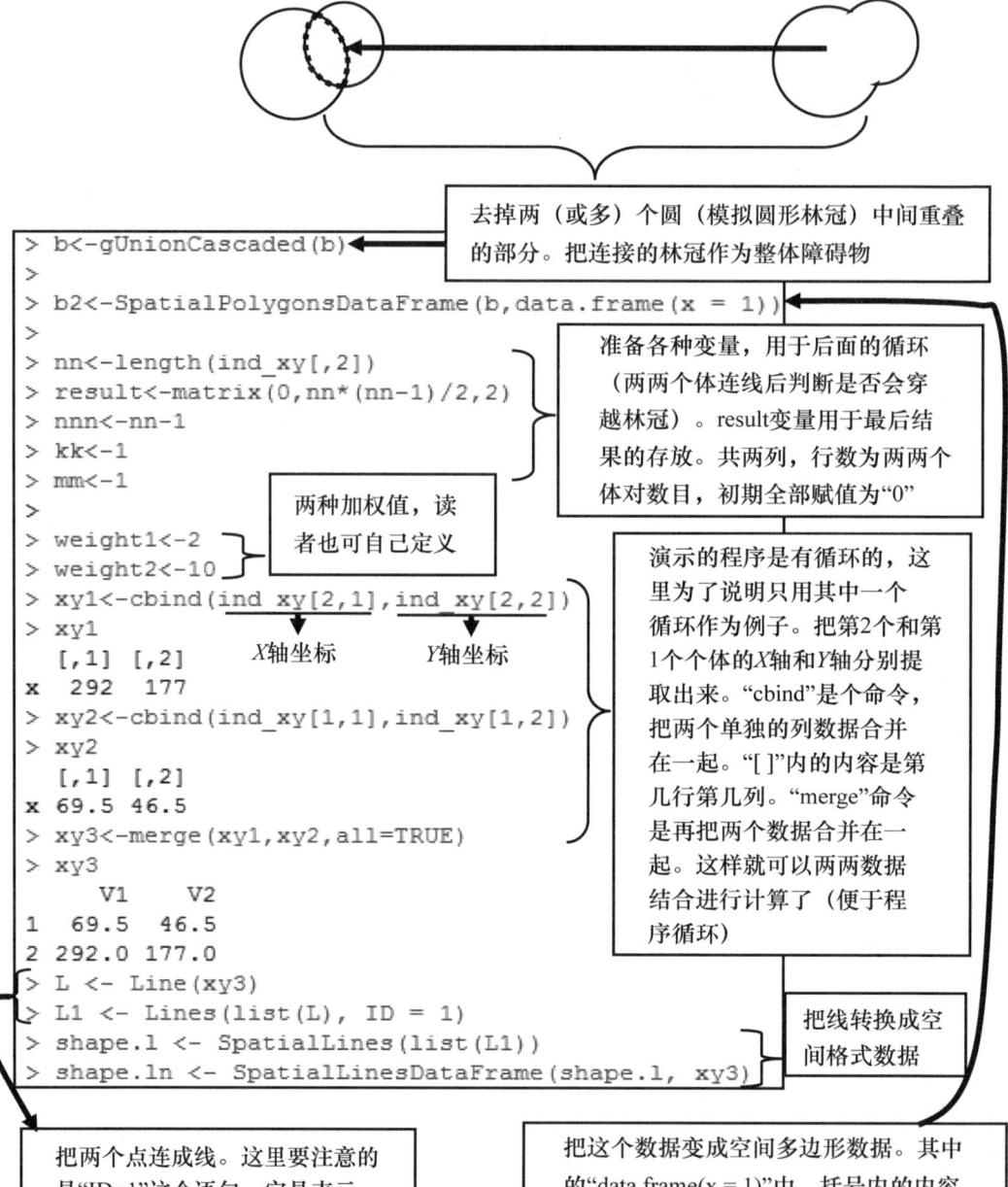

图 8-33　利用 R 软件进行加权线性距离分析之二

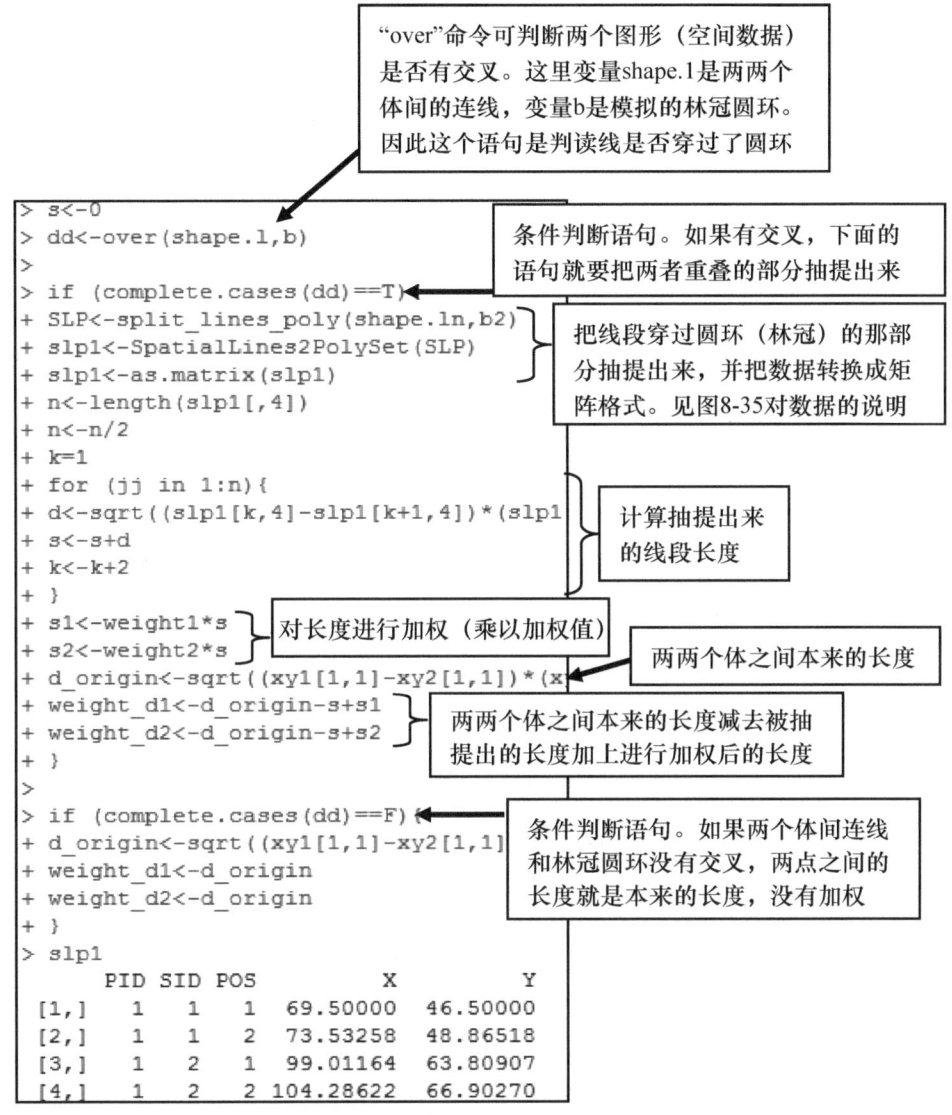

图 8-34 利用 R 软件进行加权线性距离分析之三

的最优路径可能并不是一条，而是多条。例如，从种群 1 到种群 2 的基因流，可能有些个体选择最优路径 1，从种群 1 流向种群 2；也有些个体选择最优路径 2，从种群 1 流向种群 2（图 8-37）。这样就需把这两个路径一起考虑，进行平均。因此阻抗距离就是各种最优路径距离的平均值。

这两个分析的共同之处在于需把种群（或个体）所在的基底（背景）图（如地形图，也可是气温图等）进行栅格化。即形成一个一个的小格子（栅格）（图 8-38），然后对每个小格子进行赋值。有障碍物（山川、河流等）的格子，我们就可以假设基因流通过会花费更大的成本，赋值可以大些（如 10、100、500 等）。没有明显障碍物的格子我们可以赋值低些（如 1）。这样对于图 8-36 和图 8-37，从种群（或个体）1 到种群（或个体）2 基因流的花费成本就是把从种群（或个体）1 到种群（或个体）2 的所有路径（直线或

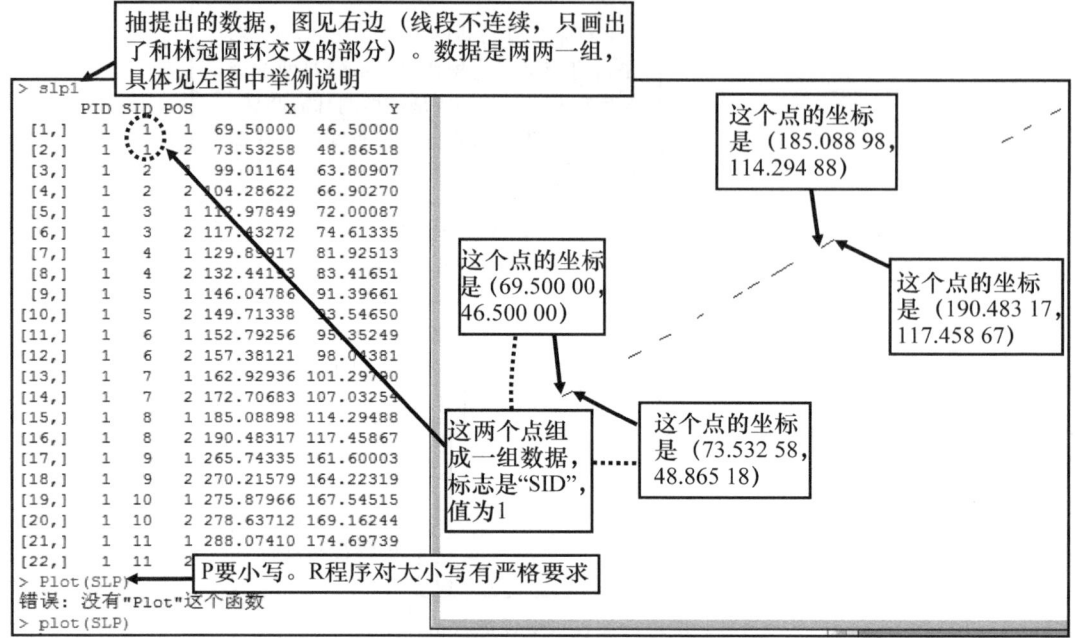

图 8-35 利用 R 软件进行加权线性距离分析之四

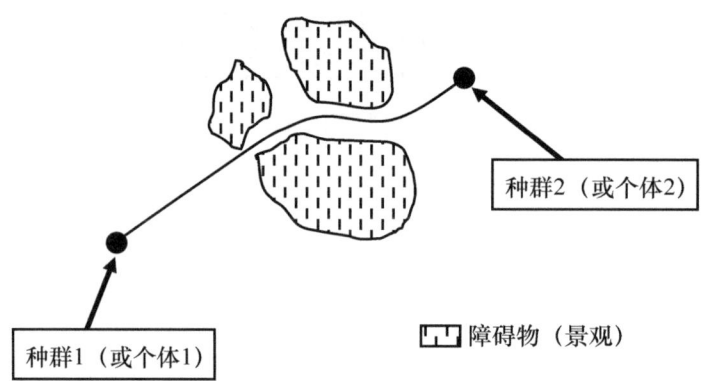

图 8-36 种群（个体）间最小成本距离图示

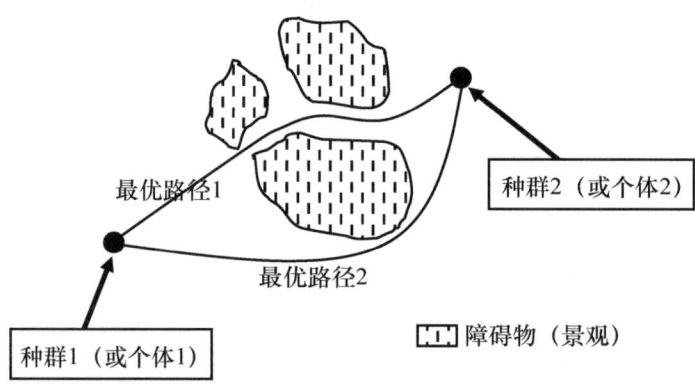

图 3-37 种群（个体）间阻抗距离图示

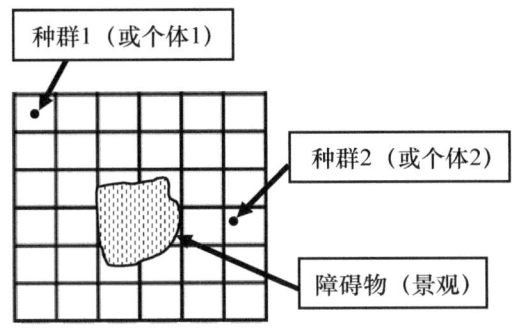

图 8-38 栅格图图示

曲线）所经过的小格子的值进行相加（或者其他算法），然后根据这些不同路径得到的值进行分析（比较），得出最小成本距离或阻抗距离。需要说明的是，要栅格化的基底图不一定是正方形或长方形，可以是不规则的图形。

下面用演示数据介绍这两种分析是如何进行的。演示数据前面的部分和进行加权线性距离计算基本是一样的，只是这里增加了新的程序包"raster"和"gdistance"，"raster"用于栅格化，"gdistance" 用于 LCD、RD 距离的计算。输入命令如下：

```
rm（list = ls（））
graphics.off（）
library（rgeos）
library（sp）
library（tmap）
library（maptools）
library（PBSmapping）
library（raster）
library（gdistance）
ind_xy<-read.csv（"d：/ind_xy.csv"，header=TRUE）
ind_xy<-as.matrix（ind_xy）
crown_xy<-read.csv（"d：/crown_xy.csv"，head=T）
head（crown_xy）
crown_xy$crown_size<-crown_xy$dbh*0.05+1.25
head（crown_xy）
coordinates（crown_xy）<- c（"gx"，"gy"）
b<-gBuffer（crown_xy，byid=T，width=c（crown_xy$crown_size））
plot（b）
b<-gUnionCascaded（b）
```

然后按图 8-39～图 8-41 操作。

按图 8-41 操作完成后，编写下面一段程序，把上三角的数据抽提出来，然后输出到 D 盘的根目录下，保存在 "result_LCD.csv" 文件中：

```
n<-sqrt（length（result_raw_matrix））
n1<-n*（n+1）/2-n
```

```
result_LCD<-as.matrix（rep（0，n1））
kk<-1
kkk<-1
for（ii in 2：n）{
for（jj in 1：kkk）{
result_LCD[kk]<-result_raw_matrix[jj，ii]
kk=kk+1
}
kkk=kkk+1
}
result_LCD<-data.frame（result_LCD）
write.csv（result_LCD，"d：/result_LCD.csv"）
```

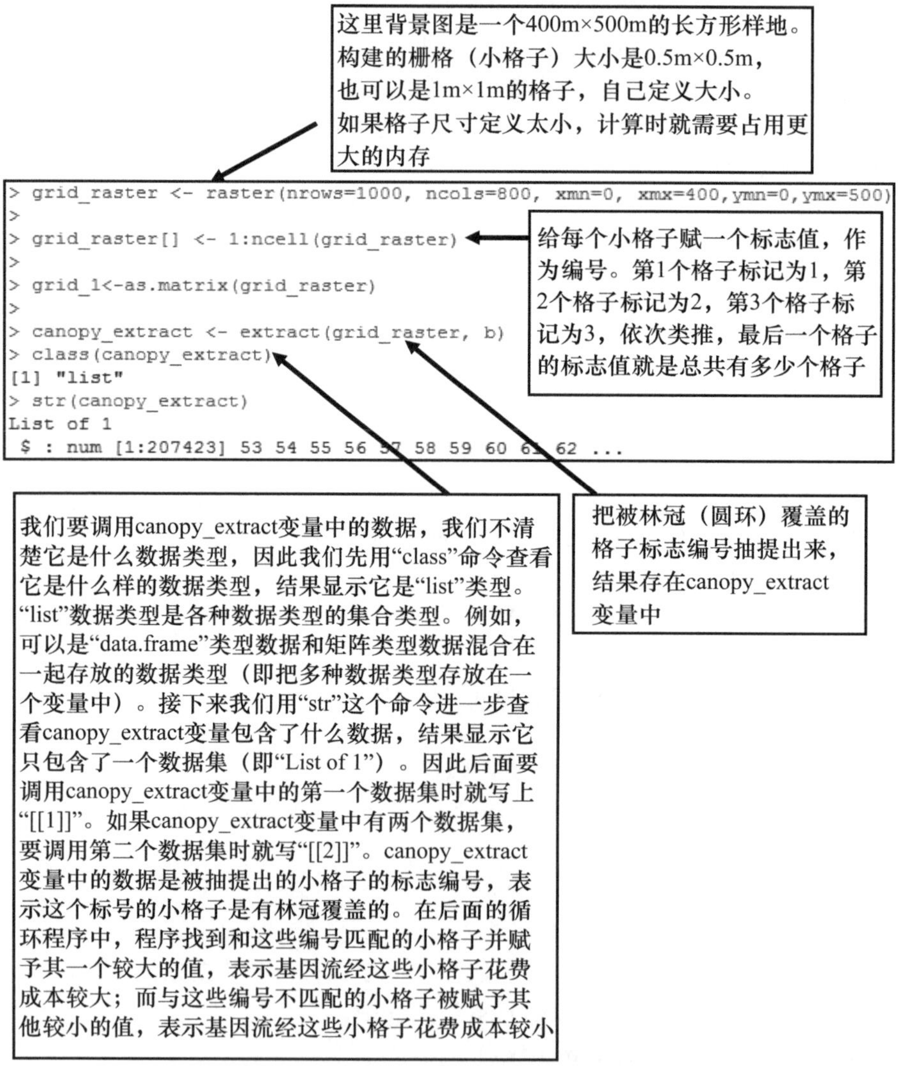

```
> grid_raster <- raster(nrows=1000, ncols=800, xmn=0, xmx=400,ymn=0,ymx=500)
>
> grid_raster[] <- 1:ncell(grid_raster)
>
> grid_1<-as.matrix(grid_raster)
>
> canopy_extract <- extract(grid_raster, b)
> class(canopy_extract)
[1] "list"
> str(canopy_extract)
List of 1
 $ : num [1:207423] 53 54 55 56 57 58 59 60 61 62 ...
```

这里背景图是一个400m×500m的长方形样地。构建的栅格（小格子）大小是0.5m×0.5m，也可以是1m×1m的格子，自己定义大小。如果格子尺寸定义太小，计算时就需要占用更大的内存

给每个小格子赋一个标志值，作为编号。第1个格子标记为1，第2个格子标记为2，第3个格子标记为3，依次类推，最后一个格子的标志值就是总共有多少个格子

把被林冠（圆环）覆盖的格子标志编号抽提出来，结果存在canopy_extract变量中

我们要调用canopy_extract变量中的数据，我们不清楚它是什么数据类型，因此我们先用"class"命令查看它是什么样的数据类型，结果显示它是"list"类型。"list"数据类型是各种数据类型的集合类型。例如，可以是"data.frame"类型数据和矩阵类型数据混合在一起存放的数据类型（即把多种数据类型存放在一个变量中）。接下来我们用"str"这个命令进一步查看canopy_extract变量包含了什么数据，结果显示它只包含了一个数据集（即"List of 1"）。因此后面要调用canopy_extract变量中的第一个数据集时就写上"[[1]]"。如果canopy_extract变量中有两个数据集，要调用第二个数据集时就写"[[2]]"。canopy_extract变量中的数据是被抽提出的小格子的标志编号，表示这个标号的小格子是有林冠覆盖的。在后面的循环程序中，程序找到和这些编号匹配的小格子并赋予其一个较大的值，表示基因流经这些小格子花费成本较大；而与这些编号不匹配的小格子被赋予其他较小的值，表示基因流经这些小格子花费成本较小

图8-39 利用R软件进行最小成本距离和阻抗距离分析之一

第八章 景观遗传学分析

```
> k<-1
> for (i1 in 1:1000){
+   for (j1 in 1:800){
+     if (grid_1[i1,j1]==canopy_extract[[1]][k]){
+       grid_1[i1,j1]<--9
+       k=k+1
+     }
+     if (k>length(canopy_extract[[1]])) break
+   }
+ }
>
> for (i2 in 1:1000){
+   for (j2 in 1:800){
+     if (grid_1[i2,j2]>1){
+       grid_1[i2,j2]<-1
+     }
+   }
+ }
>
> for (i3 in 1:1000){
+   for (j3 in 1:800){
+     if (grid_1[i3,j3]==-9){
+       grid_1[i3,j3]<-1000
+     }
+   }
+ }
>
> grid_1_raster<-raster(grid_1,xmn=0, xmx=400,ymn=0,ymx=500)
>
> tr_1 <- transition(grid_1_raster, mean, 16)
> tr_1C <- geoCorrection(tr_1, type="c", multpl=FALSE, scl=TRUE)
>
> result_raw_LCD<-costDistance(tr_1C, ind_xy)
```

这几个循环的目的是对每个小格子进行赋值，最后有林冠（圆环）覆盖的格子被赋值为1000，其他没有被覆盖的小格子赋值为1。最后的结果读者可用"head(grid_1)"查看。此外，第一个循环中的"if…break"命令是当所有被抽提出来的格子处理结束后，终止循环。因为有可能最大的被抽提出的标志编号小于循环数

用"costDistance"命令计算两两个体间的LCD距离

用"raster"命令把存储了新数据的小格子变量重新栅格化。"transition"和"geoCorrection"是为计算LCD和RD作准备，读者按这个写即可。其中的"16"是指考虑16个基因流路径方位（相邻格子），如写"4"，那就就只考虑4个方位：上下左右。"type="c""是专用于LCD距离计算。后面程序中用到的"type="r""是专门用于RD距离计算的

图 8-40　利用 R 软件进行最小成本距离和阻抗距离分析之二

把结果转为矩阵。可以看到数据上三角和下三角对应的数值是相同的。因此我们要把上三角或下三角数据抽提出来，然后和两两个体遗传相似度（距离）进行下一步处理

```
> result_raw_matrix<- as.matrix(result_raw_LCD)
> head(result_raw_matrix)
         1         2         3         4         5         6         7
1   0.00000 118.05695  72.02022 102.71224  96.77226 136.20511  86.28315
2 118.05699   0.00000  84.02813 107.22659 101.28658  87.62107  98.20066
3  72.02022  84.02819   0.00000  30.79705  24.857038  65.66428  14.36797
4 102.71224 107.22659  30.79705   0.000000   5.964369  58.73352  32.08735
5  96.77223 101.28658  24.85704   5.964309   0.000000  54.25217  26.14734
6 136.20511  87.62107  65.66428  58.733519  54.252768   0.00000  67.03551
          8         9        10        11        12        13        14
1  90.524088 90.467467 90.505919 84.06230  64.992173 146.02718 109.146284
2  95.038441 94.981821 95.020272 95.97981  84.785702 112.29068 113.660637
3  18.608899 18.552279 18.590731 12.14711   7.028821  74.11199  37.231095
4  12.304968 12.249078 12.285018 32.87343  37.720835  44.05875   7.177855
5   6.364956  6.309066  6.345005 26.93342  31.785028  50.02200  13.141101
6  47.920761 47.946176 47.924426 67.74066  71.213711  24.66961  54.544371
```

图 8-41　利用 R 软件进行最小成本距离和阻抗距离分析之三

之后，阻抗距离的计算和上面的计算相似，命令如下：
tr_1R <- geoCorrection（tr_1，type="r"，multpl=FALSE，scl=TRUE）
result_raw_RD<-commuteDistance（tr_1R，ind_xy）
result_raw_matrix<- as.matrix（result_raw_RD）
n<-sqrt（length（result_raw_matrix））
n1<-n*（n+1）/2-n
result_RD<-as.matrix（rep（0，n1））
kk<-1
kkk<-1
for（ii in 2：n）{
for（jj in 1：kkk）{
result_RD[kk]<-result_raw_matrix[jj，ii]
kk=kk+1
}
kkk=kkk+1
}
result_RD<-data.frame（result_RD）
write.csv（result_RD，"d：/result_RD.csv"）
其中"commuteDistance"命令是专门计算阻抗距离（RD）用的。

第三节　Mantel test 和 Partial Mantel test：PASSaGE 软件

计算完两两个体之间的"景观"距离后，就要对这一距离和两两个体间的遗传距离（或相似性）之间的相关性进行分析。从文献看，目前多是用 Mantel test 进行这种相关性分析。虽然很多软件可以进行这个分析（包括 R 软件），但我这里介绍用 PASSaGE 软件，分析更为全面。

我们把所有计算好的数据汇总到一个文件中，如作者提供的演示文件"Mantel_test_result.csv"，包括两两个体之间的地理距离、角度、遗传相似度、表面距离、加权线性距离（加权值 2 和 10）、LCD1（所有格子被赋值为 1）、LCD1000（林冠覆盖的格子被赋值为 1000，其他格子被赋值为 1）、RD1 和 RD1000。这里的 LCD1 和 RD1 的结果都是在所有格子被赋值为 1 时计算得到的，表示没有障碍物时的基因流状况，可以看作一种"零"（理想）模型。此时每个两两个体间只有空间距离差异，没有景观障碍差异。在后面的 Partial Mantel test 会用到这些数据。

首先按照图 8-42~图 8-51 操作进行 Mantel test 的检验。接下来进行 Partial Mantel test。这个检测的目的是去除（或控制）某个因素分析另一个因素（真正）的影响。这主要是因为各种因素之间存在相关干扰。例如，因素 B 和因素 A 有某种相关性，会和因素 A 纠缠在一起。这样如果只考虑因素 B，计算的结果就可能不仅反映因素 B 的状况，也会夹杂因素 A 的影响。Partial Mantel test 就是去除因素 A 影响后使相关性结果只反映因素 B 的影响。我们首先把"Mantel_test_result.csv"中的 LCD1 的数据按照图 8-45 和图 8-46 的方式转换成和"gen-dis"、"LCD1000"一样的格式（图 8-52），然后按照图 8-53 操作，结果如图 8-54。

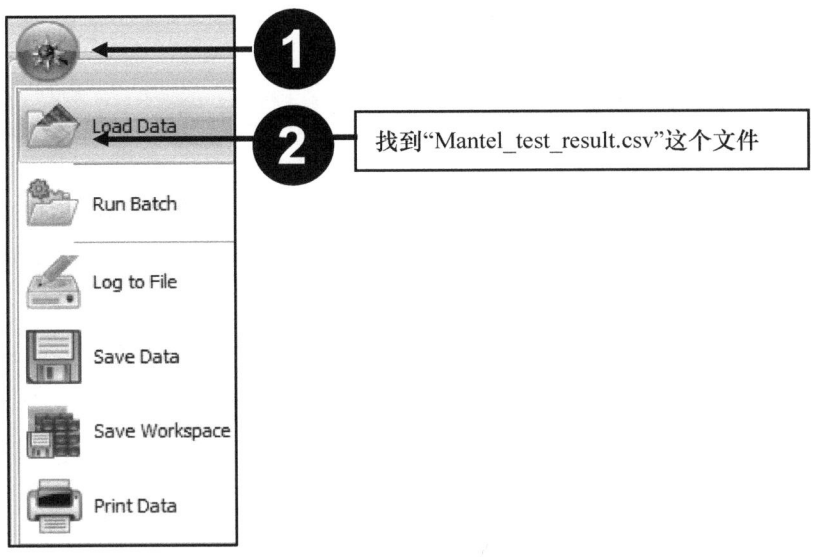

图 8-42　利用 PASSaGE 软件进行数据分析（加载数据之一）（按照 1~2 的次序操作）

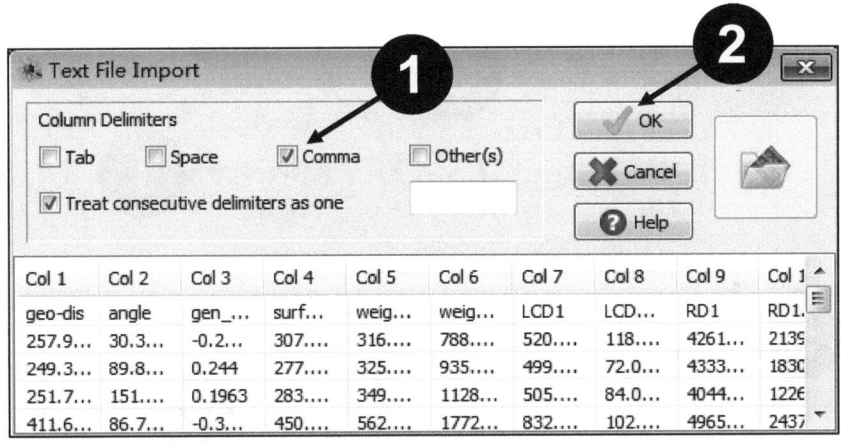

图 8-43　利用 PASSaGE 软件进行数据分析（加载数据之二）（按照 1~2 的次序操作）

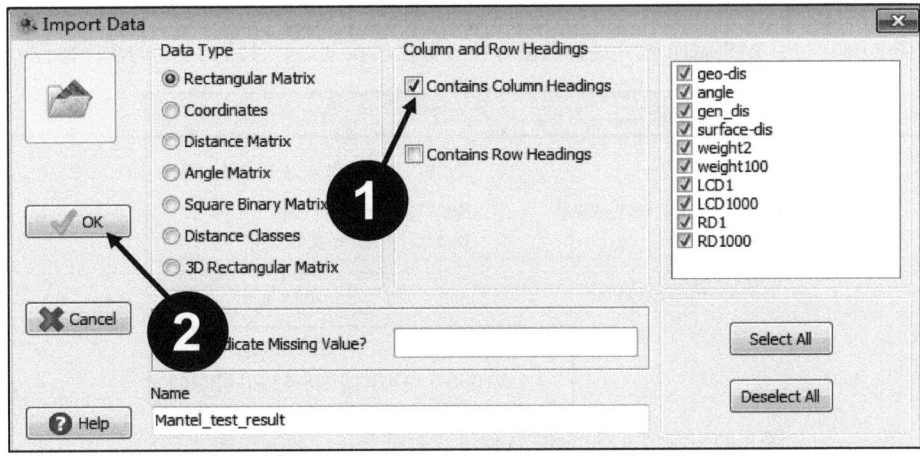

图 8-44　利用 PASSaGE 软件进行数据分析（加载数据之三）（按照 1~2 的次序操作）

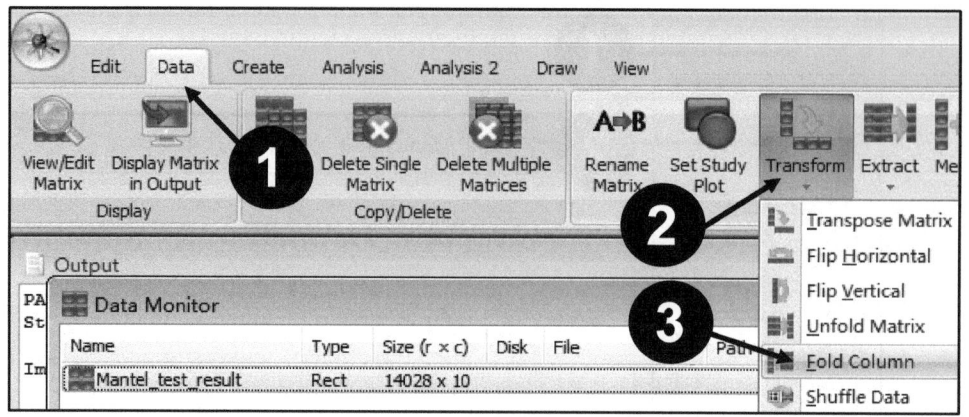

图 8-45　利用 PASSaGE 软件进行数据分析（数据转换之一）（按照 1～3 的次序操作）

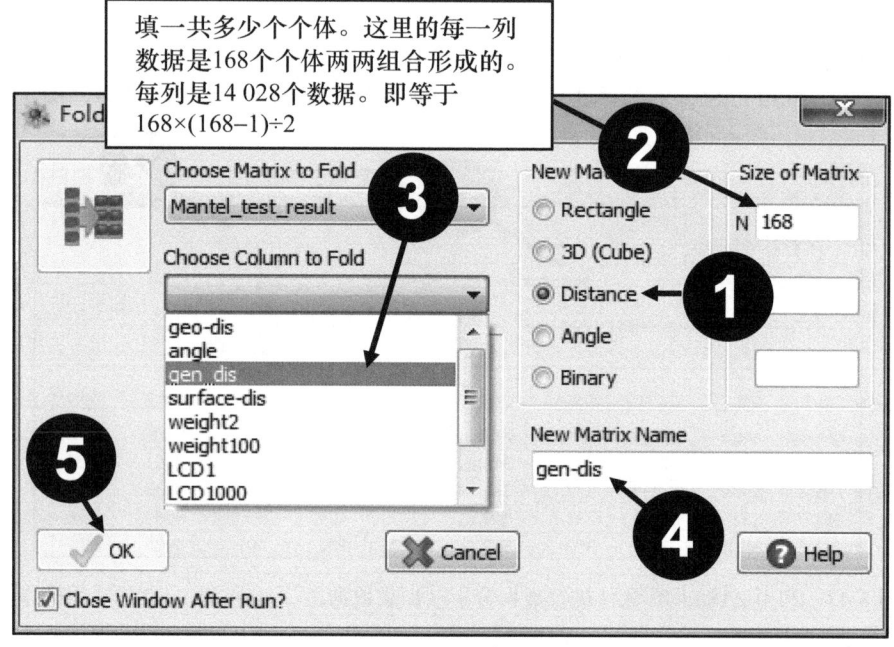

图 8-46　利用 PASSaGE 软件进行数据分析（数据转换之二）（按照 1～5 的次序操作）

图 8-47　利用 PASSaGE 软件进行数据分析（数据转换之三）

第八章　景观遗传学分析

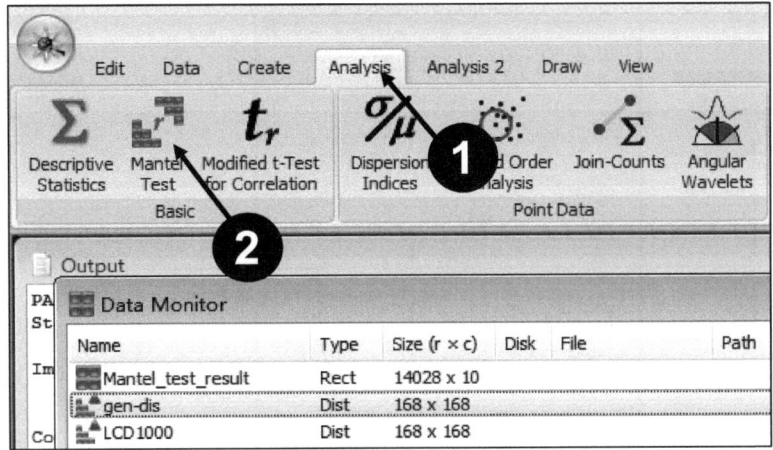

图 8-48　利用 PASSaGE 软件进行数据分析（Mantel test 之一）（按照 1~2 的次序操作）

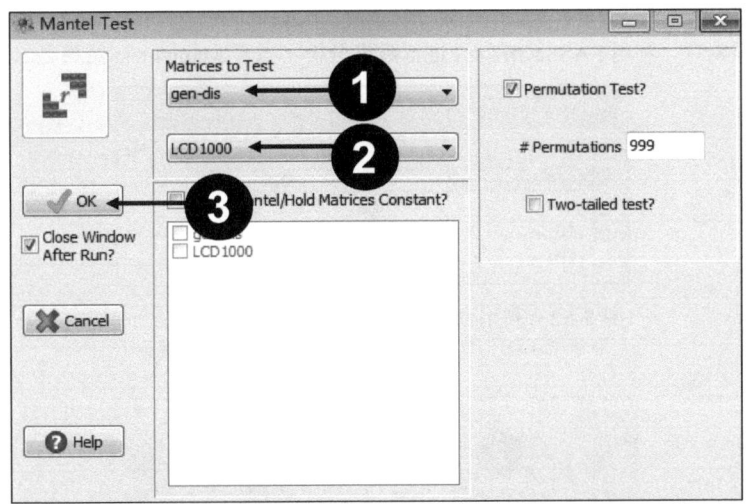

图 8-49　利用 PASSaGE 软件进行数据分析（Mantel test 之二）（按照 1~3 的次序操作）

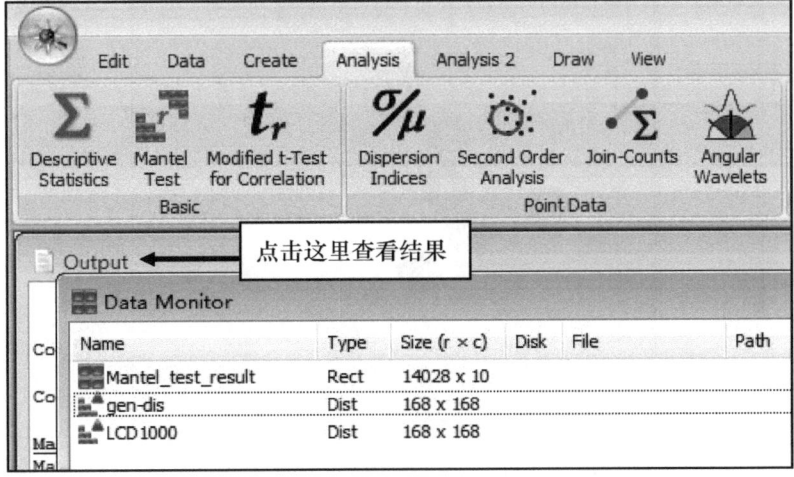

图 8-50　利用 PASSaGE 软件进行数据分析（查看 Mantel test 结果之一）

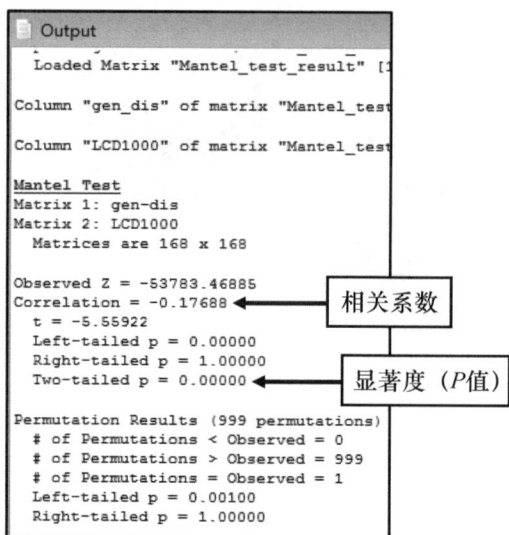

图 8-51　利用 PASSaGE 软件进行数据分析（查看 Mantel test 结果之二）

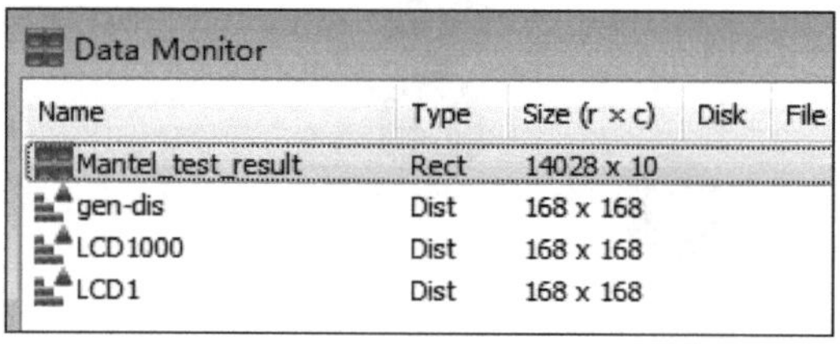

图 8-52　利用 PASSaGE 软件进行数据分析之一
准备 "LCD1" 数据，为 Partial Mantel test 分析作准备

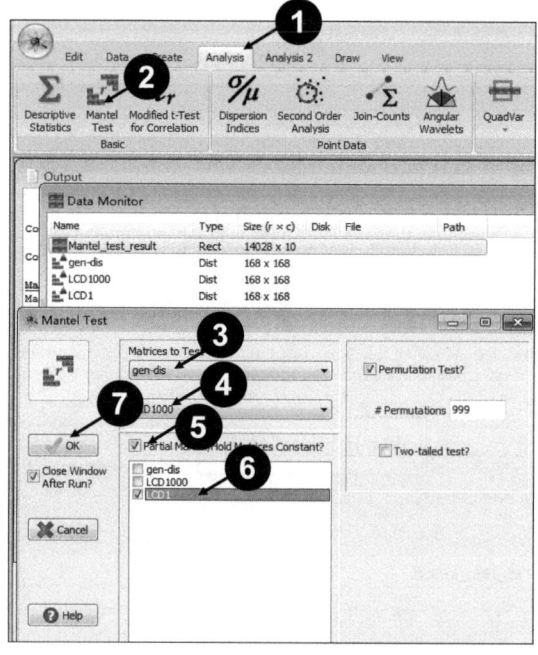

图 8-53　利用 PASSaGE 软件进行数据分析之二
进行 Partial Mantel test 分析，按照 1～7 的次序操作

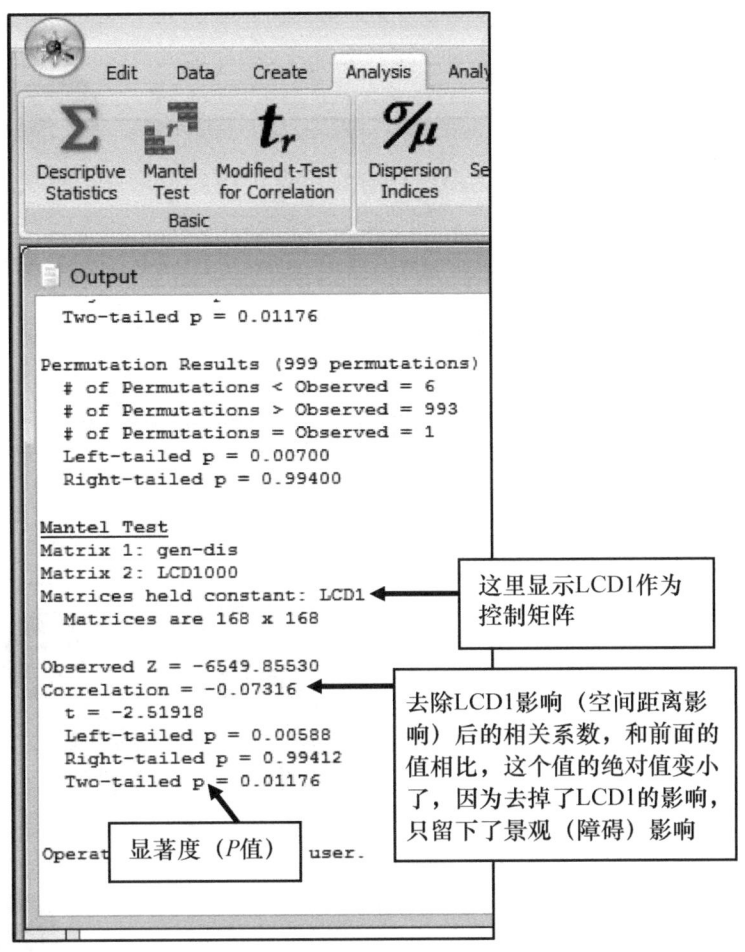

图 8-54 利用 PASSaGE 软件进行数据分析之三（查看 Partial Mantel test 结果）

需要说明的是，这里选择 PASSaGE 软件进行 Mantel test 分析的一个原因在于如果我们提供的数据不能保证形成完整的两两个体配对矩阵时，PASSaGE 软件会主动把缺失的数据补齐，使得计算可以完成。举个例子说明，前面我们用的"Mantel_test_result.csv"数据每列是有 14 028 个数据，是 168 个个体两两配对形成的。我们把这个数据的最后一行去掉，使得每列数据只有 14 027 个，另存为"Mantel_test_result_1.csv"。按照图 8-55 操作，然后程序报错（图 8-56），提示数据不足，168 个个体两两配对需要 14 028 个数据，现在只有 14 027 个，不够形成完整的矩阵。我们按"Yes"继续，不理会。这时，PASSaGE 软件会用空白（blanks）补齐数据（图 8-57），使得 Mantel test 分析可以进行。而很多软件是不能这样做的。这种补齐方式的好处在于当我们想把整体数据中的一部分进行 Mantel test 分析时，分析就有可能了。如前面我们对数据进行 0°～90°和 90°～180°的划分，想进行两个不同角度数据 Mantel test 结果比较时，多数软件是不能这样做的。

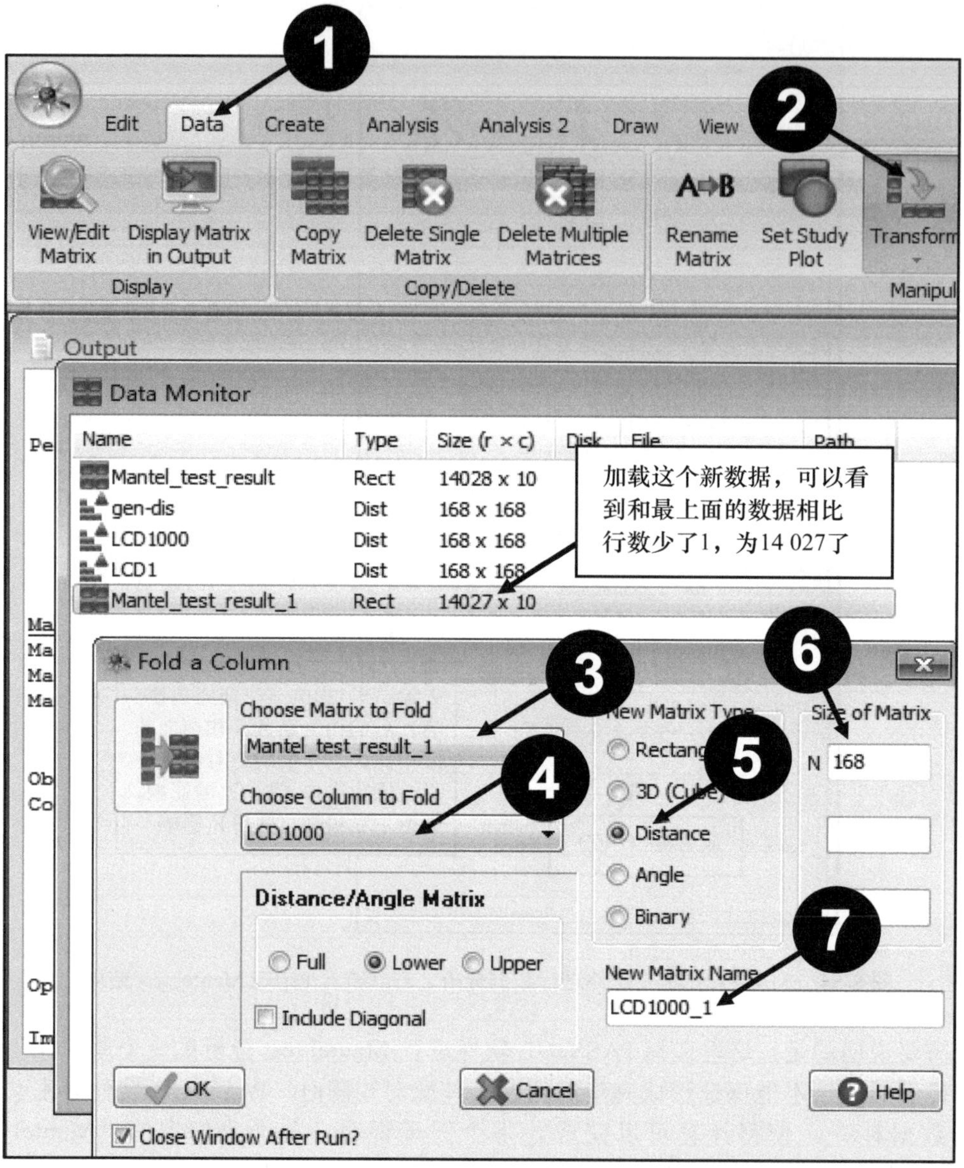

图 8-55 利用 PASSaGE 软件进行数据分析（数据问题说明之一）（按照 1~7 的次序操作）

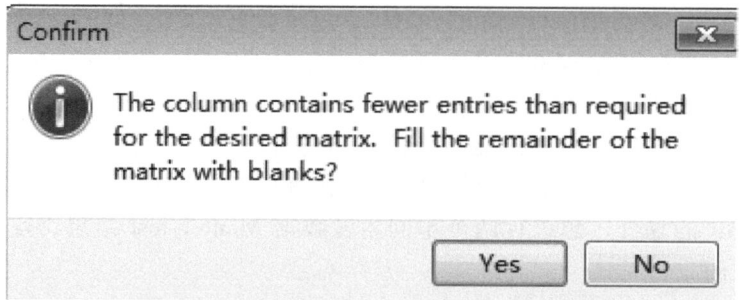

图 8-56 利用 PASSaGE 软件进行数据分析（数据问题说明之二）

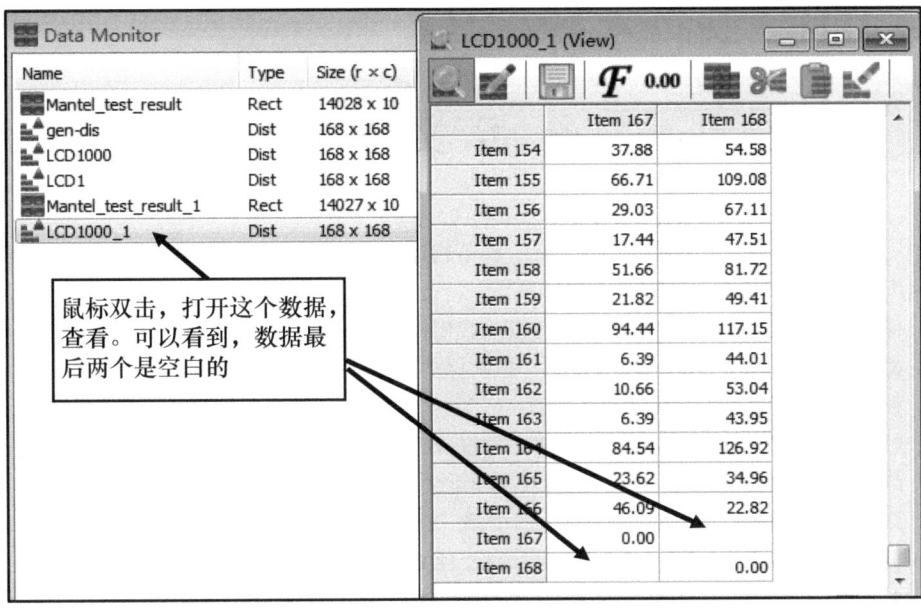

图 8-57　利用 PASSaGE 软件进行数据分析（数据问题说明之三）

参 考 文 献

牛红玉, 王峥峰, 练琚愉, 叶万辉, 沈浩. 2011. 群落构建研究的新进展: 进化和生态相结合的群落谱系结构研究. 生物多样性, 19(3): 275-283

王峥峰, 傅声雷, 任海, 彭少麟. 2007. 近交衰退: 我们检测到了吗? 生态学杂志, 26: 245-252

王峥峰, 葛学军. 2009. 不仅仅是遗传多样性: 植物保护遗传学进展. 生物多样性, 17: 330-339

王峥峰, 彭少麟. 2003a. 杂交产生的遗传危害——以植物为例. 生物多样性, 11(4): 333-339

王峥峰, 彭少麟. 2003b. 植物保护遗传学. 生态学报, 23(1): 158-172

王峥峰, 彭少麟, 任海. 2005. 小种群的遗传变异和近交衰退. 植物遗传资源学报, 6(1): 101-107

王峥峰, 张军丽, 李鸣光, 王伯荪, 何兴金, 彭少麟. 2001. Advances of plant molecular Ecology(II)—genetic structure and hybridization. 植物学通报, 18(6): 635-642

王峥峰, 张军丽, 李鸣光, 王伯荪, 何兴金, 彭少麟. 2002. Advances of plant molecular Ecology(I)—Phylogeography, alien species, conservation genetics and others. 植物学通报, 19(1): 1-10

Ai B, Kang M, Huang H. 2014. Assessment of genetic diversity in seed plants based on a uniform π criterion. Molecules, 19(12): 20113-20127

Akkaya MS, Bhagwat AA, Cregan PB. 1992. Length polymorphisms of simple sequence repeat DNA in soybean. Genetics, 132: 1131-1139

Akopyanz N, Bukanov NO, Westblom TU, Berg DE. 1992. PCR-based RFLP analysis of DNA sequence diversity in the gastric pathogen *Helicobacter pylori*. Nucleic Acids Research, 20(23): 6221-6225

Albaladejo RG, Guzmán B, González-Martínez SC, Aparicio A. 2012. Extensive pollen flow but few pollen donors and high reproductive variance in an extremely fragmented landscape. PLoS ONE, 7(11): e49012

Amos W, Balmford A. 2001. When does conservation genetics matter? Heredity, 87: 257-265

Ayres DR, Ryan FJ. 1999. Genetic diversity and structure of the narrow endemic *Wyethia reticulata* and its congener *W. bolanderi* (Asteraceae) using RAPD and alloayme techniques. American Journal of Botany, 86(3): 344-353

Balloux F, Lehmann, de Meeûs T. 2003. The population genetics of clonal and partially clonal diploids. Genetics, 164: 1635-1644

Baur B, Schmid B. 1996. Spatial and temporal patterns of genetic diversity within species//Gaston KJ. Biodiversity. London: Blackwell Science: 169-201

Beckmann JS, Soller M. 1990. Toward a unified approach to genetic mapping of eukaryotes based on sequence tagged microsatellite sites. Nature Biotechnology, 8: 930-932

Belkhir K, Borsa P, Chikhi L, et al. 1996-2004. GENETIX 4.05, logiciel sous Windows TM pour la génétique des populations. – Laboratoire Génome, Populations, Interactions, CNRS UMR 5000, Université de Montpellier II, Montpellier(France)

Blum MGB, Damerval C, Manel S, Francoi O. 2004. Brownian models and coalescent structures. Theoretical Population Biology, 65(3): 249-261

Bohonak AJ. 2002. IBD (Isolation By Distance): a program for analyses of isolation by distance. Journal of

Heredity, 93(2): 153-154

Boshier DH, Billingham MR. 2000. Genetic variation and adaptation in tree populations: issues of scale and experimentation//Hutchings MJ, John L, Stewart A. The ecological consequences of environmental heterogeneity. UK: Blackwell Science: 267-291

Botstein D, White RL, Skolnick M, Davis RW. 1980. Construction of a genetic linkage map in man using restriction fragment length polymorphisms. American Journal of Human Genetics, 32: 314-331

Burgman MA, ferson S, Akçakaya HR. 1993. Risk assessment in conservation biology. London: Chapman & Hall

Caetano-Anolles G, Bassam BJ, Gresshoff PM. 1991. DNA amplification fingerprinting using very short arbitrary oligonucleotide primers. Biotechnology, 9: 553-557

Carvajal-Rodriguez A, de Uña-Alvarez J. 2011. Assessing significance in high-throughput experiments by sequential goodness of fit and q-value estimation. PLoS ONE, 6(9): e24700

Chen C, Durand E, Forbes F, Francois O. 2007. Bayesian clustering algorithms ascertaining spatial population structure: a new computer program and a comparison study. Molecular Ecology Notes, 7: 747-756

de Meeûs T, Balloux F. 2004. Clonal growth and linkage disequilibrium in diploids: a simulation study. Infection, Genetics and Evolution, 4: 345-351

Defaveri J, Viitaniemi H, Leder E, Merilä J. 2013. Characterizing genic and nongenic molecular markers: comparison of microsatellites and SNPs. Molecular Ecology Resources, 13: 377-392

Dileo MF, Siu JC, Rhodes MK, López-Villalobos A, Redwine A, Ksiazek K, Dyer RJ. 2014. The gravity of pollination: integrating at-site features into spatial analysis of contemporary pollen movement. Molecular Ecology, 23: 3973-3982

Dyer RJ, Sork VL. 2001. Pollen pool heterogeneity in shortleaf pine, *Pinus echinata* Mill. Molecular Ecology, 10: 859-866

Earl DA, vonHoldt BM. 2012. STRUCTURE HARVESTER: a website and program for visualizing STRUCTURE output and implementing the Evanno method. Conservation Genetics Resources, 4(2): 359-361

Elias M, Penet L, Vindry P, Mckey D, Robert T. 2001. Unmanaged sexual reproduction and the dynamics of genetic diversity of a vegetatively propagated crop plant, cassava (*Manihot esculenta* Crantz), in a traditional farming system. Molecular Ecology, 10: 1895-1907

Ellstrand NC. 1992. Gene flow among seed plant populations. New Forest, 6: 241-256

Evanno G, Regnaut S, Goudet J. 2005. Detecting the number of clusters of individuals using the software STRUCTURE: a simulation study. Molecular Ecology, 14: 2611-2620

Excoffier L, Smouse PE, Quattro JM. 1992. Analysis of molecular variance inferred from metric distances among DNA haplotypes: application to human mitochondrial DNA restriction data. Genetics, 131: 479-491

Faircloth BC. 2008. Msatcommander: detection of microsatellite repeat arrays and automated, locus-specific primer design.Molecular Ecology Resources, 8: 92-94

Finger A, Kettle CJ, Kaiser-Bunbury CN, Valentin T, Mougal J, Ghazoul J. 2012. Forest fragmentation genetics in a formerly widespread island endemic tree: *Vateriopsis seychellarum*(Dipterocarpaceae). Molecular Ecology, 21(10): 2369-2382

Flint-Garcia SA, Thornsberry JM, Buckler IV ES. 2003. Structure of linkage disequilibrium in plants. Annual Review of Plant Biology, 54: 357-74

Frankel OH, Soulé ME. 1981. Conservation and evolution. Cambridge: Cambridge University Press

Fridley JD, Grime JP, Bilton M. 2007. Genetic identity of interspecific neighbours mediates plant responses to competition and environmental variation in a species-rich grassland. Journal of Ecology, 95: 908-915

Genung MA, Joseph K, Bailey JK, Schweitzer JA. 2012. Welcome to the neighbourhood: interspecific genotype by genotype interactions in *Solidago* influence above- and belowground biomass and associated communities. Ecology Letters, 15: 65-73

Glaubitz JC. 2004. CONVERT: A user-friendly program to reformat diploid genotypic data for commonly used population genetic software packages. Molecular Ecology Notes, 4: 309-310

Godoy JA, Jordano P. 2001. Seed dispersal by animals: exact identification of source trees with endocarp DNA microsatellites. Molecular Ecology, 10: 2275-2283

Halkett F, Simon JC, Balloux F. 2005. Tackling the population genetics of clonal and partially clonal organisms. Trends in Ecology & Evolution, 20: 194-201

Hammer Ø, Harper DAT, Ryan PD. 2001. PAST: Paleontological statistics software package for education and data analysis. Palaeontologia Electronica, 4(1): 9

Hämmerli A, Reusch TBH. 2003. Inbreeding depression influences genet size distribution in a marine angiosperm. Molecular Ecology, 12: 619-629

Hamrick JL, Godt MJW. 1989. Allozyme diversity in plant species//Brown AHD, Clegg MT, Kahler AL, Weir BS. Plant population genetics, breeding and genetic resources. Sunderland, MA: Sinauer Associates: 43-63

Hamrick JL, Godt MJW. 1996. Effects of the history traits on genetic diversity in plant species. Philosophical Transactions of the Royal Society in London, Series B, 351: 1291-1298

Hardy OJ, Vekemans X. 2002. SPAGeDi: a versatile computer program to analyse spatial genetic structure at the individual or population levels. Molecular Ecology Notes, 2: 618-620

He J, Li XY, Gao DD, Zhu P, Wang ZF, Wang ZM, Ye WH, Cao HL. 2013. Topographic effects on fine-scale spatial genetic structure in *Castanopsis chinensis* Hance (Fagaceae). Plant Species Biology, 28: 87-93

Hedrick PW. 2004. Recent developments in conservation genetics. Forest Ecology and Management, 179: 3-19

Hereford J. 2010. Does selfing or outcrossing promote local adaptation? American Journal of Botany, 97(2): 298-302

Hogbin PM, Peakall R, Sydes MA. 2000. Achieving practical outcomes from genetic studies of rare Australian plants. Australian Journal of Botany, 48: 375-382

Holsinger KE, Mason-gamer RJ, Whitton J. 1999. Genes, demes, and plant conservation//Landweber LF, Dobson AP. Genetics and the extinction of species: DNA and the conservation of biodiversity. Princeton: Princeton University of Press: 23-46

Jakobsson M, Rosenberg NA. 2007. CLUMPP: a cluster matching and permutation program for dealing with label switching and multimodality in analysis of population structure. Bioinformatics, 23(14): 1801-1806

Jarvis DI, Hodgkin T. 1999. Wild relatives and crop cultivars: detecting natural introgression and farmer selection of new genetic combinations in agroecosystems. Molecular Ecology, 8: 159-173(supply)

Jeffreys AJ, Wilson V, Thein SL. 1985. Hypervariable "minisatellite" regions in human DNA. Nature, 314:

67-73

Jombart T, Devillard S, Dufour AB, Pontier D. 2008. Revealing cryptic spatial patterns in genetic variability by a new multivariate method. Heredity, 101: 92-103

Jordano P, Garci C, Godoy JA, García-Castaño JL. 2007. Differential contribution of frugivores to complex seed dispersal patterns. Proceedings of the National Academy of Sciences, 104(9): 3278-3282

Jump AS, Hunt JM, Martínez-Izquierdo JA, Penuelas J. 2006. Natural selection and climate change: temperature-linked spatial and temporal trends in gene frequency in *Fagus sylvatica*. Molecular Ecology, 15: 3469-3480

Kanno H, Seiwa K. 2004. Sexual vs. vegetative reproduction in relation to forest dynamics in the understorey shrub, *Hydrangea paniculata* (Saxifragaceae). Plant Ecology, 170: 43-53

Keane B, Pelikan S, Toth GP, Smith MK, Rogstad SH. 1999. Genetic diversity of *Typha latifolia* (Typhaceae) and the impact of pollutants examined with tandem-repetitive DNA probes. American Journal of Botany, 86(9): 1226-1238

Laikre L, Schwartz MK, Waples R, Ryman N, the GeM Working Group. 2010. Compromising genetic diversity in the wild: unmonitored large-scale release of plants and animals. Trends in Ecology and Evolution, 25(9): 520-529

Lesser MR, Jackson ST. 2013. Contributions of long-distance dispersal to population growth in colonising *Pinus ponderosa* populations. Ecology Letter, 16: 380-389

Liu X, Liang M, Etienne RS, Wang Y, Staehelin C, Yu S. 2011. Experimental evidence for a phylogenetic Janzen-Connell effect in a subtropical forest. Ecology Letters, 15(2): 111-118

Lovell JT, Grogan K, Sharbel TF, McKay JK. 2014. Mating system and environmental variation drive patterns of adaptation in *Boechera spatifolia* (Brassicaceae). Molecular Ecology, 23: 4486-4497

Lowe AJ, Wilson J, Gillies ACM, Dawson I. 2000. Conservation genetics of bush mango from central/west Africa: implications from random amplified polymorphic DNA analysis. Molecular Ecology, 9: 831-841

Meglécz E. 2007. MicroFamily: A computer program for detecting flanking region similarities among different microsatellite loci. Molecular Ecology Notes, 7: 18-20

Miller MP, Haig SM. 2010. Identifying shared genetic structure patterns among Pacific Northwest forest taxa: Insights from use of visualization tools and computer simulations. PLoS ONE, 5(10): e13683

Miller MP. 2005. Alleles in space (AIS): computer software for the joint analysis of interindividual spatial and genetic information. Journal of Heredity, 96: 722-724

Millerón M, de Heredia UL, Lorenzo Z, Perea R, Dounavi A, Alonso J, Gil L, Nanos N. 2012. Effect of canopy closure on pollen dispersal in a wind-pollinated species (*Fagus sylvatica* L.). Plant Ecology, 213: 1715-1728

Mitchell MW, Rowe B, Clee PRS, Gon MK. 2013. TESS Ad-Mixer: A novel program for visualizing TESS Q matrices. Conservation Genetic Resources, 5: 1075-1078

Moran GF, Butcher PA, Glaubiz JC. 2000. Application of genetic markers in the domestication and utilization of genetic resources of Australasian tree species. Australian Journal of Botany, 48: 313-320

Namroud MC, Leduc A, Tremblay F, Bergeron Y. 2006. Simulations of clonal species genotypic diversity trembling aspen (*Populus tremuloides*) as a case study. Conservation Genetics, 7: 415-426

Namroud MC, Park A, Tremblay F, Bergeron Y. 2005. Clonal and spatial genetic structures of aspen(*Populus tremuloides* Michx.). Molecular Ecology, 14: 2969-2980

Nybom H, Bartish IV. 2000. Effects of life history traits and sampling strategies on genetic diversity estimates obtained with RAPD markers in plants. Perspectives in Plant Ecology, Evolution and System, 3(2): 93-114

Nybom H. 2004. Comparison of different nuclear DNA markers for estimating intraspecific genetic diversity in plants. Molecular Ecology, 13: 1143-1155

Oline DK, Mitton JB, Grant M. 2000. Population and subspecific genetic differentiation in the foxtail pine (*Pinus balfouriana*). Evolution, 54(5): 1813-1819

Oliveira EJ, Pádua JG, Zucchi MI, Vencovsky R, Vieira MLC. 2006. Origin, evolution and genome distribution of microsatellites. Genetics and Molecular Biology, 29(2): 294-307

Ouborg NJ, Piquot Y, Van Groenendael JM. 1999. Population genetics, molecular markers and the study of dispersal in plants. Journal of Ecology, 87: 551-568

Owuor ED, Fahima T, Beiles A, Korol A, Nevo E. 1997. Population genetic response to microsite ecological stress in wild barley, *Hordem spontaneum*. Molecular Ecology, 6: 1177-1187

Paran I, Michelmore RW. 1993. Development of reliable PCR-based markers linked to downy mildew resistance genes in lettuce. Theory and Applied Genetics, 85: 985-993

Paun O, Greilhuber J, Temsch EM, Hörandl E. 2006. Patterns, sources and ecological implications of clonal diversity in apomictic *Ranunculus carpaticola* (*Ranunculus auricomus* complex, Ranunculaceae). Molecular Ecology, 15: 897-910

Pritchard JK, Stephens M, Donnelly P. 2000. Inference of population structure using multilocus genotype data. Genetics, 155: 945-959

Putman AI, Carbone I. 2014. Challenges in analysis and interpretation of microsatellite data for population genetic studies. Ecology and Evolution, 4(22): 4399-4428

Rand DM. 1996. Neutrality tests of molecular markers and the connection between DNA polymorphism, demography, and conservation biology. Conservation Biology, 10(2): 665-671

Raymond M, Rousset F. 1995. GENEPOP(version 1.2): population genetics software for exact tests and ecumenicism. Journal of Heredity, 86: 248-249

Reusch TBH, Stam WT, Olsen JL. 2000. A microsatellite-based estimation of clonal diversity and population subdivision in *Zostera marina*, a marine flowering plant. Molecular Ecology, 9: 127-140

Rosenberg MS, Anderson CD. 2011. PASSaGE: pattern analysis, spatial statistics, and geographic exegesis. Version 2. Methods in Ecology and Evolution, 2(3): 229-232

Rossetto M, Lucarotti F, Hopper SD, Dixon KW. 1997. DNA fingerprinting of *Eucalyptus graniticola*: a critically endangered relict species or a rare hybrid? Heredity, 79: 310-318

Rousset F. 2008. GENEPOP '007: a complete re-implementation of the GENEPOP software for Windows and Linux. Molecular Ecology Resources, 8: 103-106

Ruggiero MV, Reusch TBH, Procaccini G. 2005. Local genetic structure in a clonal dioecious angiosperm. Molecular Ecology, 14: 957-967

Saltonstall K. 2002. Cryptic invasion by a non-native genotype of the common reed, *Phragmites australisi*, into North America. Proceedings of the National Academy of Sciences, 99(4): 2445-2449

Schmidt PS, Serrão EA, Pearson GA, Riginos C, Rawson PD, Hilbish TJ, Brawley SH, Trussell GC, Carrington E, Wethey DS, Grahame JW, Bonhomme F, Rand DM. 2008. Ecological genetics in the north Atlantic: Environmental gradients and adaptation at specific loci. Ecology, 89(11): S91-S107

Schweitzer JA, Bailey JK, Rehill BJ, Martinsen GD, Hart SC, Lindroth RL, Keim P, Whitham TG. 2004. Genetically based trait in a dominant tree affects ecosystem processes. Ecology Letters, 7: 127-134

Scotti I, Vendramin GG, Matteotti LS, Scarponi C, Sari-Gorla M, Binelli G. 2000. Postglacial recolonization routes for *Picea abies* K. in Italy as suggested by the analysis of sequence-characterized amplified region (SCAR) markers. Molecular Ecology, 9: 699-708

Smith S, Hughes J, Wardell-Johnson G. 2003. High population differentiation and extensive clonality in a rare mallee eucalypt: *Eucalyptus curtisii* conservation genetics of a rare mallee eucalypt. Conservation Genetics, 4: 289-300

Steinitz O, Troupin D, Vendramin GG, Rathan R. 2011. Genetic evidence for a Janzen-Connell recruitment pattern in reproductive offspring of *Pinus halepensis* trees. Molecular Ecology, 20(19): 4152-4164

Stockwell CA, Hendry AP, Kinnison MT. 2003. Contemporary evolution meets conservation biology. Trends in Ecology and Evolution, 18(2): 94-101

Stoeckel S, Grange J, Fernández-Manjarres JF, Bilger I, Frascaria-Lacoste N, Mariette S. 2006. Heterozygote excess in a self-incompatible and partially clonal forest tree species - *Prunus avium* L. Molecular Ecology, 15: 2109-2118

Szpiech ZA, Jakobsson M, Rosenberg NA. 2008. ADZE: a rarefaction approach for counting alleles private to combinations of populations. Bioinformatics, 24: 2498-2504

Tsyusko OV, Smith MH, Sharitz RR, Glenn TC. 2005. Genetic and clonal diversity of two cattail species, *Typha latifolia* and *T. angustifolia* (Typhaceae), from Ukraine. American Journal of Botany, 92: 1161-1169

Vida G. 1994. Global issues of genetic diversity//Loeschcke V, Tomiuk J, Jain SK. Conservation genetics. Basel: Birkhauser Verlag: 9-19

Vos P, Hogers R, Bleeker M, Reijans M, Lee TVD, Hornes M, Frijters A, Pot J, Peleman J, Kuiper M, Zabeau M. 1995. AFLP: a new technique for DNA fingerprinting. Nucleic Acids Research, 23(21): 4407-4414

Wang ZF, Liang JY, Ye WH, Cao HL, Wang ZM. 2014. The spatial genetic pattern of *Castanopsis chinensis* in a large forest plot with complex topography. Forest Ecology and Management, 318: 318-325

Whitham TG, Difazio SP, Schweitzer JA, Shuster SM, Allan GJ, Bailey JK, Woolbright SA. 2008. Extending genomics to natural communities and ecosystems. Science, 320(5875): 492-495

Williams JGK, Kubelik AR, Livak KJ, Rafalski JA, Tingey SV. 1990. DNA polymorphisms amplified by arbitrary primers are useful as genetic markers. Nucleic Acids Research, 18: 6531-6535

Wimp GM, Young WP, Woolbright SA, Martinsen GD, Keim P, Whitham TG. 2004. Conserving plant genetic diversity for dependent animal communities. Ecology Letters, 7: 776-780

Wyman J, Bruneau A, Tremblay MF. 2003. Microsatellite analysis of genetic diversity in four populations of *Populus tremuloides* in Quebec. Canadian Journal of Botany, 81: 360-367

Young AG, Merriam HG, Warwick SI. 1993. The effects of forest fragmentation on genetic variation in *Acer saccharum* Marsh. (sugar maple) populations. Heredity, 71: 227-289

Yu DW, Ji Y, Emerson BC, Wang X, Ye C, Yang C, Ding Z. 2012. Biodiversity soup: metabarcoding of arthropods for rapid biodiversity assessment and biomonitoring. Methods in Ecology and Evolution, 3(4): 613-623

Zietkiewicz E, Ratalski A, Labuda D. 1994. Genome fingerprinting by simple seqence repeat (SSR)-anchored polymerse chain reaction amplification. Genomics, 20: 176-183